智能制造系列丛书

高空太阳能无人机设计与动力学

昌 敏 汪 辉 金 朋 唐 矗
白俊强 周 洲 毛昭勇 张 忻 著

U0390811

机械工业出版社

本书基于作者多年来在太阳能无人机领域的研究理论和研究成果，结合工程实践经验撰写而成。书中系统梳理了国内外典型太阳能无人机的研发历程和设计特点，全面阐述了高空驻留太阳能无人机的设计与动力学问题，包括其总体设计、结构设计、能量管理、柔性机翼动力学和气动弹性等关键技术问题，内容丰富、结构完整，有助于读者增进对太阳能无人机的认识和了解，并形成一定的总体设计能力和结构设计能力。

　　本书可供从事太阳能无人机设计的科研人员、工程技术人员使用，也可供高等院校相关专业师生参考。

图书在版编目（CIP）数据

高空太阳能无人机设计与动力学/昌敏等著. —北京：机械工业出版社，2023.5

　（智能制造系列丛书）

ISBN 978-7-111-72760-6

Ⅰ.①高⋯　Ⅱ.①昌⋯　Ⅲ.①太阳能-无人驾驶飞机-设计②太阳能-无人驾驶飞机-动力学　Ⅳ.①V279

中国国家版本馆 CIP 数据核字（2023）第 042841 号

机械工业出版社（北京市百万庄大街22号　邮政编码100037）
策划编辑：孔　劲　　　　　责任编辑：孔　劲　李含杨
责任校对：韩佳欣　王春雨　　封面设计：马精明
责任印制：郜　敏
中煤（北京）印务有限公司印刷
2023 年 6 月第 1 版第 1 次印刷
184mm×260mm・17.5 印张・392 千字
标准书号：ISBN 978-7-111-72760-6
定价：128.00 元

电话服务　　　　　　　　　网络服务
客服电话：010-88361066　　机　工　官　网：www.cmpbook.com
　　　　　010-88379833　　机　工　官　博：weibo.com/cmp1952
　　　　　010-68326294　　金　书　网：www.golden-book.com
封底无防伪标均为盗版　　机工教育服务网：www.cmpedu.com

序

　　飞得更高，飞得更远，飞得更久，正在从梦想步入现实。随着近代空天技术的迅猛发展，临近空间独特的位势和天然环境越来越吸引人们的关注，并激发了航空、航天科技工作者浓厚的兴趣。临近空间已不再虚无缥缈，已成为世界大国战略博弈的重要领域。对临近空间飞行器设计技术的研究也自然而然地成为科学技术研究的前沿热点，其进步和发展正在孕育并必将催生新的空中力量，跨越海、陆、空、天，在光、电、能、力方面发挥巨大的作用。

　　面向临近空间的高空驻留太阳能无人机填补了传统航空器和传统航天器的空间运用空缺，无论在军用还是民用方面，都具有广阔的发展前景和战略意义。世界发达国家竞相加速相关领域的技术研究，积极规划和布局其产业发展，以期抢占未来竞争力和产业的新高地。

　　然而，迄今为止，虽然关于长航时太阳能无人机的研究取得了一定的成果，但总体而言，其仍处于探索研究和原理验证阶段，进一步工程化和实用化还面临诸多现实困难。稀薄空气动力的高效利用、柔软大型结构的动力学设计、强烈变化的辐射能量转换、机动持久的控制与导航等一系列有趣而富有挑战的课题都有待解决。深入探究其科学原理，提炼并突破关键技术难题，具有重要的学术价值和实用意义。

　　《高空太阳能无人机设计与动力学》针对高空太阳能无人机的总体构型、结构设计、能量管理、柔性机翼动力学和气动弹性等关键技术，在广泛分析国内外相关技术进步和发展成就的基础上，系统地梳理了典型太阳能无人机的设计概念、研发历程和设计特点。作者结合研发团队多年来在太阳能无人机领域的理论探索和研究成果，总结工程经验和实践体会，系统整理，编撰成著。图书内容丰富，深入浅出，聚焦设计原理和关键技术应用，紧密联系工程实际。

　　该书有助于增进读者对太阳能无人机的了解和认知，对于致力于临近空间飞行器研究的工程设计人员和高校师生有较高的学习和参考价值。

中国工程院院士

唐长红

前言

　　实现不间断飞行是航空人永远追求的目标之一。随着航空科学技术和新能源技术的发展及两者的有机结合，由太阳能动力驱动的飞行器孕育而生，而且呈现出很好的发展势头。太阳能无人机以太阳辐射为主要驱动能源，能够长时间飞行，便于执行侦察监视等任务。高空驻留太阳能无人机通常飞行在20km高的临近空间中，能够充分利用太阳能，并减小大气流动的不利影响，其续航时间长、飞行高度高、使用灵活且不产生环境污染，在民用和军用领域具有广阔的应用前景。高空驻留太阳能无人机总体设计存在多设计要素高度耦合的特征，低速低密度飞行条件使其具有明显的低雷诺数气动特性，柔性超大展弦比机翼带来了复杂的气动弹性问题，低翼载荷特性与较大的风场扰动增加了控制难度，这给其设计和工程应用带来了重大挑战。因此本书对高空驻留太阳能无人机设计与动力学问题开展了研究，系统全面地论述了高空驻留太阳能无人机面临的总体设计、结构设计，以及柔性机翼动力学等问题，可作为从事太阳能无人机设计的研究人员重点技术攻关方向的参考，以及研究创新总体设计技术的支撑。

　　本书主体是作者基于高空驻留太阳能无人机总体设计、结构设计和动力学问题的研究成果创作而成的。本书主要分为6章：第1章绪论，指明了太阳能无人机存在的广阔应用前景，通过对国内外典型的太阳能无人机发展历程的梳理归纳，提出了高空驻留太阳能无人机当前的技术难点与挑战，为后面5章的研究提供了背景和问题来源。第2章光伏组件面功率特性与太阳能无人机能源管理，本章基于太阳能无人机所处的能源环境，分析了其中关键的光伏组件随时间、季节、纬度变化的面功率特性，提出了一种主动式的光伏组件概念；基于热特性分析方法，分析了太阳能无人机的热特性，并提出了针对太阳能无人机的热管理部件设计方法和综合热管理策略。第 3 章太阳能无人机飞行原理与总体参数设计方法，本章基于太阳能无人机的质量平衡和能量平衡飞行原理，采用灵敏度分析方法分析了各总体参数对太阳能无人机可持续高度的影响及约束程度；在布局与能源综合设计思想指导下，建立了太阳能无人机总体参数设计方法，给出了低纬度地区和中纬度地区的太阳能无人机设计实例，并通过能量性能分析验证了方法的有效性。第 4 章太阳能无人机轻质结构设计，本章首先梳理总结了典型太阳能无人机的结构形式，而后针对典型太阳能无人机常采用的圆管梁、箱形梁、桁架梁，采用理论分析和有限元仿真方法对典型结构形式进行了对比分析，提出了太阳能无人机主梁方案的快速设计流程，最后针对某太阳能无人机复合材料圆管梁的铺层优化设计问题进行了研究。第 5 章太阳能无人机动力学与风场建模方法，本章从几种简单的气动力模型和结构模型出发，通过耦合刚体动力学，建立了太阳能无人机的刚弹耦合动力学模型，针对太阳能无人机动力学具有显著影响的低高空飞行环境问题开展了风场建模研究。第 6 章太阳能无人机气动弹性问题研究，首先基于"机翼—帆尾"布局形式，研究了"点质量分布"与"结构柔度"等结构属性对太阳能无人机性能的影响；之后针对大展弦比柔性机翼模型开展了颤振稳定性问题的研究；随后基于飞翼式布局的柔性无人机模型开展了颤振稳定性与阵风响应特性的研究。最后以附录形式介绍了"太阳神"原理验证机事故调查报告概述，供相关设计人员参考。该调查报告回顾了太阳神太阳能无人机研发试飞中的构型发展历程和事故发生前后的事件记录，通过一些独立性的分析测试调查了导致事故的直接原因和根本原因等，并总结了相关的经验教训，可供相关人员学习借鉴。

本书每一章既自成体系，又统一于高空驻留太阳能无人机设计与动力学的主题，旨在帮助读者了解高空驻留太阳能无人机的发展现状，并形成一定的高空驻留太阳能无人机的总体设计能力。本书可供飞行器设计和动力学研究人员使用，也可作为高等院校航空专业的本科生、研究生和航空爱好者的学习参考书。

昌敏完成了本书的策划与统稿，并与汪辉、金朋完成了本书的主要撰写工作。各章的分工：第 1 章：昌敏、白俊强，第 2 章：汪辉、周洲、毛昭勇，第 3 章：昌敏、周洲，第 4 章：金朋，第 5 章：唐矗、白俊强，第 6 章：昌敏、张忻，附录：昌敏。在大家的共同努力下，本书才能顺利出版，在此致以诚挚的感谢！

由于作者水平有限，书中难免存在不足之处，请广大读者及时予以指正。

作　者

目录

第1章
绪　　论

1.1 高空太阳能无人机应用背景与研究意义

实现不间断飞行是航空人永远追求的目标之一。在实现此目标的过程中，最为关键的问题是可以利用什么样的飞行平台，并以怎样的"动力"方式维持不间断飞行。随着航空科学技术和新能源技术的发展及两者的有机结合，由太阳能动力驱动的无人机孕育而生，而且呈现出很好的发展势头。太阳能无人机仅依靠太阳光辐射能量，通过二次电池、光伏组件组成的能源系统参与"采能""储能"和"供能"，并由电动力系统产生推力维持滞空飞行，如图 1-1 所示。太阳能无人机从诞生起就具有独特的优势：在高空或者超高空实现真正意义上的不间断飞行，这是传统燃料型长航时无人机无法比拟的。

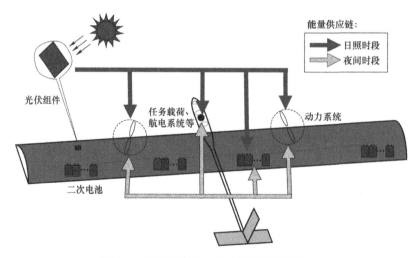

图 1-1　太阳能无人机昼夜的能量供应链

与传统长航时飞机相比，高空驻留太阳能无人机具备实现永久驻留的潜能，具有绝对的滞空时间优势，而且不需要携带燃料、维护费用低，降低了执行任务的成本；与飞艇相比，太阳能无人机的机动性强，对军事任务具有更快的响应能力，且其飞行稳定性和抗风能力远强于飞艇，更便于定点执行任务；与卫星相比，太阳能无人机处在临近空间，距离地面更近，能够显著降低信号衰减和传输延时，而且不需要通过复杂昂贵的发射方式就能升空，完成卫星可完成的大部分任务，技术风险低，甚至还能根据任务需求随时变更飞行路线。

高空驻留太阳能无人机在民用和军用领域具有广阔的应用前景。如图 1-2 所示，太阳能无人机可以充当高空伪卫星平台，实现持续、不间断地侦察和监视敏感区域，以及实时搜集、传送情报和数据等军事用途；还可以搭载通信设备、高分辨率相机等，实现局域通信及数据传输中继、环境变化和气象数据探测、灾害监视和指挥救援等诸多功能，具有巨大的潜在社会经济效益。

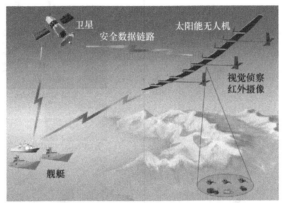

图 1-2 太阳能无人机使用场景

虽然太阳能无人机作为一种清洁能源飞行器具有广阔的应用前景，但是在大规模应用上仍然存在巨大的挑战：一是太阳能无人机受限于太阳能电池的低能量转化效率和储能电池的低能量密度，对飞行环境仍具有较大的依赖性，尚需要进一步的技术发展，以使其具备更强的环境适应性，摆脱对天气的依赖；二是太阳能无人机的载荷能力和任务设备需求要匹配，这就要求进一步提升无人机平台的自身能力，并实现任务设备的轻量化低功耗设计；三是太阳能无人机的永久驻留使用需求提高了对其各系统稳定工作的可靠性要求，需要通过冗余设计、可靠性试验等手段进一步增强无人机的稳定性和可靠性，以保障超长航时。

1.2　太阳能无人机国内外研究

国内外太阳能无人机的发展历程如图 1-3 所示，主要分为三个阶段：技术探索阶段、能力储备完善阶段和应用转化实践阶段。

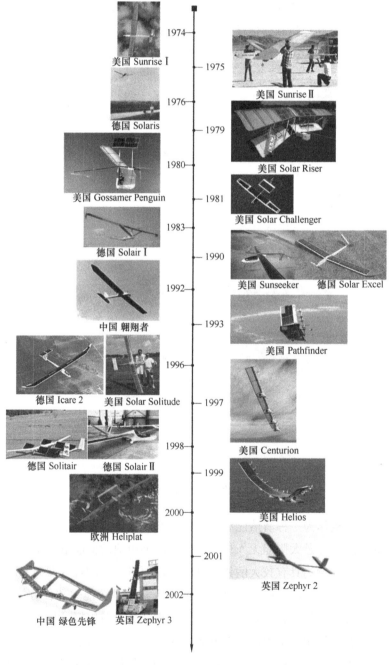

图 1-3　国内外太阳能无人机的发展历程（按首次亮相时间统计）

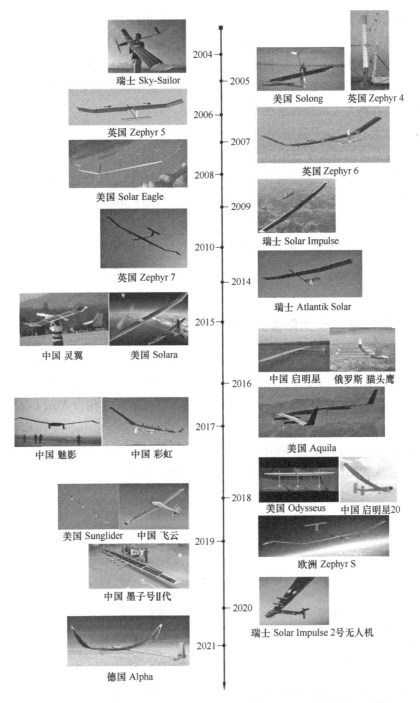

图 1-3 国内外太阳能无人机的发展历程（按首次亮相时间统计）（续）

第一个阶段是技术探索阶段（1974 年至 2000 年前后）。通过将太阳能电池与轻型飞机结合，使飞行器具备了太阳能动力飞行的能力，用于验证布局设计的可行性，该阶段尚未提出高空和长航时等设计需求。1974 年 11 月 4 日，"SunriseI"太阳能无人机在太阳能电池的驱动下持续飞行了 20min，是世界上第一架真正意义上的太阳能无人机。

第二个阶段是能力储备完善阶段（2000 年前后至 2012 年）。这一阶段将太阳能电池与无人滑翔机相结合，以实现太阳能无人机超长航时巡航为主要目标，追求太阳能无人机的永久空中驻留和大负载能力。这一阶段的典型代表是美国宇航局（NASA）的"太阳神"无人机和英国的"Zephyr"系列无人机。在 2001 年 8 月，"太阳神"无人机创造了在海拔 29.5km 高度滞空 18h 的有翼无人机持续水平飞行世界纪录，而在 2010 年，"Zephyr 7"太阳能无人机则进一步创造了 15~21km 高空 14 天以上的飞行纪录。

第三个阶段是应用转化实践阶段（2013 年至今）。随着太阳能电池效率、储能电池能量密度的提高，以及微电子、新材料等技术的进步，太阳能无人机飞速发展，即将迎来工程应用阶段，并不断扩展其应用方向，实现在监控、测绘、通信和安全等领域的应用，追求太阳能无人机在临近空间的永久驻留。代表性的"Zephyr S"太阳能无人机在 2018 年创造了 25 天 23h57min 的持续飞行纪录，刷新了太阳能无人机的最长续航时间纪录。

下面将对这三个阶段内的典型机型进行技术剖析，分析太阳能无人机的发展现状及趋势。

1.2.1　美国 Solong 小型太阳能无人机

Solong 是美国加利福尼亚州圣迪马斯的 AC 推进公司（AC Propulsion Inc）自筹资金开发的用于非军事遥测遥感的小型太阳能无人机。自 2004 年 7 月以来，Solong 原型机已进行了 60 多次飞行，飞行时间超过 250h，是 AC 推进公司董事长艾伦（Alan Cocconi）自 1983 年以来设计和飞行的一系列无人机中的最新一款，如图 1-4 所示。Solong 小型太阳能无人机于 2005 年 6 月 1 日实现了长达 48h16min 的连续飞行，展示了可持续纯太阳能电动飞行的可行性，创造了首次太阳能无人机耐久飞行纪录，如图 1-5 所示。

图 1-4　Alan Cocconi 和 Solong 小型
太阳能无人机

图 1-5　创造 48h16min 连续飞行纪录的
无人机操纵员

Solong 全机质量为 12.8kg，翼载荷 8.5kg·m^{-2}，飞行速度 43~80km·h^{-1}，最大爬升率 2.5m·s^{-1}；Solong 采用上单翼+V 形尾翼的滑翔机布局，翼展 4.75m，机翼面积 1.5m^2，机翼展弦比约 15；Solong 的机身采用较大长细比的椭圆形机身，最大直径 150mm；Solong 安装有 Kontronik Tango 45-06 三相无刷电动机来驱动直径 0.6m 的折叠可变矩螺旋桨推进系统工

作，电动机最大功率 800W；Solong 的二次电池为三洋（SANYO）的 18650 锂电池，共 120
节，质量为 5.6kg，额定电压 30V，当时的三洋电池比能量为 220Wh·kg^{-1}，充放电效率超过
95%；Solong 机翼铺设 76 块光电转换效率为 20% 的 Sun Power A300 单晶硅太阳电池，太阳

电池额定输出功率 225W，并装载有自行研发
的质量为 100g、效率 98%、功率 300W 的峰值
功率跟踪器，以提高太阳能功率转换能力。为
了减重而省去了起落架，Solong 从一个简单的
轮式手推车上起飞，如图 1-6 所示，使用腹部
擦地着陆，因此 Solong 飞行对起降场地的平整
度有要求。

图 1-6 Solong 依靠轮式手推车起飞

　　根据气动特性估算方法，可以初步估算出
Solong 的最大升阻比在 22~24 之间，升力系数

约 0.87。最大升阻比对应的海平面平飞速度为 12.8m·s^{-1}，根据公开资料中 Solong 最小平
飞需用功率 95W 可以推算出 Solong 的动力系统效率约 65%。Solong 所采用的光伏组件产生
的电能不能满足跨日飞行，须给二次电池充满电以满足夜间飞行，所以在白天无线电操纵手
应尽可能利用上升热气流增升，使无人机在电动机关闭状态下能滞空飞行。

　　根据能量平衡仿真，可以初步估算出 Solong 各部件质量分布，见表 1-1。

表 1-1 Solong 各部件质量分布表

部件	质量/kg
结构质量	3.9
二次电池及其连线	5.6
太阳能电池（含汇流导线等）	1.04
动力系统（电动机、调速器、减速器、螺旋桨及其连接部件、导线）	1.5
舵机（副翼与升降舵）	0.062
机载电子设备及连接导线	0.6
峰值功率跟踪器及其连线	0.1
合计	12.8

1.2.2 瑞士 Atlantik Solar 小型太阳能无人机

　　Atlantik Solar 小型太阳能无人机（简称 Atlantik Solar 无人机）是一种由瑞士苏黎世联邦
理工学院自主系统实验室与行业合作伙伴共同开发的新型太阳能无人机，用于实现首次完全
由太阳能驱动的跨大西洋飞行，旨在展示太阳能动力飞行器的超长航时优势。Atlantik Solar
无人机未来的应用在于搜索和救援支持、气象观测或监视行动，可以实现数天甚至数周的搜
索和救援支持、野火探测或在无法到达的海洋上空进行气象调查。

　　Atlantik Solar 无人机有一个传统的滑翔机 T 形尾翼结构，有两个副翼、一个全动升降舵

和一个方向舵，如图 1-7 所示。机翼翼展 5.69m，由三个展长相近的机翼段组成，便于在运输前拆卸；机翼布局采用平直矩形翼设计，以容纳整个翼展上的两排太阳能电池；所用翼型为定制设计的 MH139-F 翼型，相对厚度为 11.6%；具有 3°的机翼扭转角，以避免翼尖失速，从而避免副翼失速；机翼的外翼段设计有 7°的上反角，以增加无人机围绕滚动轴的特征稳定性。

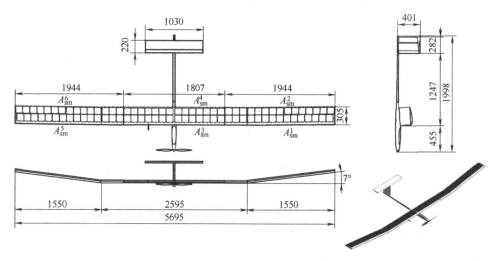

图 1-7 Atlantik Solar 无人机

Atlantik Solar 无人机的机翼和操纵面是用传统的肋梁建造方法建造的，如图 1-8 所示。机翼整个结构的设计承受最大垂直过载为 4g，与通常碳纤维结构元件的设计一样，在其基础上增加了 1.8 的安全系数，总计能承受 7.2g 最大垂直过载。机翼的主承扭部件是一个圆柱形的碳纤维梁，在最大垂直过载下的扭转量被限制在每半翼展 1.5°以内，以避免太阳能电池损坏。截面呈梯形，沿展向变

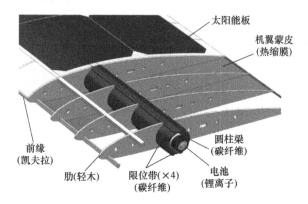

图 1-8 电池和光伏集成组件的
Atlantik Solar 无人机机翼结构

化的四条碳纤维带连接在翼梁的上方和下方，从而最佳地抵抗弯曲载荷并提供机翼刚度。机身由芳纶和玻璃纤维增强塑料建造，并通过碳纤维支柱连接到后部 T 形尾翼。全自动升降舵和方向舵使用相对厚度增加了 9.5% 的 Drela HT14 翼型。HT14 翼型是专门为后缘面设计的，其压差阻力较小，增加的厚度可以增大横截面面积，进而以较小质量达到所需的结构刚度。

能量产生和储存系统是 Atlantik Solar 无人机具备多天飞行能力的核心，整个系统连接到

一条贯穿无人机中央翼段的中央电源总线上，如图 1-9 所示。能量储存是通过 60 个沿机翼展向分布安装在圆柱形翼梁中的圆柱形高能量密度锂离子电池（Panasonic NCR18650b，新电池测得能量密度 251Wh·kg^{-1}）实现的。能量是通过包含 88 个 SunPower E60 电池的太阳能组件产生的，面密度为 590g·m^{-2}，最大输出功率为 275W。太阳能组件无缝嵌入机翼上表面，以避免过早出现气流分离。为了提高运行性能和安全性，整个能源产生和存储系统通过定制的峰值功率跟踪器和电池管理系统进行操作和监控，并负责调节能量流，提供详细的能量流信息，以及监控整体和电池水平的充电状态。

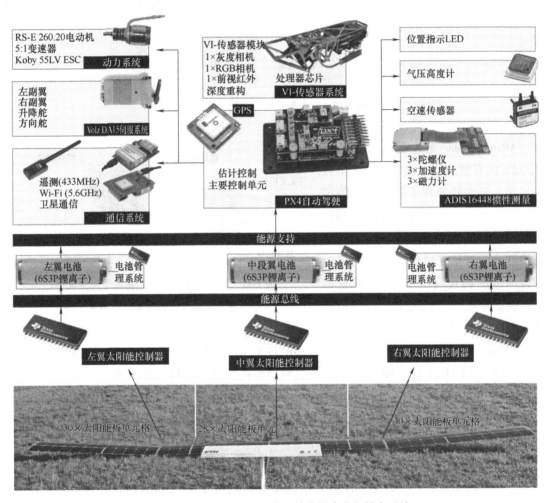

图 1-9　Atlantik Solar 无人机的能源产生和储存系统

为实现可靠的长航时自动飞行，航空电子系统采用简单、坚固和低功耗的设计理念。如图 1-10 所示，Atlantik Solar 无人机机载航空电子系统以苏黎世联邦理工学院发起的一个开源软件和开源硬件项目 Pixhawk PX4 自动驾驶仪为中心，组合成实时操作系统。将 ADIS16448 10 自由度惯性测量单元、u-BLOX LEA-6H GPS 接收器和 Sensirion SDP600 压差传感器连接到自动驾驶仪来估计飞行姿态，集成有 433MHz 中程遥测链路和远程铱星备份链路。采用全手动遥控指令备份模式，以应对自动驾驶仪故障。搭载了四个大功率 LED 指示灯，以实现夜间操作。

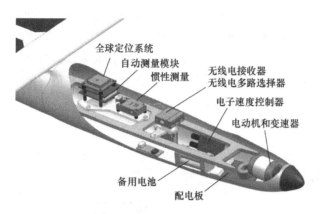

图 1-10　机身布置与主航空电子机舱

Atlantik Solar 无人机能够搭载高达 900g 的有效载荷完成飞行。图 1-11 所示是苏黎世联邦理工学院设计的传感器和处理单元，具备环境感知和长航时空中测绘能力，它包括一个用于长波红外、可见光成像及精确的即时定位与地图构建（SLAM）的视觉惯性传感器系统，一台用于实现路径规划、高级控制和受害者检测的基于四

图 1-11　安装在机翼下方，集成了光学成像、热成像和星载处理的传感器和处理单元

核 Intel Atom 处理器的小型计算机，此外还配备了 Wi-Fi 通信，可以将视频传送到地面。

2012 年 11 月 14 日，Atlantik Solar 无人机原型机在瑞士的 PFäffikon 成功完成了第一次试飞，验证了无人机的整体设计，是该项目的一个重要里程碑。在这次试飞后，研发人员对机身的气动结构做了改进，以便于集成自动驾驶和通信系统硬件，此外还对机翼和操纵面的尺寸进行了一些调整。

2013 年 9 月 5 日，Atlantik Solar 无人机首次完成了太阳能驱动的飞行试验。通过两次长达 1h 的试飞，测试了新安装的轻型太阳能系统，测试了电气和结构特性及其对 Atlantik Solar 原型机的气动影响。在完成了对自动驾驶仪的测试和优化之后，2014 年 5 月 6 日，安装有自动驾驶仪的 Atlantik Solar 无人机成功进行了第一次自主飞行，虽然白天的高温和阵风对高度控制器构成了挑战，但总体控制性能取得了很好的效果。

2014 年 8 月 18 日，Atlantik Solar 无人机进行了第一次连续 12h 的飞行，以测试电池性能，即验证无人机在零太阳条件下（如夜间）的续航时间。Atlantik Solar 无人机在风速高达 44km·h^{-1} 的强风和强热上下气流中飞行了 12h22min 后，电池电量仍保持在 20% 以上，故可以推断其在夜间条件下的最大航时约为 15h。因此可以推断，使用提供 15h 续航时间的电池和太阳能系统组合驱动的 Atlantik Solar 无人机有能力实现多天连续飞行。

2015 年 7 月 1 日，Atlantik Solar 无人机在 Rafz RC 模型俱乐部机场实现了第一次全太阳能昼夜飞行：不加燃料在空中飞行了 28h。Atlantik Solar 无人机于 6 月 30 日 11：14 以 57% 的电池电量升空，沿着一条高效和完全自主的巡航路线飞行，14：08 电池充电完成。在中午和下午的强烈的热上升和下降气流影响下，太阳能电池板仍产生了足够的电力来保持电池为满电状态，直到 19：30 左右太阳慢慢落下时电池才开始放电。Atlantik Solar 无人机在夜间飞行平稳，平均空速 8.4m·s^{-1}，平均功耗 43W。Atlantik Solar 无人机在 5：50 左右接收到第一缕阳光，直到太阳能组件重新产生足够滞空的电力时，电池仍保持在大约 35% 的最低充电状态。在连续飞行 24h 后，无人机的电池电量为 84%，达到了比前一天更高的水平；无人机电池在 12：43 充满电，比前一天提前了 1h25min，这证明了太阳能无人机的永久续航能力。Atlantik Solar 无人机于 15：35 安全着陆，从而创造了新的瑞士太阳能无人机飞行时间纪录（见图 1-12）。

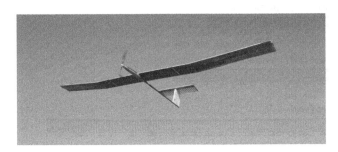

图 1-12　2015 年 6 月 30 日起飞并连续飞行了 28h 的 Atlantik Solar 无人机

2015 年 7 月 17 日，在首次 24h 飞行两周后，6.8kg 的 Atlantik Solar 无人机在瑞士 Rafz RC 模型俱乐部机场起飞，再次连续飞行了 2316km、81.5h（4 天 3 夜），打破了同类无人机的飞行航时世界纪录：创造了总质量 50kg 以下所有无人机连续飞行时间最长的新的世界纪录，也是低空长航时无人机有史以来连续飞行时间最长的无人机。除起飞外，无人机 98% 的时间都处于全自动飞行状态。此次飞行是验证无人机在大规模灾难场景、工业传感和检查任务期间提供电信服务的多天空中停留能力的一个重要里程碑。

尽管之前 81h 和 28h 的两项持续飞行纪录都是 Atlantik Solar 历史上的重要里程碑，彰显了 Atlantik Solar 的永久持续飞行能力，但是它们需要飞行员人工控制起飞和降落，并且还无法搭载任何空中摄像设备。之后在 2016 年 7 月 19 日，Atlantik Solar 无人机 AS-3 搭载了 10W、300g 重的载荷（1 台彩色相机，1 台热感相机和 1 台带有 WLAN 的 ODROID 机载计算机）成功完成了在空中全天执行难民搜索的任务。此次长达 26h 的飞行于 7 月 19 日 18：02 在瑞士辛维尔开始，起飞过程完全自动：在所有的系统检查完毕之后，无人机通过手动发射投入空中，然后继续飞行，在没有飞行员操控的情况下，自动飞向首个指定航路点。此次长达 26h 的日夜飞行表明了太阳能无人机具备实现永久飞行的可行性。

1.2.3 美国 Pathfinder 系列高空太阳能无人机

1994 年，NASA 和工业界建立了环境研究、飞机和传感器技术（ERAST，Environmental Research Aircraft and Sensor Technology）联盟，以进一步发展高空驻留（HALE，High Altitude Long Endurance）无人机技术。ERAST 项目由 NASA 总部航空航天技术办公室赞助，由 NASA 德莱顿飞行研究中心管理。在 20 世纪 90 年代，作为 ERAST 计划的一部分，NASA 推出了许多鲜为人知的太阳能驱动的航空企业和项目，以开发低成本的无人驾驶电动无人机，在超过 6 万 ft（1ft＝0.3048m）的高度执行通信支持和大气研究等科学任务。"探路者"系列太阳能无人机是属于 NASA 和美国航空环境公司（AeroVironment Inc，简称美国航境公司）的 ERAST 计划中的一部分，一共包括 4 个型号："探路者"（Pathfinder）、"探路者+"（Pathfinder+）、"百夫长"（Centurion）和"太阳神"（Helios），各系列发展时间及布局相关性如图 1-13 所示。

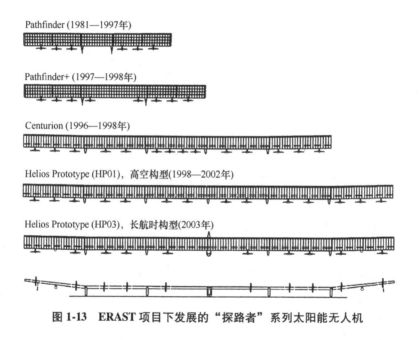

图 1-13　ERAST 项目下发展的"探路者"系列太阳能无人机

"探路者"系列的各太阳能无人机型号"探路者""探路者+""百夫长"和"太阳神"均为飞翼布局。机翼均采用平直无后掠设计；机翼弦长沿展保持不变，均为 2.4m，机翼翼展分别为 29.5m、36.2m、59m 和 73m，对应机翼展弦比分别为 12.3、15.1、24.6 和 30.4，即弦长不变而机翼展长增大，机翼展弦比逐渐增大；全机翼载荷分别为 35.6N·m^{-2}、36.2N·m^{-2}、58.2N·m^{-2} 和 49.8N·m^{-2}；单位机翼面积内的空机质量（面密度，kg·m^{-2}）分别为 2.9kg、2.84kg、3.6kg 和 3.2kg；最大飞行高度分别为 21km、24km、15km 和 30km（其中"百夫长"主要是对"太阳神"做技术验证，所以没有刻意去创造最高飞行纪录）。

1. "探路者"

受 20 世纪 70 年代末至 20 世纪 80 年代初开发的载人太阳能飞机 Solar Challenger 和开创性的人力飞机 Gossamer Penguin 的启发，美国航境公司于 1981 年开始开发太阳能 HALE 无人机"探路者"号，以提供一个连续的高空平台（HALSOL, short for High-Altitude SOLar, aircraft）。在 9 次成功试飞后，由于当时推进系统的技术限制，该项目被取消，"探路者"被封存了约 10 年。直到 1993 年，"探路者"在美国弹道导弹防御组织（BMDO）的支持下又进行了一个短暂的任务飞行。随后在 1993 年秋季和 1994 年初，NASA 德莱顿飞行研究中心的 BMDO 项目给"探路者"增加了光伏组件，使用太阳能和电池供电进行了五次低空技术检查飞行。

"探路者"太阳能动力无人机（简称"探路者"）随后于 1994 年被 NASA 的 ERAST 计划采用，以协助开发平流层的研究平台。"探路者"在 1995 年 9 月 12 日在爱德华兹空军基地创下了太阳能无人机飞行高度的纪录：在 15km 的高空飞行了 12h，被美国国家航空协会评为 1995 年"10 次最令人难忘的记录飞行"之一。1996 年底，"探路者"在德莱顿飞行研

究中心进行了额外升级和一次技术检查飞行后，于 1997 年 4 月被运送到位于夏威夷（Hawaii）考艾岛（Kauai）的美国海军太平洋导弹靶场设施（Pacific Missile Range Facility, PMRF）。在夏威夷期间，"探路者"在 PMRF 进行了七次高空飞行，其中一次达到了 22km 的高度，创造了太阳能驱动的螺旋桨飞机的世界最高纪录（见图 1-14）。

"探路者"总质量为 252kg，任务载荷 45kg，光伏组件峰值功率输出 7500W，飞行时间 14~15h，如果仅用二次电池飞行只能飞行 2~4h。"探路者"长 3.4m，机翼翼展 29.5m，弦长 2.4m；机翼梢根

图 1-14 "探路者"在 1997 年 4 月创造了太阳能驱动的螺旋桨飞机的 22km 最高飞行纪录

比为 1，无平垂尾、无翼尖小翼；机翼分为 5 段，中央翼段长 6.4m，无上反角，靠外侧机翼段长 5.76m，3°上反角，最外侧翼段长 5.76m，6°上反角。机翼后缘布置了 26 片升降副翼，机翼前缘布置了 6 套动力单元，每套动力单元质量约 5.9kg，功率 1.5hp（约 1.119kW），包含一个定距螺旋桨、一个无刷电动机及一个电动机控制器、一组电动机散热翅片、一个动力短舱（见图 1-15）。在起飞阶段，"探路者"的动力系统转速约 300r·min⁻¹，最小飞行速度约 7.7m·s⁻¹，对应的升力系数约 0.93；在高空 21km，"探路者"的飞行速度约 46m·s⁻¹，对应的升力系数约 0.43。在关闭动力滑翔时，"探路者"的滑翔比约 18（等价于升阻比为 18）。

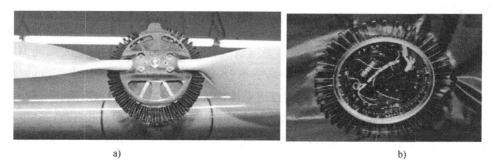

a)   b)

图 1-15　"探路者"电动机的两个视图，在整个组装中只有三个活动部件，而在上一代设计中有超过 100 个
a）带螺旋桨组件　b）不带螺旋桨组件，显示其内部组件和径向散热片

2. "探路者+"

1998 年，"探路者"升级为"探路者+"，最明显的变化是替换安装了一个新的 13.4m 长的中央翼段，采用了为"百夫长"和"太阳神"设计的高空翼型。新中央翼段的长度是原来"探路者"的两倍，使无人机的总翼展从 30m 增加到了 36.9m。新中央翼段安装了由加利福尼亚州桑尼维尔的 SunPower 公司开发的更高效的硅太阳能电池，为无人机的电动机、航空电子设备和通信系统提供动力。新太阳能电池板将太阳能转换为电能的效率从开始的 14% 提高到了 19%，使得"探路者+"的最大可用功率从 7500W 左右提高到了 12500W 左右。此外，"探路者+"采用 8 个电动机供电，比"探路者"多了两个。该电动机是专为"百夫长"和"太阳神"太阳能无人机设计的，比"探路者"所用电动机效率略高。"探路者+"还为"百夫长"和"太阳神"号原型机验证了一个新的飞行控制系统。

1998 年 8 月 6 日，"探路者+"实现了其预期目标，从考艾岛的太平洋导弹靶场设施起飞，打破了"探路者"的纪录，达到了创纪录的 24.5km 高度，高于任何其他螺旋桨驱动的飞行器（见图 1-16）。之后，"探路者+"还于 2002 年 6 月执行了电信任务，在约 20km 的距离上进行了世界上第一次电信演示，包括高清电视（HDTV）广播，使用现有的移动手机的第三代（3G）移动语音、视频和数据中继，以及高速互联网连接，并于 9 月再次对咖啡农作物进行了空中监视。最后，"探路者+"于 2005 年 8 月和 9 月在爱德华兹空军基地进行了大气湍流测量，然后从飞行服务中退役。

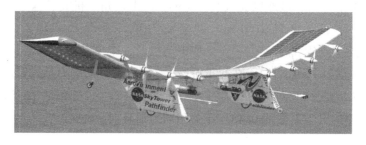

图 1-16　"探路者+"在夏威夷上空飞行

"探路者+"本质上是在为"百夫长"与"太阳神"的开发"探路",它是"探路者"和后续太阳能无人机之间的过渡构型,用于为"百夫长"和"太阳神"号无人机验证新太阳能技术、气动设计、推进技术和系统技术,以实现在 30km 高空的长时间驻留能力。

3. "百夫长"

"百夫长"太阳能无人机(简称"百夫长")最初是为 ERAST 项目指定的 30km 高度的太阳能无人机里程碑高度建造的,是 NASA"探路者"系列太阳能无人机的第三代无人机。它为更新的高空驻留无人机集成了许多能够执行大气卫星任务的支持技术,旨在使高空驻留无人机能够替代大气卫星,执行大气研究任务及用作通信平台。

与"探路者"前辈相比,"百夫长"更大、更强。"百夫长"的机翼采用重新设计的高空机翼,翼展达到了 63m,结构设计更坚固,能够更有效地运载大量有效载荷(最重272.2kg),其电动机数量增加到 14 个,用于装载电池、飞行控制系统组件、安置压舱物,起落架的翼下吊舱数量增加到 4 个。

在推进全尺寸无人机的制造之前,先制造了 1/4 缩比模型来验证设计,"百夫长"的 1/4 缩比模型于 1997 年 3 月 4 日在艾尔米拉奇干湖进行了试飞验证。之后,全尺寸"百夫长"于 1998 年 11 月 10 日在罗杰斯干湖进行了首次飞行,持续飞行时间达1h24min。全尺寸"百夫长"的首次飞行质量为 628kg(包括悬挂在其中心线上的 68kg钢砧以模拟有效载荷),如图 1-17 所示。随后于 11 月 19 日,在众多重要人物和媒体面前又进行了第二次类似的飞行演示,这次飞行持续了 1h29min。

图 1-17　缓慢飞行的"百夫长"全尺寸电动无人机

全尺寸"百夫长"于 1998 年 12 月 3 日进行了低空试验系列的第三次也是最后一次飞行。在这次飞行中,无人机被加载至最大总质量约 820kg,以测试其承重能力。因为预计在凌晨会出现强风,故缩短了飞行时间,这次飞行的总时间为 30min。

"百夫长"的所有飞行都是依靠电池供电的,并验证了设计的操纵质量、性能和结构完整性。在这三次飞行之后,NASA 决定将这架无人机扩展为太阳神原型机,于 1999 年 1 月开始展开相关工作。

4. "太阳神"

"太阳神"是美国航境公司在 NASA ERAST 项目资助下设计制造的"探路者"系列无人机中的第四代飞翼布局太阳能无人机,是 ERAST 项目终止前两年开发的最后一款型号。美国航境公司的最终目标是制造出航时长达 6 个月之久的高空驻留太阳能无人机。

"太阳神"原型机开发的两个主要目标是在近 30km 的高空持续飞行演示和至少 24h 的不间断飞行演示(包括在 15km 以上高空至少飞行 4 天)。实现这两个目标的研究和技术能力对 NASA 的 ERAST 项目至关重要。通过 ERAST 项目牵引，开发了许多新的推进、材料、控制、仪器和传感器技术，这些技术可以使一系列高空飞行无人机能够执行各种各样的地球和大气科学任务。这些超高空无人机可以进行风暴跟踪研究、大气采样、农业和自然资源监测的光谱成像、管道监测，还可以作为电信系统的中继平台。

相比"百夫长"，"太阳神"太阳能无人机（简称"太阳神"）的主要改进之处包括：增加了第 6 个机翼段和第 5 个起落架吊舱；用差分全球定位系统（GPS）改进导航；增加了湍流监测系统以记录无人机在空中和地面的结构应力；增加了辐射板用于在极高空帮助机载设备散热。"太阳神"原型机上使用的唯一飞行操纵面是沿展向分布在整个机翼上的 72 个后缘升降舵，通过与无人机控制的计算机相连的微型伺服电动机控制，来实现俯仰控制。为了使无人机在飞行中转向，通过在电动机上施加差分功率来使一侧外翼段上的电动机加速，同时使另一侧外翼段上的电动机减速，以实现偏航控制。

"太阳神"翼展长达 75m，机翼面积 183.6m²，配备了新的航空电子设备、高空环境控制系统和新的太阳能双面单晶硅太阳电池阵列（62000 个）。为满足高空飞行和长航时飞行的不同演示验证需求，"太阳神"被设计为高空型 HP01 和长航时型 HP03 两种不同配置的构型。高空型 HP01 质量为 930kg，推进系统由 14 台额定输出功率为 1.5kW 的永磁直流无刷电动机和直径 2m 的两叶螺旋桨组成，采用锂电池作为储能设备；长航时型 HP03 重达 1053kg，是在 HP01 基础上将储能设备更换为燃料电池，推进系统的电动机数量减少至 10 台，并对机体做了局部修改。

1999 年，在德莱顿飞行研究中心进行的首次飞行试验中，"太阳神"原型机由翼下吊舱携带的锂电池组提供动力，以验证较长机翼的性能和无人机操控品质。在最初的低空飞行中，还对计划的太阳能高空和长航时飞行所需的各种类型仪器进行了检查和校准。"太阳神"高空型 HP01 于 2001 年 8 月 13 日在美国海军太平洋导弹靶场设施飞行，飞行高度为海拔 29.5km，滞空时间长达 18h1min，创造了有翼无人机持续水平飞行的世界纪录（见图 1-18）。

图 1-18 飞行中的高空型"太阳神"HP-01 无人机

2003 年 6 月 7 日，"太阳神"长航时型 HP03 进行了首次高空飞行，验证了安装有燃料电池系统和气态氢储罐无人机的操纵性和气动弹性的稳定性，并获得了燃料电池系统在平流层中的性能数据；2003 年 6 月 26 日，"太阳神"长航时型 HP03 再次在美国海军太平洋导弹靶场设施进行了测试飞行，但不幸遭遇湍流，进入了一个机翼持续大上反变形的状态，使无人机俯仰运动急剧发散，飞行速度急剧增加并很快超过了最大飞行速度，出现了空中解体并坠海，如图 1-19 所示。

图 1-19 "太阳神"长航时型 HP03 无人机解体坠海

然而美国航境公司并未因此停止对太阳能无人机的探索，之后在 2005 年 8 月和 9 月，他们在 NASA 德莱顿飞行研究中心利用安装了湍流探测仪的"探路者+"平台，通过两次试飞采集了柔性无人机对湍流的响应特性数据，用于后续太阳能无人机的研发设计。

综上所述，太阳能无人机从诞生起就具有独特的优势：能在高空或者高高空实现真正意义上的不间断飞行，这是其他动力形式的长航时飞机无法比拟的。另外，虽然"探路者"系列太阳能无人机的机翼展弦比及展长不断增加，但是全机空机质量面密度基本上没有改变，主要是因为采用了各分系统或部件沿翼展分布式加载的思想，特别是动力系统。此外，分布式动力系统也是一种与常规飞机不同的动力形式，用差动动力的方式高效率地替代了常规飞机用副翼、方向舵实现转弯的方式。

1.2.4 美国 HAWK30 高空太阳能无人机

2019 年 4 月 25 日，软银公司（SoftBank Corp）宣布通过和美国航境公司的合资企业 HAPS 移动公司推出高空平台系统（High-altitude platform systems，HAPS）业务。HAPS 是指在平流层飞行的无人机可以像电信基站一样运作，在广阔的地区提供连接的系统。国际电联《无线电规则》将 HAPS 定义为位于距地球 20~50km 高度，并且相对于地球一个特定固定点的某个物体上的无线电电台。利用 HAPS 能够在山区、偏远岛屿等没有电信网络服务的地区建立稳定的互联网连接环境。此外，HAPS 通过与现有电信网络的高效互联，能够实现覆盖天空和地面的广域互联，为物联网和 5G 的应用做出贡献（见图 1-20）。由于 HAPS 可以在不受地面情况影响的情况下提供稳定的电信网络，预计该技术还将有助于灾害期间的救援和恢复工作。

为了在全球范围内构建通信网络连接的空中通信系统，HAPS 移动公司开发了在 20km 高空飞行的平流层通信平台系统用无人机 HAWK30，并计划于 2023 年实现量产和服务推出（见图 1-21）。HAWK30 高空太阳能无人机（简称 HAWK30 无人机）源于 NASA 资助的 ERAST 项目中的"探路者"系列太阳能无人机。HAWK30 无人机的机翼翼展约 78m，装有 10 个螺旋桨，由安装在机翼上表面的太阳能电池板提供动力，平均飞行速度约为 110km/h；

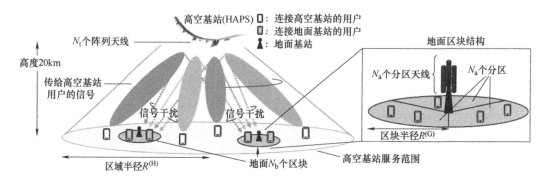

图 1-20 HAPS 与现有基础设施互联使用说明

配备了高能量密度锂离子电池，由太阳能电池板为其充电。据美国航境公司报道，HAWK30 无人机将会在海拔 20km 高的平流层中飞行，可以实现长时间飞行，最长可达几个月。HAWK30 无人机将通过装载电信设备来实现同移动通信设备、无人机、物联网硬件等设备的连接，可作为高空伪卫星，为约 3.14 万 km^2 的区域传输蜂窝数据。

HAWK30 无人机的设计工作始于

图 1-21 HAWK30 平流层通信平台系统用无人机

2017 年 4 月份，并于 2018 年 6 月开始了无人机的制造和功能测试工作，2019 年 4 月，第一架 HAWK30 无人机加工完成。在达到 NASA 对地面和靶场安全的要求后，HAPS 移动公司于 2019 年 9 月 9 日收到了 NASA 适航性和飞行安全审查委员会的有限飞行许可，允许其在加利福尼亚州 NASA 阿姆斯特朗飞行研究中心的限制空域进行 HAWK30 无人机的试飞；2019 年 9 月 11 日，在该中心成功完成了 HAWK30 无人机在太阳能高空平台系统的首次试飞。

2019 年 10 月 23 日，HAWK30 无人机在阿姆斯特朗飞行研究中心成功完成了第二次飞行测试。试飞的高度高于前一次飞行的高度，持续飞行了大约 1h30min。在此次飞行中，HAWK30 无人机成功完成了包括 180° 转弯、航电和推进系统性能测试等在内的 24 个测试点。这次飞行试验还模拟了类似于商业运营概念的跑道精确着陆控制。之后，HAPS 移动公司计划将 HAWK30 无人机运送到夏威夷的拉奈岛，并加快准备工作，以便在 2020 年 3 月 31 日的财年内在拉奈岛进行 20km 高度的平流层飞行测试。成功试飞后，HAPS 移动公司将推进平流层试验和持续数月至半年的长航时飞行试验。

除了夏威夷的拉奈岛，HAPS 移动公司还在新墨西哥州的美国太空港建造了一个新的测试场，作为其中长期业务计划的一部分。由于太空港在协调试飞时间方面提供了很大灵活性，因此将有机会以更高的频率和更大的自由度进行试飞，以进行各种类型的测试。HAPS

移动公司还计划在太空港进行平流层试飞。

2020 年 7 月 23 日，HAPS 将无人机更名为"阳光滑翔者"（Sunglider），在太空港成功进行了第四次试飞（见图 1-22）。在这次试飞中，"阳光滑翔者"无人机达到了更高的飞行高度，并实现了高海拔长时间飞行。这次飞行试验成功通过了所有测试点，包括飞行速度变化、陡峭转弯、与地面控制系统通信中断时的自动飞行控制，以及飞行中的平衡控制。随着无人机系统的所有基本飞机测试完成，HAPS 移动公司将继续为平流层试飞做准备。

2020 年 9 月 21 日至 22 日，"阳光滑翔者"无人机从美国太空港起飞，开始了第五次验证飞行，飞行时间长达 20h，且达到了 19km 的飞行高度（见图 1-23）。"阳光滑翔者"无人机还展现了在风速大于 58 节（约 30m·s^{-1}）、气温低至零下 73℃ 的极端苛刻条件下的高性能。"阳光滑翔者"无人机除了达到平流层飞行里程碑，在试飞期间还成功地使用与 Loon 有限责任公司联合开发的通信有效载荷进行了互联网连接测试，Loon 有限责任公司和美国航境公司的成员成功地与日本的 HAPS 移动公司成员进行了视频通话。这次平流层试飞的成功是 HAPS 移动公司向前迈出的重要一步，之后将继续利用 HAPS 为移动网络带来革命性的变化。

图 1-22　"阳光滑翔者"无人机在
太空港的第四次试飞

图 1-23　"阳光滑翔者"无人机在太空港的
第五次平流层试飞

回顾"探路者"系列太阳能无人机和之后衍生的 HAWK30 无人机的发展历程，可以总结得出它们的整体发展思路：①不断提高展弦比以提高气动效率；②采用沿翼展分布式推进系统以代替传统控制面来满足纵向、航向所要求的操纵性和稳定性；③二次电池、光伏组件、推进系统、起落系统、航电设备等重量部件及任务载荷均采用沿翼展分布式布置，以减轻结构受载等。在这一发展过程中，全机的空机质量面密度基本上无变化。

1.2.5　瑞士 Solar Impulse 太阳能载人飞机与 Skydweller 高空太阳能无人机

Solar Impulse "阳光动力" 太阳能飞机是目前世界上最成功的有人驾驶太阳能飞机。Solar Impulse 项目的目标是设计并制造一架能够在 8km 高空飞行的、仅靠太阳能驱动的载人飞机，并完成环球飞行，以引起人们对清洁技术的关注。该项目由瑞士探险家 Bertrand

Picard 和 Andre Borschberg 等牵头发起，2003 年在多家公司和欧洲航天局的支持下正式启动。

"阳光动力" 1 号太阳能飞机是早期的验证机（见图 1-24），采用大展弦比正常式布局，起飞质量 1600kg，最大飞行高度约 8.5km。采用尾梁式机身设计，长度 21.85m；机翼展长 63.4m，展弦比约 22，外翼段上反。为了降低全机重量，主体结构由碳纤维蜂窝夹心复合材料制成，机翼上表面采用嵌入式轻质结构，即用光伏组件来代替蜂窝材料的表层碳纤维布。光伏组件由 11628 片单晶硅太阳能电池组成，裸片转换效率约 22%，厚度为 150μm，面密度约

图 1-24 "阳光动力" 1 号载人太阳能飞机

为 0.35kg·m⁻²（不包括封装材料），全机结构面密度约 3.5kg·m⁻²。在机翼下方沿展向分布布置有四个吊舱，每个吊舱都配有一组锂聚合物电池、一套动力系统，这也是分布式动力系统和分布式载荷思想的体现。二次电池能量密度为 220Wh·kg⁻¹，质量 400kg，占全机质量的 25%；另外，在二次电池外包有保温层以保留二次电池组的热量，使它们能在 8.5km 高空的低温环境下继续工作；每台驱动电动机功率为 7.45kW，通过减速器驱动直径为 3.5m 的双叶螺旋桨，转速在 200~400r/min 范围内。

"阳光动力" 1 号太阳能飞机于 2009 年 6 月 26 日在瑞士杜本多夫空军基地首次向公众展示；于 2009 年 12 月 3 日在滑行测试之后进行了一次短跳试飞；于 2010 年 4 月 7 日进行了 87min 的试飞并达到了 1200m 的飞行高度；在 2010 年 5 月 28 日完成了首次完全由太阳能供电的飞行，并实现了在飞行中为电池充电。

2010 年 7 月 8 日，"阳光动力" 1 号太阳能飞机实现了世界上首次长达 26h 的载人太阳能飞行。这架飞机由安德烈·博尔施贝格驾驶，于 7 月 7 日 06:51 从瑞士 Payerne 空军基地起飞，于次日早上 9:00 返回着陆。在飞行过程中，飞机达到了 8.7km 的最大高度。这次飞行是载人太阳能飞机飞行时间最长、飞行高度最高的一次，并于 2010 年 10 月获得国际航空联合会的正式认可。

"阳光动力" 1 号太阳能飞机于 2011 年 5 月 13 日在瑞士基地完成 13h 飞行后，降落在布鲁塞尔机场，实现了首次国际飞行；2012 年 6 月 5 日，"阳光动力" 1 号从西班牙马德里飞往摩洛哥拉巴特，历时 19h，成功完成了第一次洲际飞行；从 2013 年 5 月至 7 月，这架飞机再次完成了穿越美国的飞行，并于 2013 年 7 月 14 日在纽约约翰·菲茨杰拉德·肯尼迪国际机场展出。直到 2013 年 8 月，完成飞行任务的这架飞机被拆解，然后通过卢森堡货运飞机 B-747-400F 运送到杜本多夫空军基地，并存放在机库中。

"阳光动力" 2 号太阳能飞机于 2011 年开始建造，相比 "阳光动力" 1 号，"阳光动力" 2 号起飞质量增加到了 2300kg，翼展增加到 72m，最大飞行高度增加到 12km，搭载

了更多的太阳能电池和更强大的电动机。"阳光动力"2 号具有 $3.8m^3$ 的非加压驾驶舱和先进的航空电子设备，具备有限的自动驾驶功能。从其两个型号的发展可以总结"阳光动力"太阳能飞机的整体设计思想：①采用大展弦比以实现高气动效率；②采用光伏组件和机翼结构一体化设计以实现低光伏组件结构面密度；③采用沿翼展方向的分布式动力系统分布承载。

"阳光动力"2 号于 2014 年 4 月 9 日首次公开展示；2014 年 6 月 2 日进行了首飞，平均速度 $56km \cdot h^{-1}$，并达到了 1700m 的高度；2014 年 10 月 26 日完成了第一次夜间飞行；在 2014 年 10 月 28 日的飞行中达到了最高高度。2015 年 3 月 9 日，贝特朗·皮尔卡和安德烈·博尔施贝格从阿拉伯联合酋长国的阿布扎比出发，乘坐"阳光动力"2 号开始环球航行。到 2015 年 6 月，这架飞机已经横穿亚洲，并且曾经停我国重庆和南京，于 2015 年 7 月完成了它的最长航程（从日本到夏威夷），在这段航程中，飞机的电池受到热损坏，经历了数月才完成了更换。在安装了电池冷却系统后，"阳光动力"2 号于 2016 年 4 月恢复了环球航行，飞往加利福尼亚，并继续横穿美国，直到 2016 年 6 月到达纽约市。之后，皮尔卡驾驶这架飞机穿越大西洋，于 6 月 23 日抵达西班牙塞维利亚，随后于 7 月 13 日在埃及开罗停留，并于 7 月 26 日降落在阿布扎比，经过 17 个航段、16 多个月完成了大约 42,000km 的地球首次环球航行。

2019 年，"阳光动力"太阳能飞机迎来了二次发展。当年 9 月，"阳光动力"2 号飞机被出售给一家正开发能连续飞行并"携带雷达、电子光学、电信设备、电话监听和拦截系统"的自主无人机的西班牙/美国合资公司 Skydweller Aero 公司。当年 11 月，意大利莱昂纳多直升机公司宣布对 Skydweller Aero 公司进行投资。该计划将促成 Skydweller 高空太阳能无人机的开发和部署，这是一款全电动无人机，能够携带大型有效载荷并拥有不间断飞行能力，如图 1-25 所示。

图 1-25 由 Skydweller Aero 航空公司运营的改良型"阳光动力"2 号太阳能无人机

基于"阳光动力"2 号太阳能飞机改装的长航时无人机已经在 2020 年 12 月实现了首次飞行，目前正在该机基础上制造第二架更有针对性进行无人化设计的原型机，计划可以搭载 400kg 有效载荷，滞空时间超过 90 天，新的原型机还安装有氢燃料电池作为备用能源。该项目已经获得美国海军 500 万美元的研发合同，美国海军将会把 Skydweller 高空太阳能无人机应用在侦查和监视领域，此外，还有可能扩展到通信、应急行动和气象的潜力。对于美国海军来说，考虑到其在空中停留的时间及对加油和维护的低需求，该无人机将代表着巨大的运营成本节约，这是迈向未来飞机由可再生燃料驱动且不排放污染物的巨大一步。

1.2.6 英国 Zephyr 高空太阳能无人机

Zephyr 是一种轻型的高空驻留太阳能无人机，由英国 Qenitiq 公司（该公司已被空中客车公司收购）研制，是航空无人机飞行史上滞空时间最长的飞行器。

Zephyr 项目开始于 2001 年，其目的是为了拍摄热气球上升并打破飞行高度纪录的过程。2001 年开始研发了一种质量小于 7kg 的概念验证机"Zephyr 2"，可以自由或绳系起飞。初步研究成功后，该项目继续开发并在 2002 年建造了一种长 12m、质量为 15kg 的无人机"Zephyr 3"。"Zephyr 3"被设计为通过载人气球绳系放飞，以达到 40km 的世界纪录高度，但不幸的是，因气球出现了技术问题，导致两个都没有实现飞行。在气球放飞失败后，为了降低关键技术风险，启动了"Zephyr 4"无人机的概念开发工作。"Zephyr 4"无人机翼展 12m，质量约为 17kg，被设计为使用氦气球发射。2005 年 2 月，"Zephyr 4"在南澳大利亚州的 Woomera 进行了一次试飞，在气球牵引下从 9km 的高空放飞，飞行 1h。该试飞的主要目的是验证高空驻留无人机概念的基本特征，确定无人机保持飞行的需用功率，以及无人机跨夜飞行的高度降低量，从而确定其续航能力。

随后启动了"Zephyr 5"无人机项目的开发工作，以进一步减少风险。"Zephyr 5"项目由两架无人机组成，即"Zephyr 5-1"和"Zephyr 5-2"。"Zephyr 5"项目决定从地面手动发射无人机，不再使用氦气球发射（最初使用复杂的气球发射模式的原因是担心"Zephyr"不能在稠密的低层大气中飞行。然而人们发现，"Zephyr"能够在低层大气中飞行，只是速度非常慢且易受阵风影响，因此不再需要气球）。除了电源，两架无人机都是相同的，"Zephyr 5-1"同时使用电池和太阳能（质量为 31kg），而"Zephyr 5-2"仅使用电池供电（质量为 25kg）。"Zephyr 5-2"仅搭载了一次不可充电电池，因此它不能飞行超过一个晚上。2005 年 12 月，"Zephyr 5"两架无人机在美国新墨西哥州飞行，分别飞行了 4h 和 6h，成功完成了地面起飞、上升、巡航和下降的测试。2006 年 7 月，这两架无人机再次在美国飞行，"Zephyr 5-1"在 10km 高空飞行了 18h（包括 7h 的夜间飞行）。

"Zephyr 6"无人机项目建立在"Zephyr 5"飞行试验基础上，从降低风险的开发转向了多功能演示开发。该项目产生了第一个具备全功能电力系统（能够展示在太阳能动力飞行中为电池充电）的 Zephyr 平台。"Zephyr 6"采用平直翼设计，翼展 18m，展弦比 18，机翼外段上反；采用超轻碳纤维建造，起飞质量约 30kg，任务载荷质量约 2kg。机翼上表面铺设有 Uni-Solar 公司的太阳能薄膜电池，其面密度约 $0.35kg \cdot m^{-2}$（包括封装材料）；采用 Sion Power 公司的锂硫二次电池作为储能设备，能量密度约 $350Wh \cdot kg^{-1}$。

2007 年 7 月，"Zephyr 6"无人机在新墨西哥州的 15~18km 高度范围内飞行了 54h，最大飞行高度达到了 17.6km，验证了其热模型和性能模型。2008 年 8 月，"Zephyr 6"在亚利桑那州的尤马试验场进行了长达 82h 的飞行，飞行高度达 19km，超过了当时最长的无人驾驶飞行器世界纪录，但因为 FAI 官员没有参与这次飞行，所以未被正式记录（见图 1-26）。

图 1-26 "Zephyr 6" 太阳能无人机起飞

之后进一步研发了 "Zephyr 7" 无人机，其设计为白天在 19km 的高度飞行，而在夜间则可在 14km 以上的高度飞行。"Zephyr 7" 在机翼气动布局上进行了较大改进，调整了机翼尖削比和翼尖形状，以提高全机气动效率。相比 "Zephyr 6"，"Zephyr 7" 机翼展长由 18m 增加到了 22.5m；起飞质量增加了 60%，总质量约达 50kg。"Zephyr 7" 于 2010 年 7 月在 Yuma 试验场进行了试飞，连续飞行了 14 天（336h）24min，打破了航空飞行器的飞行时长纪录。

如图 1-27 所示，从 Zephyr 项目中各代无人机的演化过程，可以总结到 "Zephyr" 系列太阳能无人机整体设计思想：①采用超低翼载荷设计，翼载仅约为 $20N \cdot m^{-2}$，大大减小了太阳能无人机配平飞行所需功率；②追求尽可能高的气动效率。

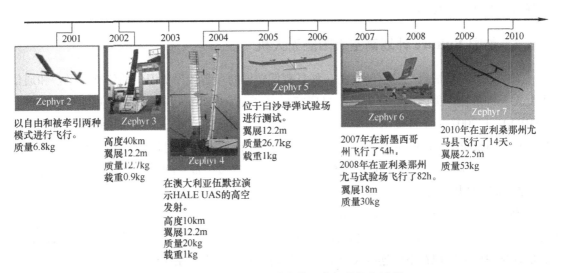

图 1-27 Zephyr 项目中各代无人机的演化过程

2013 年 3 月，"Zephyr" 系统被出售给了空客公司航天防务事业部。之后空中客车公司推出了 "Zephyr 8"（也称 "Zephyr S"）无人机，并将其作为高海拔伪卫星（HAPS）计划的一部分。2016 年 2 月，英国国防部成为其首个客户，购买了两架"Zephyr S"，总价值为 1060 万英镑；当年 8 月，英国国防部确认购买了第三个"Zephyr S"平台，使合同总价值达到了 1300 万英镑。

"Zephyr S"无人机翼展 28m，总质量约 75kg，携带有大约 24kg 的电池和 5kg 的有效载荷。无人机使用的 Amprius 锂离子电池，比能量从 300~320Wh·kg^{-1} 提高到了 435Wh·kg^{-1}。MicroLink 设备商制造的高效、轻质、高适应性的砷化镓太阳能电池可提供的太阳能比功率超过了 1500W·kg^{-1}，面积功率大于 350W·m^{-2}。

2018 年 7 月 11 日，"Zephyr S"无人机在亚利桑那州起飞（见图 1-28），在空中连续飞行了 25 天 23 小时 57 分钟，飞行高度在白天高达 22.5km，在夜间超过 15km，创造了新的飞行时间纪录和高度纪录，几乎是其前身创下的 14 天飞行纪录的两倍。到 2021 年 10 月，它已经飞行了 2435h。

未来在"Zephyr S"之上，空中客车公司还将推出一款更大型、更先进的型号"Zephyr T"双尾变体无人机，它的翼展超过 30m，可以承载更大的有效载荷。这种特殊无人机是卫星和无人机的混合体，具有卫星的能力和无人机的灵活性。除国家安全用途，这些无人机还将用于海上监视、边境巡逻任务和森林火灾探测。

图 1-28 "Zephyr S"无人机在亚利桑那州的首次飞行

1.2.7 美国 Vulture 计划高空太阳能无人机

为发展可用于情报/监视/侦察的一种具有低轨道的可替代昂贵卫星的传感器平台和通信中继无人机系统，美国国防部先进项目研究局（Defense Advanced Research Projects Agency, DARPA）于 2007 年 6 月提出了一项"秃鹰"（Very high altitude, Ultra endurance, Loitering Theatre Unmanned Reconnaissance Element, Vulture）计划。该计划是要研究一种能够在 18~27km 的临近空间持续飞行 5 年的太阳能无人机，且能够携带 450kg 有效载荷，并为有效载荷提供 5kW 的电力输出。

2008 年 4 月，洛·马公司、美国波音公司和极光飞行科学公司均获得了"秃鹰"计划的第一阶段合同（为期一年），进行概念性研究。2009 年，"秃鹰"计划第二阶段启动，目的是研究一种能实现在空中连续飞行 3 个月的高空驻留无人机系统。

三家公司提交了第二阶段的太阳能无人机研究建议书，洛·马公司提出了一种特别的太阳能无人机方案，其上分布安装了 10 套螺旋桨动力系统和三个可斜置的大平尾，如图 1-29 所示。波音公司则联合英国 QinetiQ 公司，基于"Zephyr"太阳能无人机，提出了放大版的 Solar Eagle "太阳鹰"无人机方案，如图 1-30 所示。而极光飞行科学公司则创新性地提出了三段翼拼接概念方案——"Z"字形的 Odysseus 太阳能无人机,如图 1-31 所示。最后,受益于 Zephyr 系列无人机的成功飞行,波音公司提出的翼展 122m 的"太阳鹰"方案成为"秃鹰"计划第二阶段的获胜者,赢得了一份价值 8900 万美元的合同,并计划在 2014 年完成该无人机的首次飞行。

图 1-29　"秃鹰"计划洛·马公司的无人机设计方案

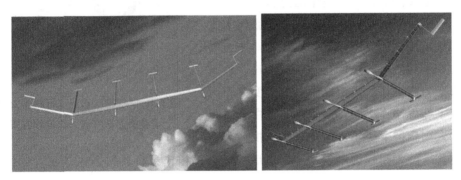

图 1-30　"秃鹰"计划波音公司的"太阳鹰"太阳能无人机设计方案

　　然而,在 2012 年,"秃鹰"计划进行了重组,终止了"太阳鹰"太阳能无人机项目的开发,将只专注于发展太阳能光伏电池和储能技术。

1. 波音 Solar Eagle 高空太阳能无人机

　　波音公司以"太阳鹰"(Solar Eagle)太阳能无人机方案赢得 DARPA 的第二期"秃鹰"计划,该项目的主要供应商包括 Versa Power Systems 公司和英国 QinetiQ 公司。根据"秃鹰"计划二期协议,波音公司将要开发一种全功能飞行演示验证机,并对其电源系统和结构强度等关键技术进行验证。

　　"太阳鹰"太阳能无人机翼展 122m,起飞质量约 2700kg,任务载荷质量约 450kg,飞行高度大于 20km,飞行时间 1~3 个月。为使"太阳鹰"太阳能无人机能够在冬天获得足够的太阳能量并维持正常飞行,实现超高空无限续航,"太阳鹰"太阳能无人机采用了如下设计思想:①多机身布局形式,能很大程度上对机翼负载卸载;②采用主动光伏组件,安装于机身,可绕机身轴旋转,最大化太阳吸收辐射;③通过合理的航迹规划以吸收更多的能量。

　　如图 1-30 所示,"太阳鹰"太阳能无人机采用超大展弦比机翼设计,以提高气动效率,助力于实现"无限续航";采用多尾撑+平尾气动布局形式,以增强无人机的俯仰稳定性和操纵性,避免俯仰振荡;尾撑上安装有可绕轴旋转的主动式光伏组件,以增强无人机对太阳能的获取能力,同时替代垂尾为无人机提供横航向稳定性。此外,"太阳鹰"太阳能无人机的机翼两侧和尾翼上还安装有湍流探测系统,以便实时感知大气环境并及时调整无人机的飞行姿态,避免无人机的超大展弦比机翼发生过度扭曲。

2. 极光飞行科学公司 Odysseus 高空太阳能无人机

极光飞行科学公司在 2008 年"秃鹰"计划中提出的 Odysseus(奥德修斯)高空太阳能无人机(简称"奥德修斯"无人机)方案采用了模块化折叠翼设计理念,如图 1-31 所示,该无人机由三个完全一样的翼展达 50m 的模块化机翼拼接而成,可随着太阳光照角度变化通过十字形尾翼将机翼折叠为不同角度的 Z 字形布局以更好地接收太阳辐射,而在夜间恢复为大展弦比平直翼布局以提高气动效率。各个模块可独立地完成起飞降落,并在空中通过自动对接技术连为一体,以期能够较好地解决大展弦比无人机在起降阶段面临的气动问题,增强其对湍流的抵抗能力和避免机翼的过度扭曲。虽然这一创新性设计方案为高空驻留太阳能无人机的变体布局研究提供了新思路,然而其内侧机翼在白天飞行时接收的太阳辐射下降了,这样有可能抵消其他

图 1-31 "秃鹰"极光飞行科学公司的
"奥德修斯"无人机设计方案

两个机翼获得的太阳辐射增益,且变体后的无人机相比平直翼状态还存在着较大的升力损失。

2017 年,极光飞行科学公司被波音公司收购,并在波音的支持下,开发了全新的"奥德修斯"太阳能无人机,其全尺寸原型机于 2018 年公开。极光飞行科学公司还正在建造第二架无人机,同时也已启动了第三架无人机的相关工作。第一架无人机将由电池驱动,装有测试用太阳能电池。第二、三架无人机将使用太阳能驱动。

"奥德修斯"无人机采用了更为简洁的设计,采用正常式三机身布局设计,如图 1-32 所示。机翼的翼展长达 74m,超过了波音 777X,并分布安装有 6 部螺旋桨推进系统;在三个机身尾端的全动平尾和全动垂尾分别为无人机提供俯仰和偏航控制;机翼未安装副翼操纵面,而是通过尾翼控制机翼弯曲的方式来实现滚转控制。"奥德修斯"无人机可携带 63kg 有效载荷在 18km 以上高度飞行;能提供最大 900W 或连续 250W 的功率;在中纬度地区全年可运行,在亚北极地区可运行 6 个月。机翼铺设的汉能阿尔塔光伏电池效率达 20% 以上,集成到无人机结构中,能够提供相对高的比能量。

为了适应飞行过程中机翼的弯曲,无人机的机身结构被设计组装成桥形。桁肋部位的蒙皮壁板联结成 V 形的外扩联结点,可在机翼弯曲时产生相对活动。上层蒙皮是玻璃纤维,承受气动压力载荷,下层机翼、机身、尾翼采用更轻的塑料薄膜。电池系统、航电、载荷装在三个机身内,使用了峰值功率跟踪技术,匹配太阳能光伏电池和电池包的输出最小化损

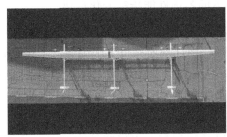

图 1-32 极光飞行科学公司的新一代"奥德修斯"无人机

耗。极光飞行科学公司还为该机开发了电动机和双叶可变距螺旋桨,安装于机翼的下方和前方,保证气流稳定以提高效率。"奥德修斯"无人机的起飞过程是由货车拉着无人机的拖车到跑道上,然后无人机从定位板上起飞,降落时使用一次性起落架。

1.2.8 中国的太阳能无人机

国内对太阳能无人机的研究起步较晚,国内第一架太阳能无人机"翱翔者"(北京航空航天大学)诞生于 1992 年。之后,国内有多家科研院所和高校也都陆续开展了太阳能无人机的研究,先后涌现了许多不同功能用途的太阳能无人机。例如:"绿色先锋"(珠海新概念航空航天器有限公司,2002 年)、"灵翼"(南京航空航天大学,2015 年)、"启明星"(中航工业集团公司第一飞机设计研究院,2016 年)、"彩虹"(中国航天空气动力技术研究院,又称中国航天科技集团公司第十一研究院,2017)、"魅影"(西北工业大学,2017 年)、"蒲公英"(北京理工大学,2018 年)、"飞云"(中国航天科工集团第三研究院,2019 年)、"墨子号"(上海奥科赛飞机有限公司,2019 年)、"火凤"(中科院工程热物理研究所,2021 年)等。下面选择部分典型的太阳能无人机对其进行介绍。

1. "翱翔者"与"绿色先锋"太阳能无人机

"翱翔者"太阳能无人机(简称"翱翔者")由北京航空航天大学的李晓阳博士在1992 年设计制造,是中国首架具有原创自主知识产权的太阳能无人机。"翱翔者"采用常规气动布局设计,机长 1.25m、翼展 1.88m;飞行高度 1000~1500m,滞空时间 8h;太阳能电池铺设在机翼和平尾上,并采用镍氢电池作为储能设备;为减轻结构重量,"翱翔者"的机翼结构由碳纤维和轻木材料制成,机体结构则由碳纤维和凯夫拉材料制成。"翱翔者"以投掷方式起飞,通过人工目视来遥控飞行,并以滑橇式降落架实现降落回收。

1994 年 8 月,"翱翔者"太阳能无人机在华北地区成功完成了飞行测试并达到了预期目标(见图 1-33),在不同光照、不同海拔高度条件下,校核了无人机的结构强度,验证了无人机的气动特性、操纵性、光电转换效率、储能设备性能和

图 1-33 "翱翔者"飞行试验

续航能力，探索了"翱翔者"在复杂气象条件下的各项性能指标变化规律。

2002 年，珠海新概念航空航天器有限公司启动了中国"绿色先锋"太阳能飞行研究计划，李晓阳博士担任该计划的负责人和总设计师，该计划还获得了中国航空工业发展研究中心、中国航天空气动力技术研究院的支持。"绿色先锋"太阳能无人机计划主要有以下三项研究内容：一是无人机气动布局方案研究，二是能源系统配置与光伏组件布阵研究，三是飞控、导航和其他相关技术的研究。

如图 1-34 所示，"绿色先锋"太阳能无人机采用创新的无尾联结飞翼式气动布局设计，可以在不增加实际翼展的情况下增大机翼展弦比；同时联结翼的设计增加了无人机的几何刚度，减短了全机结构的承力路线，减轻了结构重量。"绿色先锋"太阳能无人机在机翼上、下翼面均铺设有太阳能光电管，上翼面的光伏组件用于接收来自太阳的直接辐射，而下翼面则用来接收来自云层和大气微粒反射的阳光辐射，从而提高无人机对太阳辐射的逐时接收量。

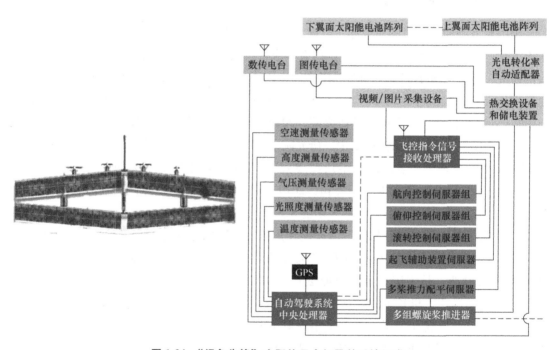

图 1-34 "绿色先锋"太阳能无人机及其系统组成

珠海新概念航空器研发中心完成了"绿色先锋"太阳能无人机多种比例缩比验证机的生产制造，并先后在 2002 年、2003 年年底完成了 1/4、1/2 缩比验证机的试飞工作。其中，1/2 缩比验证机长 2.84m，翼展 7.5m，机翼弦长 0.6m；起飞质量 30.5kg，任务载荷 4kg，翼载荷小于 4kg·m^{-2}；巡航速度 60km·h^{-1}，续航时间大于 10h，设计升限 5km，活动半径大于 10km。该机安装有 6 台功率为 0.2kW、功重比为 1.8kW·kg^{-1} 的无刷直流电动机，采用能重比为 230 以上的太阳能光电管来接受太阳能量，并采用能重比为 135 以上的二次电池来储能多余能量。

2. "启明星"高空太阳能无人机

"启明星"太阳能无人机是航空工业集团公司第一飞机设计研究院(简称一飞院)设计研发的长航时太阳能无人机。作为进军长航时无人机领域的重点项目,一飞院早在 2016 年就成功研制了"启明星"太阳能无人机 10m 翼展技术验证机。在之后的两年中,逐步完成了对太阳能无人机的高效气动布局、轻质结构和能源综合管理系统等关键技术的深化验证,并持续开展了自主飞行、全系统验证试飞、长航时试飞等多个试飞科目。最终,在 2018 年 9 月,10m 翼展的"启明星"太阳能技术验证机实现了 5h 的连续飞行(见图 1-35)。

图 1-35 "启明星"太阳能无人机 10m 翼展技术验证机试飞

目前,"启明星"太阳能无人机已经完成大尺度(20m 翼展)技术验证机全自主飞行(型号名称:"启明星 20"),正按计划推进系列化发展,将逐步成为国内太阳能无人机领域的开拓者。"启明星 20"太阳能无人机采用轻量化设计,设计的超轻机翼结构采用江苏恒神碳纤维材料有限公司的碳纤维材料及其复合材料制造,翼展 20m,弦长 1.1m,总质量仅 18.9kg。2021 年 11 月 3 日,"启明星 20"全状态太阳能无人机圆满完成了一键全自主飞行试验。2021 年 11 月 26 日,"启明星 20"太阳能无人机完成了能源系统的首次飞行验证(见图 1-36)。

图 1-36 "启明星 20"太阳能无人机飞行试验

3. "彩虹"太阳能无人机

"彩虹"太阳能无人机是目前我国研制的尺寸最大、续航时间最长的临近空间无人机,由中国航天科技集团公司第十一研究院自主研发,核心关键技术和设备已经全部实现国产化。"彩虹"太阳能无人机是实现情报、侦察、监视和通信中继等功能的"超长待机"空中平台,能够部分替代通信卫星功能,实现区域全覆盖的不间断态势感知和中继通信,不仅能够搭载传感设备执行自然灾害预警、海域监管、应急抢险救灾等任务,还可以搭载通信设备为偏远山区提供互联网无线接入、移动通信等服务。

"彩虹"太阳能无人机面向 20km 临近空间长时间驻留设计,其翼展 45m,飞行质量 525kg,飞行高度可达 20km,理论上可连续滞空数月乃至数年之久;其搭载光伏组件最大输出功率为 20kW、能量转化效率 16%;所搭载的用于夜间飞行供电的储能电池比能量 200Wh·kg^{-1}。

2017 年 6 月,"彩虹"太阳能无人机在光伏组件和锂离子电池组联合供能下,在西北地区完成了 20km 以上临近空间飞行的基础科学试验(见图 1-37),同时验证了配套无人机能源系统在临近空间飞行条件下的可靠性与稳定性。这次成功试飞标志着我国成为继美、英之后第三个掌握临近空间太阳能无人机技术的国家。

图 1-37 "彩虹"太阳能无人机

4. "魅影"太阳能 Wi-Fi 无人机

"魅影"太阳能 Wi-Fi 无人机由西北工业大学特种无人机技术研究所基于真实应用环境和行业需求研制开发,是国内第一款实用型全翼式太阳能无人机,也是国内第一款薄膜电池型太阳能无人机,同时也是目前国内太阳能无人机持续飞行时间纪录的保持者。

"魅影"太阳能 Wi-Fi 无人机采用全翼式布局设计,机长 1.2m,翼展 7m,最大起飞质量 16kg,有效任务载荷 1~5kg,最大续航时间 12~24h,巡航高度 500~3000m,实用升限 9km,抗风能力 7 级,通信距离 50km,Wi-Fi 信号覆盖范围 300km^2。该无人机以太阳能为驱动能源以实现持久滞空,集成 Wi-Fi 通信/信息载荷来构建空中基站,通过单机或多机基站进行区域覆盖,进而形成灵活的空中宽带通信基础设施。

2017 年 7 月 21 日,"魅影-5"太阳能 Wi-Fi 无人机在陕北高原上持续飞行了 16h9min,创造了太阳能无人机目前国内最长航时纪录。2018 年秋天,在陕北毛乌素沙漠边缘的戈壁上,"魅影-6"太阳能 Wi-Fi 无人机完成了 19h34min 的全自主飞行,并顺利回收,刷新了之前的飞行纪录。这也是我国第一次在秋季进行太阳能长航时飞行试验,为实现太阳能无人机的全年跨季飞行迈出了重要的一步(见图 1-38)。

5. "墨子号"太阳能无人机

"墨子号"系列太阳能无人机由上海奥科赛飞机有限公司主导设计,其立项和研发得到了上海市科学技术委员会、中国航天科技集团第八研究院第八一一研究所(上海空间电源研究所)、同济大学,以及多家航空电子、材料等公司的协同配合。"墨子号"太阳能无人机可以加载多种应用装备,平稳而不间断地利用光能实现滞空,其目标是实现商用,并作为

图 1-38 "魅影"太阳能 Wi-Fi 无人机飞行试验

"空中基站接力"与"大气垂直监测"平台；此外，它在灾难事故等应急通信保障领域也有用武之地。

2015 年，"墨子号"太阳能无人机完成了翼展 5.5m 的缩比验证机试飞工作，对无人机在极端高温环境的适应性，以及无人机的载重、抗风性等展开了测试验证（见图 1-39）。

图 1-39 "墨子号"太阳能无人机翼展 5.5m 的缩比验证机

2016 年 12 月 9 日，在福州的琅岐岛上，"墨子号"全尺寸太阳能无人机完成了首次飞行。其翼展长达 14m，并铺设有 12m^2 的太阳能电池板，安装有 4 台螺旋桨发动机，起飞质量 45kg，有效载重 7kg；其设计飞行高度 8km，航速为 75km·h^{-1}，滞空时间可达 6~8h（见图 1-40）。

图 1-40 "墨子号"全尺寸太阳能无人机

2019 年 7 月 27 日，"墨子Ⅱ型"太阳能无人机在浙江德清莫干山通航机场成功首飞（见图 1-41）。"墨子Ⅱ型"无人机采用双尾撑正常式布局设计，其翼展 15m，安装有 4 台螺旋桨推进系统，由太阳能电池和储能电池联合供电，可在 6~8km 高空飞行，"墨子Ⅱ型"无人机在天气良好的情况下，一次可以完成滞空作业 12h。和Ⅰ代相比，"墨子Ⅱ型"无人机的光电转换效能、飞行时间等，都有了大幅提升，已接近商业化应用。

图 1-41　中大型太阳能无人机"墨子Ⅱ型"首飞成功

综上所述，站在无人机设计的角度对上述太阳能无人机进行分析可知：太阳能无人机具有不间断飞行的能力；为实现太阳能无人机的高空永久驻留，应尽量提高各系统效率，包括气动效率、结构效率、光伏组件转换效率、任务载荷效率等。

1.3　高空太阳能无人机的技术难点与挑战

从 1974 年第一架太阳能无人机的诞生到现在，太阳能无人机经历了近半个世纪的发展，正向着工程实用化迈进。伴随着太阳能电池、储能电池、微电子、新材料等诸多技术的发展，无人机设计技术的进步，太阳能无人机也从最初的"能飞起来"的小目标，不断地探索前进，追求实现更大载荷、更高高度、更长时间的设计目标。目前，兼具高空、长航时、大载荷三项能力的太阳能无人机尚没有出现，其在无人机总体设计技术、低雷诺数流动下的高升力气动设计、超轻质结构设计技术、能源综合管理系统、气动弹性建模与动力学分析等多个领域都面临巨大的挑战，仍须继续深入探索研究相关的基础科学问题，突破各项关键技术，推进实现高空驻留太阳能无人机的工程化。

1.3.1　以能量为中心的太阳能无人机总体参数设计方法

早期的太阳能无人机总体参数设计方法研究主要注重于太阳能动力在增加滞空时间或者提升飞行性能的可行性研究，并设计、制作、试飞若干小型低空太阳能无人机。随着光伏电池与二次电池等能源技术的发展，研究学者逐渐致力于驻留太阳能无人机的总体设计工作。1983 年，美国学者 Youngblood 从功率供给与功率需求的角度研究了高空驻留太阳能无人机的总体参数设计与能量性能分析方法，并针对高度 18km、北纬 40°、任务载荷 45kg/100W 与驻留时间春分日~秋分日的设计指标匹配了一组总体参数，然后分析了此方案在纬度域 0°~60°N 的驻留高度性能。1983 年，在 NASA 的资助下，美国学者 Hall 以能源供应链为核心研究了结构、光伏电池、燃料电池、推进系统、起落架系统与航电设备等各"链结点"的参数化，并提出了一种昼夜双模式的"垂直/水平"机翼外段的布局形式，并完成了此布局形式的总体参数匹配与能量包线计算。1992 年，仍然在 NASA 的资助下，美国学者 Bailey 进一步系统地研究了高空驻留太阳能无人机各系统的相关技术，并针对高度 20km、滞空 1 年、北纬 36°、任务载荷 45kg/200W 的设计指标完成了一套总体方案的参数匹配设计。1995 年，美国学者 Brant 提出了能量供给约束下的太阳能无人机总体参数设计与分析方法，适应于初始方案设计，并分析了矩形飞翼布局、串列翼布局和飞艇的能量供给特性。1999 年，以色列学者 Harmats 创新式地提出了太阳能和内燃机混合动力形式的高空驻留无人机的设计方法，能在不牺牲滞空时间的前提下，大幅度减小了太阳能无人机的几何尺度。2000 年，德国学者 Keidel 重点研究了仅采用可跟踪光伏组件的高空驻留太阳能无人机方案设计，然后粗略地研究了其结构设计、操稳特性，以及飞行性能与能量性能（此布局机翼上表面不铺设光伏组件）。2004 年，意大利学者 Romeo 设计了一款双尾撑布局的太阳能无人机 HeliPlat®，旨在地中海附近的高空 17~25km，连续数月不间断飞行，替代或者补充现有的通信卫星。2008 年，瑞士学者 Noth 以不间断持续飞行为设计指标，发展了一套适应于低空小型太阳能无人机的设计方法，设计并制作的"Skysailor"实际飞行时间可达 27h，其持续飞行时间还可以更长。

由于能源技术水平的相对滞后，国内关于太阳能无人机总体设计的研究工作起步较晚，尚处于初期。2003—2004 年，吴安民和刘俊从能源供给的角度研究了太阳电池效率、储能电池比能量及不同地理纬度对昼夜太阳能无人机机翼几何参数的影响。2005 年，张锦绣在能量平衡的约束下，考虑风速的影响完善了一种太阳能无人机的设计方法，详细建立了太阳能无人机能源系统模型和构建了地面模拟试验台，并从能量供给与能量管理的角度进行了初步研究与试验。2006 年，邓海强较为详细地建立了以小型太阳能无人机为研究对象的能源模型、气动模型、结构模型、推进系统模型，然后基于多学科优化设计框架，构建了小型太阳能无人机的一体化设计方法。2010 年，昌敏等人从太阳能无人机的翼载荷特性着手，对太阳能总体设计中的关键变量进行了敏感度分析，并提出了以能量为中心的太阳能无人机初始方案设计方法。2010 年，Shiau 等人采用遗传算法对低空小型太阳能无人机"XiHe"的机翼尺寸参数及巡航速度予以了优化设计。2011 年，赵凯面向太阳能无人机方案设计阶段，较为详细地建立了包括能量供应链、太阳能采集、蓄电池能量存储、无人机六自由度空间运动及能量管理等部件构成的时域仿真模型，通过仿真对比研究了太阳能电池固定安装和可转动安装两种无人机方案的太阳能采集效率和续航性能。2012 年，昌敏等人基于能量平衡，采用敏感度分析方法，着重分析了各系统部件的"效率特性"参数、"重量特性"参数与设计指标中的飞行季节等总体参数对太阳能无人机可持续高度的影响及约束程度。2012 年，姜光泰、祝明等人考虑了太阳能无人机飞行性能、能量供给、各部件重量组成等设计变量和相应约束条件，以及各设计变量的不确定性影响，将序列优化及可靠性评估方法引入到并行子空间优化过程中，以太阳能无人机"HeliPlat"作为算例，验证了分析模型的合理性和优化方法的有效性。2012—2013 年，高显忠、侯中喜等人利用太阳能无人机的重力势能储能以扩展最大续航时间的飞行性能，然后发展了一套新颖的太阳能无人机能量管理策略，具备二次电池储能与重力势能储能的"双模式"特征，另外还从总体参数敏度分析的角度研究了太阳辐照持续时间、二次电池充电倍率、二次电池比能量、初始高度等参数对重力储能模式的太阳能无人机滞空能力的影响。另外，2014年马东立基于重力储能原理建立了变高度轨迹各阶段及其时间节点的物理数学模型，提出了适用于变高度轨迹的太阳能无人机总体参数设计方法，通过与定高度轨迹的对比，研究了相关总体技术参数对变高度轨迹应用效果的影响。

1.3.2 高空太阳能无人机高效气动与轻质结构设计

高空驻留太阳能无人机面向临近空间设计，其在临近空间永久驻留的使用需求迫使无人机在任务阶段需要以极低的能耗和极高的效率飞行和执行任务，这就对太阳能无人机的气动和结构设计提出更高、更苛刻的要求：高升阻比的大展弦比气动布局设计，以及轻质结构设计。

高空太阳能无人机的飞行速度低，所在临近空间的大气稀薄密度低，进而导致飞行雷诺数低。低雷诺数流动会使太阳能无人机的升力、升阻比和螺旋桨效率降低，流动结构的稳定性变差，存在典型的"分离—转捩—湍流再附"特性，同时可能伴随着层流分离气泡及多次分离等复杂流动特征。因此，高空驻留太阳能无人机气动设计分析面临着低雷诺数下高效气动设计和分离—转捩复杂流动特征之间的矛盾，需要通过精细化的气动设计和准确的低雷诺数流动模拟，解决太阳能无人机在低雷诺数下的高升力设计与转捩和层流分离等问题。这给高空驻留太阳能无人机的气动设计带来了较大挑战。

高空驻留太阳能无人机具有较大的机翼展弦比，其翼型对机翼的气动特性具有决定性的影响，因此长期以来，低雷诺数下的高升力高升阻比翼型设计是太阳能无人机高效气动设计的重要手段。然而，为了实现在临近空间的永久驻留，显然需要更进一步地提高太阳能无人机的气动性能，因此，必须关注高空驻留太阳能无人机的三维气动设计和分析。Esmaeel等针对Parastoo太阳能无人机开展了气动分析和优化选型等研究工作，甘文彪开展了临近空间全翼式太阳能无人机的气动设计和分析，提出了一种仿生设计分析方法。这些工作对开展高空驻留太阳能无人机的高效气动设计具有较好的参考意义。

高空驻留太阳能无人机采用大展弦比轻质结构设计，其翼载荷相比同展长的常规飞行器要低得多，以实现高空永久驻留的设计目标。机翼上表面铺设的太阳能电池使结构边界更加复杂，增加了结构工艺难度，这就要求太阳能无人机的轻质结构设计在拓扑优化之时，必须同时考虑同太阳能电池的耦合设计和结构功能一体化设计，以在保证飞行安全性的情况下，尽可能降低结构重量。

太阳能无人机的大展弦比机翼柔性较强，在气动载荷作用下易发生较大的弹性变形，导致了机翼气动载荷的重新分布，影响到全机的气动特性，产生气动和结构的耦合问题，从而影响到无人机的速度与飞行品质；大展弦比柔性机翼特性还使这一气动弹性问题变得非线性化和复杂化，同时这种结构变形还有可能会损伤铺设的太阳能电池。这是太阳能无人机气动与结构综合设计面临的又一个挑战。

因此，开展大展弦比柔性机翼的超轻质结构综合设计成为了高空驻留太阳能无人机的关键技术之一。现阶段，超轻质结构综合设计还面临以下三个方面的问题：①布局结构耦合优化设计、结构功能一体化设计等技术尚不成熟；②超轻质结构的设计、工艺、试验等特殊标准尚未建立，亟待完善；③大展弦比超轻质柔性结构存在复杂的非线性气动弹性问题，相关评估方法、试验技术还需进一步研究。

1.3.3 太阳能无人机能源管理与热管理研究

太阳能无人机通过接收太阳辐射为无人机提供能量以维持无人机的正常飞行。太阳能电池薄膜板铺设在机翼表面，可以将接收到的部分太阳能转化为电能，其余能量以热能形式散失，转化出来的电能部分存储到蓄电池中供无人机夜间巡航使用，大部分用于驱动电动机，为螺旋桨提供转动的动力。高空太阳能无人机一般在平流层以上飞行。此处大气稀薄，大气对太阳能的削弱作用小，有助于太阳能电池接收到更多的太阳辐射；此外，高空较低的环境温度和平稳的气流调节更有利于太阳能电池能量转化效率的提高和无人机的飞行。然而，受到一天之内太阳辐照度大小变化和太阳辐射入射角变化的影响，太阳能无人机上太阳能电池的能量产出始终处于波动状态，加之电池能量转化效率低的特点，需要能源管理系统辅助太阳能无人机，对电池产出的能量进行合理分配和管理。

考虑到需要提高有限电能产出下太阳能无人机的飞行时间和性能，并最终实现真正的高空长航时飞行，能量管理已经成为制约太阳能无人机发展的难题之一。如何将白天获得的富余太阳能有效储存以用于在夜晚为飞机提供能量是制约太阳能无人机发展的关键。Phillips等人提出了两种构想利用高度储存获得的太阳能。Phillips 设想让太阳能无人机在光照充足时利用光伏电池产出的电能不断爬升，把能量转化成重力势能储存起来，直到晚上飞行时逐渐降低飞行高度，将重力势能转换为动能，以此来维持无人机持续飞行；随后，Phillips 提出前述设想的升级方案：为太阳能无人机加装蓄电池来储存白天过剩的电能，同时让无人机爬升，储存一定的重力势能，供夜间飞行使用。Phillips 的第二种设想被认为是可行的，然而这种设想仍然过于简单，实际飞行过程受到诸多因素的影响。如今，随着太阳能无人机的发展，各种研究层出不穷，一种分三个阶段的能源管理策略受到广泛应用。该策略根据白天和黑夜太阳能无人机产能方面的不同，结合无人机适合在高空飞行的特点，将太阳能无人机的飞行工况分为三个阶段。第一阶段，在光照强度较好的白天，太阳能电池工作，将太阳能转化为电能，无人机上的蓄电池将一部分电能储存起来备用，同时，由于蓄电池容量有限，仍有一部分电能剩余，电动机会将这些能量转化为螺旋桨动能，使无人机从较低的高度爬升至规划的高度；第二阶段，在黑夜，光照强度减弱至零，太阳能电池不再工作，无人机已经储存足够的电能和重力势能，此时，优先将重力势能转化为动能维持无人机飞行，无人机进入滑翔状态；第三阶段，夜间无人机滑翔至一定高度后，蓄电池开始放电，将电能转化为动能和重力势能，维持无人机爬升状态至一定高度后，蓄电池再次停止工作，无人机开始滑翔，进入第二阶段。夜间飞行并非单一部件供能实现的，需要蓄电池反复供电，让太阳能无人机可以反复滑翔维持飞行，直到第二天光照强度足够，太阳能电池再次工作为无人机供电，太阳能无人机再次进入第一阶段的飞行。这种能量管理策略可以有效提高无人机航时，有利于长航时飞行的实现，但目前的研究仍局限于理论分析层面。

如今，太阳能无人机方面的探索仍在继续。前文所述，太阳能电池将部分能量转化为电能，其余大部分以热能形式被消耗，如果不能采取措施及时散热，在长航时飞行过程中，太阳能电池温度不断升高，会降低光伏电池对太阳辐射的能量利用率、产生更多不可被利用的热能，使电池温度环境陷入恶性循环；在无人机内部，部件产生的余热也会对无人机性能产生影响；此外，高空中大气温度低，一部分部件需要散热的同时，另一部分部件（如蓄电池）需要保温以维持正常运行，产热部件大量热能产出并散失会导致能量利用率不高，无人机能耗大，造成资源浪费。因此，有效的散热措施和合理的热能综合回收利用对太阳能无人机提高飞行性能和续航能力至关重要。

太阳能无人机热管理系统通过计算机分析管理，采用综合手段调节无人机中热量的传递，以提高能量利用率，该管理系统对发热部件进行降温，并收集其余热至需要保温措施的部件上，以达到资源的合理分配和利用。

国外对有人飞机的热管理研究成效显著，但对太阳能无人机的研究也相当匮乏。20世纪90年代，国外利用子系统集成技术对飞机的环境控制系统和燃油系统、滑油系统、液压系统及航电系统等进行集成，将燃油作为该系统的热沉对全机进行综合热管理。然而，要将综合热管理运用到实际生产过程中仍有较大挑战。首先，以燃油为主要热沉的综合热管理系统需要精确掌握和调节热负荷在飞机飞行过程中的实时变化情况；其次，大量的燃油使用会导致燃油性质发生变化，不利于燃油的重复多次利用；此外，该综合管理系统涉及多学科之间的互相协调，开发难度较大。针对综合热管理中存在的问题，国外开发了许多机载综合热管理的仿真软件用以仿真飞机在所有飞行工况下的飞行状态、气动加热情况等动态过程，得到全机热量分布图谱及任一部件的温度动态曲线。此外，还有研究从关键部件入手进行改进和创新，以提高整个热管理系统的制冷量，满足更多的制冷需求。

在国内，西北工业大学的张正明等以某型无人机的液冷装置为研究对象，构建数学模型，并用其对无人机液冷装置的仿真值与设计值进行了对比。南京电子技术研究所的杨冬梅、魏涛研究了某高空高速无人机机载电子设备的热设计问题，考虑到高空无人机冷却资源短缺的问题，提出无人机上使用液氮进行冷却的设想，基于此设想，设计了两种冷却单元结构形式，通过试验测得两种冷却单元结构的温度分布，验证了该液氮冷却系统应用在无人机制冷方面的可行性，但针对这种超长航时太阳能无人机能量管理仍缺少详细的方法。

1.3.4 太阳能无人机气动弹性建模方法及动力学分析

太阳能无人机普遍采用大展弦比气动布局和轻质复合材料，这将严重恶化气动和结构之间的设计矛盾，诱发复杂的气动弹性现象甚至违反常识的动力学行为。在经典的气动弹性理论中，结构刚度的降低会恶化飞行器的颤振特性，这是众所周知的。对于太阳能无人机而言，气动弹性问题更加复杂：①太阳能无人机采用轻质柔性结构，这使其即使在常规巡航状态下也具有较为明显的气动弹性变形，此时结构处于"局部小应变，全局大变形"状态。虽然结构依然服从胡克定理的线性本构关系，但大变形的结构已经具有了较为显著的几何非线性特征；②较大的机翼扭转变形使太阳能无人机的机翼翼梢局部攻角较大，甚至已经进入失速区域。此时，周期性的气动弹性响应附加了气动失速属性，诱发了非线性失速颤振问题；③无人机结构刚度的降低使结构固有频率降低到与飞行力学模态频率同等的数量级，此时，气动弹性和飞行力学的耦合作用，即所谓刚弹耦合效应尤为突出。刚弹耦合效应的存在促生了太阳能无人机的体自由度颤振问题，即使不至于发生结构破坏等灾难性问题，也会严重影响无人机的飞行品质及飞行安全。上述三点分别从气动、结构和飞行力学角度，阐述了太阳能无人机一般具有的结构几何非线性、气动非线性及刚弹耦合作用等典型特征。实质上，另一个较为关键的是气动弹性与控制系统的相互作用问题，即所谓气动伺服弹性问题，但该领域内容已经远远超出本书的讨论范围，在此不做介绍。

在太阳能无人机的飞行试验中，大多采用较为保守的试飞方式，因此由于气动弹性问题所诱发的试飞事故较为少见，此处列出两个较为典型的事故。2003 年，NASA 的 Helios 样机在飞行过程中遭遇到较为强烈的阵风扰动，最终无人机发生解体并坠毁在太平洋中。后续的事故调查结果表明：较大的气动弹性变形导致了机翼上反角的增加，最终诱发了无人机长周期模态的不稳定，使无人机处于失控的状态。2015 年，为了研究主动控制技术在颤振抑制中的作用，NASA 和 Lockheed Martin 公司的臭鼬工厂对 X-56A 验证机进行试飞试验，无人机在试飞中机身出现严重的振荡现象，最终无人机机翼折断并坠毁。NASA 的阿姆斯特朗（Armstrong）飞行研究中心和德莱顿（Dryden）飞行研究中心经过分析认为，由于机翼弯曲模态和短周期模态耦合而诱发的体自由度颤振问题是导致该事故发生的主要原因。可以看出，气动弹性问题是制约太阳能无人机发展的关键难题之一。为此，开展太阳能无人机的典型气动弹性特征分析以及合理的气动弹性优化设计是十分有必要的，而分析和设计工作的开展关键在于高效气动弹性模型的搭建。一旦无人机气动弹性模型平台构建完毕，相关问题将迎刃而解。

在传统意义上，气动弹性和飞行动力学是两个相互独立的学科。尽管早在 1950 年左右，有相关学者已经意识到气动弹性和飞行力学耦合的可能性，但是限于当时计算机性能的落后，人们不愿将问题复杂化，且当时的飞行器结构刚度一般较大，因此考虑的意义并不大。随着飞行器设计技术的发展及计算机性能的提高，柔性飞行器的相关建模方法被相继提出。尽管各种建模方法层出不穷，但总体可以分为两大类：平均轴系（Mean Axis）和固定轴系（Fixed Axis）。平均轴系于 20 世纪 80 年代被提出，其引入了诸多假设条件，其中关键的一项是假设无人机质点系相对于平均轴系的线动量和角动量之和为零。根据该项假设，动力学方程在表达形式上能实现弹性运动和刚体运动的惯性解耦，此时刚弹耦合作用只体现在外部广义力上。在该条件下，平均轴系实质上是一个浮动坐标系，其关于未变形飞行器的位置和朝向是时刻变化的。Meirovitch 指出，在大多数研究中，学者们将平均轴系与弹性变形前飞行器的体轴系保持一致，这并没有满足平均轴系的基本假设，因此方法的适用性是值得怀疑的。如果坚持使用平均轴系，外力在平均轴系上投影计算将是一个十分烦琐的工作，其带来的劣势可能会大于平均轴系自身惯性解耦的优势。固定轴系由 Meirovitch 后续提出，其中体轴系与未变形机身刚性固连，其位置与朝向不受结构弹性变形的影响，是一种无论在理论完备性还是模型适应性方面都较为合理的建模方法。

在气动弹性理论建模方面，为了捕捉气动的非定常特性及结构的几何非线性特征，采用高阶计算流体动力学—计算结构动力学（CFD-CSD）耦合无外乎是最可靠的建模方法。然而，即使计算机性能在当今已经取得跨越式提升，在面对非定常非线性气动弹性问题仍然存在效率低下的问题。事实上，CFD-CSD 方法主要针对简单二维翼型或者三维机翼的动气弹问题及全机的静气弹问题。即使采用降阶方法可以在一定程度提高计算效率，但面向太阳能无人机这种需要综合考虑全机气动、结构及飞行力学的建模问题，采用高阶 CFD-CSD 耦合方法仍然是不实际的。因此，当前主流的建模方法依然主要基于中、低阶的气动和结构模型开展。在此方面，帝国理工学院的 Palacios 团队基于位移梁和非定常网格法发展了 SHARPy 分析平台，密歇根大学的 Cesnik 团队基于应变梁和 Peters 理论发展了 UM/NAST 分析平台，以便开展太阳能柔性飞行器的动力学分析及主动控制系统设计工作。在未来的十几年内，以 Palacios 团队和 Cesnik 团队为代表的柔性飞行器动力学建模思路依然会是主流的建模方法。在未来的研究中，需要积极探索和考虑多种复杂动力学影响因素，进一步完善和发展动力学建模理论。

参考文献

[1] 石文，贾永清，李广佳，等. 高空超长航时太阳能无人机主要技术问题分析 [J]. 飞航导弹，2021 (6)：63-66.

[2] COCCONI A. AC Propulsion's Solar Electric Powered SoLong UAV [R]. AC Propulsion Inc.，2005.

[3] OETTERSHAGEN P, MELZER A, MANTEL T, et al. Design of small hand-launched solar-powered UAVs: From concept study to a multi-day world endurance record flight [J]. Journal of Field Robotics, 2017, 34 (7)：1352-1377.

[4] NOLL T E, BROWN J M, PEREZ-DAVIS M E, et al. Investigation of the Helios Prototype Aircraft Mishap [R]. NASA Report, 2004.

[5] FLITTIE K, CURTIN B. Pathfinder solar-powered aircraft flight performance [C]//23rd Atmospheric Flight Mechanics Conference. Boston, MA, U.S.A.: American Institute of Aeronautics and Astronautics, 1998.

[6] BROWN S. the Eternal Airplane [J]. Popular Science, 1994, 244 (4)：70-75.

[7] COLELLA N J, WENNEKER G S. Pathfinder. Developing a solar rechargeable aircraft [J]. IEEE Potentials, 1996, 15 (1)：18-23.

[8] MIURA R, MARUYAMA M, SUZUKI M, et al. Experiment of telecom/broadcasting mission using a high-altitude solar-powered aerial vehicle Pathfinder Plus [C]//The 5th International Symposium on Wireless Personal Multimedia Communications, 2002：469-473.

[9] 武明建. 变体太阳能无人机设计与能量优化 [D]. 南京：南京航空航天大学，2018.

[10] 石珠飞. 太阳能无人机抗侧风着陆设计与控制研究 [D]. 南京：南京航空航天大学，2018.

[11] TASHIRO K, HOSHINO K, NAGATE A. Nullforming-Based Precoder for Spectrum Sharing Between HAPS and Terrestrial Mobile Networks [J]. IEEE Access, 2022, 10: 55675-55693.

[12] 李丁，张辉，蒋建军，等. 太阳能无人机总体设计技术要点 [J]. 空天技术，2022 (2): 42-51.

[13] HILL V, MUKHERJEE J, LISOSKI D, et al. In-Flight Stability Analysis and Envelope Clearance of the Sunglider Solar HALE UAS [C]//AIAA AVIATION 2021 FORUM. VIRTUAL EVENT: American Institute of Aeronautics and Astronautics, 2021.

[14] 王翔宇. 太阳能动力的球载投放无人机总体设计及能效优化设计 [D]. 青岛：中国科学院大学（中国科学院工程热物理研究所），2021.

[15] RAPINETT A. Zephyr: A High Altitude Long Endurance Unmanned Air Vehicle [D]. Surrey, UK: University of Surrey, 2009.

[16] 柳兆伟. 临近空间太阳能飞行器气动—结构—飞行动力学耦合问题研究 [D]. 长沙：国防科技大学，2018.

[17] 朱雄峰. 基于广义能量的太阳能飞行器总体设计研究 [D]. 长沙：国防科技大学，2014.

[18] 李智斌，黄宛宁，张钊. 2018 年临近空间科学热点回眸 [J]. 科技导报，2019, 37 (1): 44-51.

[19] 祝彬，陈笑南，范桃英. 国外超高空长航时无人机发展分析 [J]. 中国航天，2013 (11): 28-32.

[20] 李晓阳. 阳光、光群场和太阳能飞行器研究 [J]. 前沿科学，2008, 2 (4): 39-51.

[21] 李晓阳. 蓝天任我游——中国"绿色先锋"太阳能无人机技术验证机 [J]. 国际航空，2002 (12): 38-39.

[22] 段卓毅，王伟，耿建中，等. 高空长航时太阳能无人机高效气动设计新挑战 [J]. 空气动力学学报，2017, 35 (2): 156-171.

[23] 娄斌. 低空太阳能无人机设计及增升减阻技术研究 [D]. 杭州：浙江大学，2019.

[24] 石文，李广佳，仪志胜，等. 临近空间太阳能无人机应用现状与展望 [J]. 空天技术，2022 (1): 83-90.

[25] 闫清云，刘峰，王卓煜. 太阳能无人机发展综述 [J]. 飞机设计，2021, 41 (2): 1-5+12.

[26] 翟若岱. 太阳能飞机高效率螺旋桨设计关键技术研究 [D]. 沈阳：沈阳航空航天大学，2017.

[27] 徐建国. 小型固定翼太阳能无人机能源系统的关键技术研究 [D]. 南京：南京航空航天大学，2019.

[28] 耿肃竹. "墨子Ⅱ型"无人机首飞成功 [J]. 创新世界周刊，2019 (7): 58-59.

[29] IRVING F, MORGAN D. The feasibility of an aircraft propelled by solar energy [C]//2nd International Symposium on the Technology and Science of Low Speed and Motorless Flight. Cambridge, MA, U. S. A.: American Institute of Aeronautics and Astronautics, 1974.

[30] MACCREADY P B, LISSAMAN P B S, MORGAN W R, et al. Sun-powered aircraft designs [J]. Journal of Aircraft, 1983, 20 (6): 487-493.

[31] BOUCHER R J. Sunrise, the world's first solar-powered airplane [J]. Journal of Aircraft, 1985, 22 (10): 840-846.

[32] BERRY P. The Sunriser - A design study in solar powered flight [C]//2000 World Aviation Conference. San Diego, CA, U. S. A.: American Institute of Aeronautics and Astronautics, 2000.

[33] YOUNGBLOOD J, TALAY T. Solar-powered airplane design for long-endurance, high-altitude flight [C]// 2nd International Very Large Vehicles Conference. Washington D. C., U. S. A.: American Institute of Aero-

nautics and Astronautics, 1982.

[34] HALL D W, FORTENBACH C D, DIMICELI E V, et al. A preliminary study of solar powered aircraft and associated power trains [R]. NASA CR-3699, 1983.

[35] BAILEY M D, High altitude solar power platform [M]. National Aeronautics and Space Administration, George C. Marshall Space Flight Center, 1992.

[36] BRANDT S A, GILLIAM F T. Design analysis methodology for solar-powered aircraft [J]. Journal of Aircraft, 1995, 32 (4): 703-709.

[37] HARMATS M, WEIHS D. Hybrid-propulsion high-altitude long-endurance remotely piloted vehicle [J]. Journal of Aircraft, 1999, 36 (2): 321-331.

[38] KEIDEL B. Auslegung und Simulation von hochfliegenden, dauerhaft stationierbaren Solardrohnen [D]. München: Technischen Universität München, 2000.

[39] ROMEO G, FRULLA G, CESTINO E, et al. HELIPLAT: design, aerodynamic, structural analysis of long-endurance solar-powered stratospheric platform [J]. Journal of Aircraft, 2004, 41 (6): 1505-1520.

[40] NOTH A. Design of Solar Powered Airplanes for Continuous Flight [D]. Suisse: ETH ZÜRICH, 2008.

[41] 吴安民. 太阳能飞机设计计算与 TRNSYS 程序模拟 [D]. 西安: 西北工业大学, 2003.

[42] 刘俊. 太阳能飞机飞行路线及溴化锂吸收式空调研究 [D]. 西安: 西北工业大学, 2004.

[43] 张锦绣. 太阳能飞机能源管理的初步分析与实验 [D]. 北京: 清华大学, 2005.

[44] 邓海强. 小型太阳能飞机气动/结构/推进一体化设计研究 [D]. 南京: 南京航空航天大学, 2006.

[45] 昌敏, 周洲, 郑志成. 太阳能飞机原理及总体参数敏度分析 [J]. 西北工业大学学报, 2010, 28 (5): 792-796.

[46] SHIAU J K, MA D M, CHIU C W, et al. Optimal sizing and cruise speed determination for a solar-powered airplane [J]. Journal of Aircraft, 2010, 47 (2): 622-629.

[47] 赵凯, 祝小平, 周洲. 太阳能飞机方案设计阶段建模与仿真 [J]. 飞行力学, 2011, 29 (1): 13-16.

[48] 昌敏, 周洲, 李盈盈. 基于能量平衡的太阳能飞机可持续高度分析 [J]. 西北工业大学学报, 2012, 30 (4): 541-546.

[49] 姜光泰, 祝明, 梁浩全, 等. 基于可靠性的太阳能飞机多学科设计优化 [J]. 南京航空航天大学学报, 2012, 44 (4): 464-471.

[50] GAO X Z, HOU Z X, GUO Z, et al. Research on characteristics of gravitational gliding for high-altitude solar-powered unmanned aerial vehicles [J]. Proceedings of the Institution of Mechanical Engineers, Part G: Journal of Aerospace Engineering, 2013, 227 (12): 1911-1923.

[51] GAO X Z, HOU Z X, GUO Z, et al. Energy management strategy for solar-powered high-altitude long-endurance aircraft [J]. Energy conversion and management, 2013, 70: 20-30.

[52] GAO X Z, HOU Z X, GUO Z, et al. The equivalence of gravitational potential and rechargeable battery for high-altitude long-endurance solar-powered aircraft on energy storage [J]. Energy conversion and management, 2013, 76: 986-995.

[53] 马东立, 包文卓, 乔宇航. 基于重力储能的太阳能飞机飞行轨迹研究 [J]. 航空学报, 2014, 35 (2): 408-416.

[54] ESLAMI E, TADJFAR M, NAJAFI S. Aerodynamic performance of Parastoo UAV [J]. Aircraft Engineering and Aerospace Technology, 2013.

［55］甘文彪. 近空间低雷诺数无人机气动数值模拟及设计研究［D］. 西安：西北工业大学，2014.

［56］PHILLIPS W H. Some design considerations for solar-powered aircraft［R］. National Aeronautics and Space Administration，Langley Research Center，NASA-TP-1675，1980.

［57］张正明，袁冬莉，吕鹏. 某型无人机液冷装置的实时仿真［J］. 电子设计工程，2013，21（15）：1-3.

［58］杨冬梅，魏涛. 某高空高速无人机载电子设备热设计试验研究［J］. 电子机械工程，2013（5）：13-15.

［59］BENDIKSEN O，FRIEDMANN P. Coupled bending-torsion flutter in cascades［J］. AIAA Journal，1980，18（2）：194-201.

［60］KARPOUZIAN G. Asymptotic theory of bending-torsion flutter of high aspect ratio wing in the torsion controlled domain［J］. AIAA journal，1991，29（5）：780-781.

［61］AFONSO F，VALE J，OLIVEIRA É，et al. A review on non-linear aeroelasticity of high aspect-ratio wings［J］. Progress in Aerospace Sciences，2017，89：40-57.

［62］IANNELLI A，MARCOS A，LOWENBERG M. Study of flexible aircraft body freedom flutter with robustness tools［J］. Journal of Guidance，Control，and Dynamics，2018，41（5）：1083-1094.

［63］MURUA J，PALACIOS R，GRAHAM J M R. Applications of the unsteady vortex-lattice method in aircraft aeroelasticity and flight dynamics［J］. Progress in Aerospace Sciences，2012，55：46-72.

［64］COLLAR A R. The expanding domain of aeroelasticity［J］. The Aeronautical Journal，1946，50（428）：613-636.

［65］TAYLOR A S. The present status of aircraft stability problems in the aeroelastic domain［J］. The Aeronautical Journal，1959，63（580）：227-238.

［66］BUTTRILL C，ARBUCKLE P，ZEILER T. Nonlinear simulation of a flexible aircraft in maneuvering flight［C］//Flight Simulation Technologies Conference. Monterey，CA，USA：American Institute of Aeronautics and Astronautics，1987：17-19.

［67］WASZAK M R，SCHMIDT D K. Flight dynamics of aeroelastic vehicles［J］. Journal of Aircraft，1988，25（6）：563-571.

［68］MEIROVITCH L，TUZCU I. The lure of the mean axes［J］. Journal of Applied Mechanics，2007，74：497-504.

［69］MEIROVITCH L. Hybrid state equations of motion for flexible bodies in terms of quasi-coordinates［J］. Journal of Guidance，Control，and Dynamics，1991，14（5）：1008 1013.

第 2 章
光伏组件面功率
特性与太阳能无人
机能源管理

扫描二维码可见本章部分彩图

2.1　太阳能无人机能源环境分析

太阳能无人机的能源环境即为太阳辐照特性，主要包括太阳与地球的相对位置和太阳总辐照度的变化规律。为了厘清高空、广纬度域下的能源环境，在下面的分析过程中，纬度范围取 0°~80°N（北半球的纬度值取正，南半球的纬度值取负，下文的研究对象仅为北半球，这不失规律的一般性），高度范围取 10~40km。另外，地理经度均选用东八区的中央经度 120°E，从而不影响太阳辐照特性的分析。

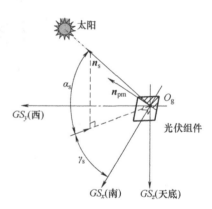

2.1.1　太阳辐射特性

在不间断飞行执行任务的过程中，太阳能无人机的所有能量仅来源于机翼或其他部位上所铺设的光伏组件。太阳与地球之间的相对位置在一年四季中呈周期性变化，使太阳能无人机在相对于整个地球表面来说的小地理范围内执行任务时，机载光伏组件所能采集的能量也在一年四季中呈周期性变化；此外，太阳辐照度和太阳角度在一天中也是不断变化的。光伏组件与太阳、地表坐标系（GS）的角度关系如图 2-1 所示。

图 2-1　光伏组件与太阳、地表坐标系（GS）的角度关系

地表坐标系（图中没有标出）—原点 O_g 固定在地球表面上任意一点的惯性坐标系 O_gGS_x—指向正南　O_gGS_y—指向正西 O_gGS_z—指向天底　n_s—日-地连线上的单位矢量，由地心指向日心（相对于太阳来说，地球、无人机及其光伏组件可视为同一点）n_{pm}—光伏组件平面的外法向单位矢量 α_s—太阳高度角，即 n_s 与地平面 $O_gGS_xGS_y$ 之间的夹角，变化范围为 0°~90°　γ_s—太阳方位角，即 n_s 在地平面上的投影线与正南方 O_gGS_x 之间的夹角，以正南为 0°，向西取正，向东取负，变化范围为-180°~180°，其中 $\gamma_s=180$° 与 $\gamma_s=-180$° 等价，均指向正北如图 2-2 所示，太阳高度角 α_s 是指某地太阳光线与通过该地与地心相连的地表切面的夹角。当太阳高度角为 90°时，太阳辐射强度最大；太阳斜射地面程度越大（即太阳高度角越小），太阳辐射强度就越小。

太阳方位角 γ_s 为太阳从地平线升起后，在正南方由东向西移动的角度。太阳方位角以正南方为基准的东西向角度来测量，并以度计量。

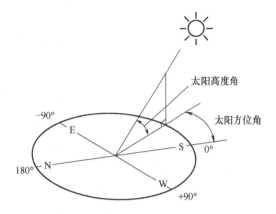

图 2-2　太阳方位角、太阳高度角说明图例

一般情况，太阳辐射特性由总辐照度 I_{tot} 与入射单位矢量 $\boldsymbol{n}_s$ 两者决定。忽略高空环境下的太阳反射辐照度的贡献（高空环境下的云层稀薄、杂质微颗粒少等），I_{tot} 仅为直接辐照度 I_{beam} 和散射辐照度 I_{dif} 之和

$$I_{tot}=I_{beam}+I_{dif} \tag{2-1}$$

其中，直接辐照度 I_{beam} 可表示为

$$I_{beam}=I_{on}\exp\left\{-\frac{c_s\exp\left(-\dfrac{h}{h_s}\right)}{\left[\sin\left(\dfrac{\alpha_s+\alpha_{dep}}{1+\alpha_{dep}/90}\right)\right]^{s_s+\frac{h}{h_b}}}\right\} \tag{2-2}$$

$$I_{on}=G_{sc}\left[1+0.033\cos\left(360n_d/365\right)\right] \tag{2-3}$$

$$\alpha_{dep}=0.57+\arccos\left[R_{eth}/(R_{eth}+h)\right] \tag{2-4}$$

式（2-2）~式（2-4）中，G_{sc} 是标准太阳辐射常数（$W\cdot m^{-2}$），这里取 $G_{sc}=1367W\cdot m^{-2}$；I_{on} 是一年中的第 n_d 天的大气层外的太阳辐照度；c_s、s_s 均是常数，这里取 $c_s=0.357$，$s_s=0.678$；h_b、h_s 均是常数（km），这里取 $h_b=40km$，$h_s=7km$；h 是太阳能无人机飞行高度（km）；α_{dep} 是 α_s 相对于地平面的修正值（°）；R_{eth} 是地球半径（km），$R_{eth}=6356.8km$。

式（2-2）为直接辐照度的半经验公式，适应高度大于 10km；当高度低于 10km 时，略有偏差。另外一个辐射度分量为大气环境对太阳辐射的散射作用而产生的散射辐照度 I_{dif}。假设散射辐照度与直射辐照度成线性比例关系，并朝向全方位。此处，比例系数取 0.08

$$I_{dif}=0.08I_{beam}\exp\left(-\frac{h}{h_s}\right) \tag{2-5}$$

另外，由图 2-1 可知，在地表坐标系（GS）中，$\boldsymbol{n}_s$ 可由 α_s 和 γ_s 表示为

$$\boldsymbol{n}_s=\left[\cos\alpha_s\cos\gamma_s,\cos\alpha_s\sin\gamma_s,-\sin\alpha_s\right]^T \tag{2-6}$$

而 α_s 和 γ_s 可由当地纬度 φ_{lat}、太阳赤纬角 δ_s 和太阳时角 θ_h 决定

$$\sin\alpha_s=\sin\varphi_{lat}\sin\delta_s+\cos\varphi_{lat}\cos\delta_s\cos\theta_h \tag{2-7}$$

$$\begin{cases} \sin\gamma_s = \dfrac{\cos\delta_s \sin\theta_h}{\cos\alpha_s} \\[3mm] \cos\gamma_s = \dfrac{\sin\alpha_s \sin\varphi_{lat} - \sin\delta_s}{\cos\alpha_s \cos\varphi_{lat}} \end{cases} \tag{2-8}$$

$$\delta_s = 23.45 \cdot \sin\left(360\,\frac{n_d + 284}{365}\right) \tag{2-9}$$

其中，太阳时角 θ_h（变化范围为 $-180° \sim 180°$）与太阳时 H_s 之间的对应关系

$$\theta_h = 15(H_s - 12) \tag{2-10}$$

而任何地区的太阳时 H_s 可由式（2-11）计算

$$\begin{cases} H_s = H_{ct} + \dfrac{(L_{st} - L_{ct})}{15} + \dfrac{E_t}{60} \\[3mm] E_t = 0.0172 + 4.28\cos B - 7.35\sin B - 3.35\cos 2B - 9.732\sin 2B \\[3mm] B = \dfrac{360}{365}(n_d - 1) \end{cases} \tag{2-11}$$

式（2-11）中，H_{ct} 是当地钟表时间（h）；L_{st} 是制定 H_{ct} 所采用的标准经度（°）；L_{ct} 是当地经度（°）；E_t 是地球绕日公转引起的 H_s 与 H_{ct} 之间的修正值（min）；B 是日角（°）；n_d 是所求日期在一年中第几天的排序数，$1 \leqslant n_d \leqslant 365$。

2.1.2　太阳与地平面相对位置的变化规律

太阳与地平面的相对位置可以由地表坐标系（GS）中的太阳高度角 α_s 和太阳方位角 γ_s 来表示。在一天范围内，太阳方位角和太阳高度角时刻发生变化。由式（2-4）和式（2-6）~ 式（2-11）可知，这两个角度受地理纬度和飞行季节的影响，而几乎不受飞行高度的影响。在这里，分别取低纬度 0°、中纬度 45°N 和高纬度 80°N 予以研究；为了研究季节带来的差异，并同时选定春分日、夏至日、秋分日和冬至日这 4 个典型时间，如图 2-3 所示。

（1）太阳高度角　在同一日照时间，赤道处春季的太阳高度角与秋季的相近，并高于同样接近的夏冬季节，在中高纬度地区，太阳高度角大小排序为"夏季>秋季>春季>冬季"；随着地理纬度的提高，一天范围内的太阳高度角整体上呈减小趋势，其衰减速率大小的排序为："冬季>春季>秋季>夏季"；在高纬度地区的冬至日附近，太阳高度角在全天范围内都有可能小于 0°。

（2）日照时间　根据定义，一天时间内的日出和日落的时间分界点均为太阳高度角为 0° 的时刻。在赤道处，全年范围内的日照时间相近，约 12h；随着地理纬度的增加，一年四季范围内的日照时间差别增大，靠近夏至日的日照时间长，靠近冬至日的日照时间短；在极高纬度地区，如北纬 80°，4 月 17 日至 8 月 26 日的光照时间约为 24h，只是此时间段的太阳高度角较低。

（3）太阳方位角　太阳方位角与地理方位的对应关系：$\gamma_s = 0°$ 指向正南、$\gamma_s = 90°$ 指向正西、$\gamma_s = -90°$ 指向正东，以及 $\gamma_s = 180°$ 或 $-180°$ 指向正北。在春秋季节的各纬度域，日出、

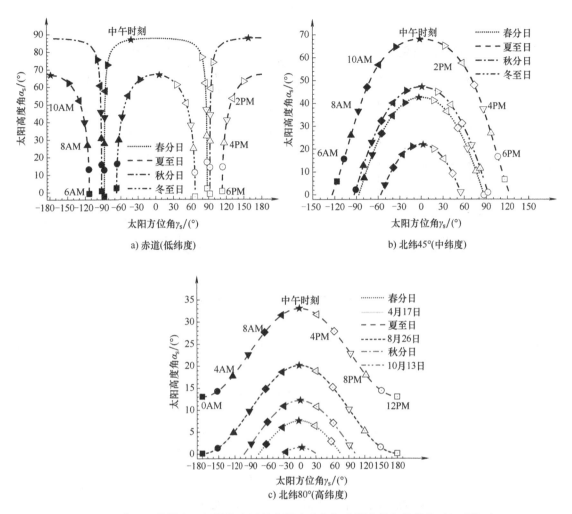

图 2-3　在一天范围内，不同纬度下的太阳高度角与太阳方位角的变化（$h=20$km）

日落时的太阳方位几乎分别与正东、正西相重合，在一天范围内由正东往正南，再往正西运动；在夏季（以夏至日为例），随着纬度的增加，在日出时东北角的太阳持续往北移动，在日落时西北角的太阳持续往北移动；在冬季（以冬至日为例），随着纬度的增加，在日出时东南角的太阳持续往南移动，日落时在西南角的太阳持续往南移动。在中午时分，太阳方位角变化率比其他时段都要高，而且地理纬度越低，变化速度更快些。

2.1.3　太阳总辐照度的变化规律

在一天范围内，太阳总辐照度是时刻变化的。由 2.1.1 节中的太阳辐射模型可知，地理纬度和季节影响下的太阳高度角与飞行高度同时决定着太阳总辐照度。

首先，先单独分析地理纬度的影响，并同样选定赤道、北纬 45° 和北纬 80° 这 3 处纬度在春分日、夏至日、秋分日和冬至日 4 个典型时间的太阳辐照特性，如图 2-4 所示。此处，飞行高度取 20km。

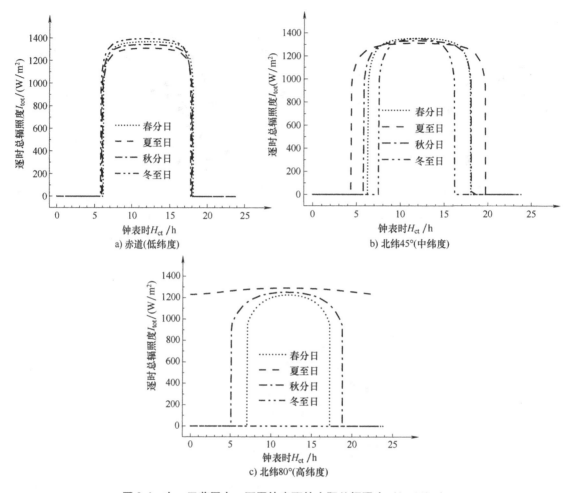

图 2-4 在一天范围内，不同纬度下的太阳总辐照度 （$h=20$km）

由图 2-4 可知：一年四季的任意一天内，低纬度区域的太阳总辐照度相差较小；随着地理纬度的增加，太阳总辐照度的差异性增大，主要在夏冬季节附近；这种差异性主要体现在日照时间上，在日照条件下（太阳高度角 $\alpha_s > 0°$），太阳总辐照度迅速增加到"峰值平台区"。

进一步得到一天范围内的日均总辐照度，在各纬度处一年范围内的变化趋势，如图 2-5 所示。在低纬度地区，如在赤道至 20°N 之间，一年四季范围内的日均总辐照度在小幅度范围内变化，变化幅度小于

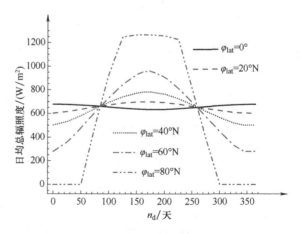

图 2-5 一年范围内，各纬度处的
日均总辐照度 （$h=20$km）

12%，但是随着地理纬度的增加，一年之内的夏冬季节相差逐渐增大。在低纬度或者中高纬度地区，在春分日或者秋分日附近的日均总辐照度相近。

接下来，再单独分析飞行高度对太阳总辐照度的影响，高度范围取 10~40km，地理纬度分别取 0°、20°N、40°N、60°N 和 80°N。各纬度处，不同高度下的逐时总辐照度随钟表时的变化趋势与图 2-4 中的各曲线的变化趋势一致，只是高度越高，太阳总辐照度偏高一些。在这里，只分析日均总辐照度的变化规律，如图 2-6 所示。

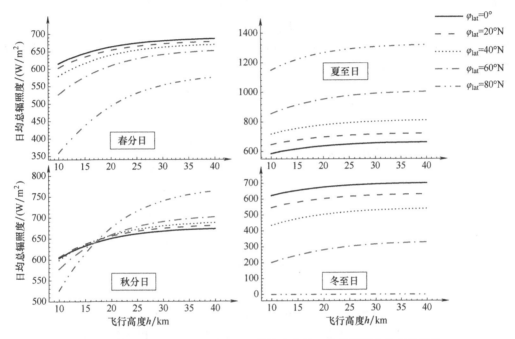

图 2-6　飞行高度 10~40km 之间，各纬度处的日均总辐照度的变化规律

由图 2-6 可知，在高度 10~40km 处，各纬度处的日均总辐照度呈衰减指数形式增加，在高度 30km 处增速较低，在高度 40km 处基本持平。另外，对比各纬度的差异性，高纬度处的日均总辐照度随高度增加的增幅更大些。

2.2　高空环境下的光伏组件面功率模型

2.2.1　太阳光线在光伏组件表面的入射角余弦值

铺设于太阳能无人机的机翼或其他部件表面的光伏组件一般为长方形或者正方形。众所周知，垂直于光伏组件的太阳辐射能量才能被最有效地吸收，而太阳光线在光伏组件平面上的入射角余弦值 $\cos<\boldsymbol{n}_{\mathrm{s}}, \boldsymbol{n}_{\mathrm{pm}}>$ 决定此垂直分量的大小。在地表坐标系 GS 中，光伏组件的外法向单位矢量 $\boldsymbol{n}_{\mathrm{pm}}$ 可由无人机姿态角和光伏组件铺设角度决定。无人机姿态角为固连在机体重心上机体坐标轴与地表坐标轴之间的角度关系，包括偏航角 ψ_b、俯仰角 θ_b 及滚转角 φ_b；而光伏组件铺设角为固连在每块光伏组件上的本体坐标轴与机体坐标轴之间的角度关系，包括侧偏角 ψ_{pm}、仰角 θ_{pm} 及滚偏角 φ_{pm}。其中，机体坐标轴系用 B 表示，机体轴 O_bB_x 在无人机的对称面内，平行于机身轴线，指向前；机体轴 O_bB_z 亦在对称面内，垂直于 O_bB_x 轴，指向下；O_bB_y 轴垂直于机体对称平面，指向右。光伏组件本体坐标系用 PM 表示，轴 PM_z 与光伏组件外法线方向相反；轴 PM_x 与光伏组件的任意一边平行；轴 PM_y 的指向与轴 PM_z 和轴 PM_x 构成右手坐标系。所以，光伏组件的外法向单位矢量 n_{pm} 可定义为

$$n_{pm} = L_{gb}L_{bp}[0,0,-1]^T \tag{2-12}$$

式中，L_{gb} 是机体坐标系 B 到地面坐标系 GS 的转换矩阵；L_{bp} 是光伏组件本体坐标系 PM 到机体坐标系 B 的转换矩阵。

$$L_{gb} = \begin{bmatrix} \cos\psi_b\cos\theta_b & \cos\psi_b\sin\theta_b\sin\varphi_b - \sin\psi_b\cos\varphi_b & \cos\psi_b\sin\theta_b\cos\varphi_b + \sin\psi_b\sin\varphi_b \\ \sin\psi_b\cos\theta_b & \sin\psi_b\sin\theta_b\sin\varphi_b + \cos\psi_b\cos\varphi_b & \sin\psi_b\sin\theta_b\cos\varphi_b - \cos\psi_b\sin\varphi_b \\ -\sin\theta_b & \cos\theta_b\sin\varphi_b & \cos\theta_b\cos\varphi_b \end{bmatrix} \tag{2-13}$$

$$L_{bp} = \begin{bmatrix} \cos\psi_{pm}\cos\theta_{pm} & \cos\psi_{pm}\sin\theta_{pm}\sin\varphi_{pm} - \sin\psi_{pm}\cos\varphi_{pm} & \cos\psi_{pm}\sin\theta_{pm}\cos\varphi_{pm} + \sin\psi_{pm}\sin\varphi_{pm} \\ \sin\psi_{pm}\cos\theta_{pm} & \sin\psi_{pm}\sin\theta_{pm}\sin\varphi_{pm} + \cos\psi_{pm}\cos\varphi_{pm} & \sin\psi_{pm}\sin\theta_{pm}\cos\varphi_{pm} - \cos\psi_{pm}\sin\varphi_{pm} \\ -\sin\theta_{pm} & \cos\theta_{pm}\sin\varphi_{pm} & \cos\theta_{pm}\cos\varphi_{pm} \end{bmatrix} \tag{2-14}$$

式中，ψ_b 以正南为 0° 基准，机头向东偏为负，向西偏为正，ψ_{pm} 以机体对称面 $O_bB_xB_z$ 为 0° 基准，光伏组件前缘右偏为正，左偏为负；θ_b 是体轴 O_bB_x 与地平面的夹角，θ_{pm} 为光伏组件与机体平面 $O_bB_xB_y$ 的夹角，分别以机头、前缘抬头为正，低头为负；φ_b 是无人机对称面 $O_bB_xB_z$ 与包含 O_bB_x 轴在内的铅垂平面之间的夹角，右滚为正，左滚为负，φ_{pm} 以机体平面 $O_bB_xB_z$ 为 0° 基准，绕机体轴 O_bB_x 右滚为正，左滚为负。上述各角度变化范围均为 $-180°\sim 180°$。另外，太阳能无人机在定常平飞时，俯仰角 θ_b 与滚转角 φ_b 近似取 0°；同时，为了避免增大迎风面积，光伏组件侧偏角 ψ_{pm} 可近似取 0°。

所以，n_{pm} 最终可表示为

$$n_{pm} = -\begin{bmatrix} \cos\psi_b\sin\theta_{pm}\cos\varphi_{pm} + \sin\psi_b\sin\varphi_{pm} \\ \sin\psi_b\sin\theta_{pm}\cos\varphi_{pm} - \cos\psi_b\sin\varphi_{pm} \\ \cos\theta_{pm}\cos\varphi_{pm} \end{bmatrix} \tag{2-15}$$

至此，太阳光线在光伏组件平面上的入射角余弦值 $\cos<n_s,n_{pm}>$ 即可由入射单位矢量 n_s 与 n_{pm} 的乘积得到。

2.2.2　光伏组件的表面温度特性

在实际的使用过程中，光伏组件虽然能转换一部分太阳能，但是大部分都被转化为热

能。而光伏组件的转换效率主要受表面温度和太阳总辐照度在光伏组件上的垂直分量的影响。文献［3］中的实验数据表明：在 $180\sim1300\mathrm{W\cdot m^{-2}}$ 的光辐照度下，单晶硅光伏组件的转换效率的变化很小；而文献［3］和文献［4］中的实验数据表明：在 $-80\sim50\mathrm{℃}$ 的表面温度下，单晶硅光伏组件的转换效率与表面温度呈线性反比关系。表面温度越高，转换效率越低；表面温度越低，转换效率越高。这个规律也适合其他类型的光伏电池。光伏组件转换效率 η_{pm} 可表示为

$$\eta_{\mathrm{pm}}=\eta_{\mathrm{pm0}}\big[1+C_T(T_s-T_{s0})\big] \tag{2-16}$$

式中，C_T 是光伏组件温度系数；T_s 是光伏组件表面温度（K）；T_{s0} 是测得光伏组件基准光电转换率 η_{pm0} 时的基准温度（K），一般取 $T_{s0}=298.15\mathrm{K}$（即 25℃）。

铺设于翼面上的光伏组件与机体结构一般为点连接或者线连接，如翼肋或者结构框等，故暂忽略光伏组件和机体的接触传热，光伏组件的热传递平衡控制体如图 2-7 所示。

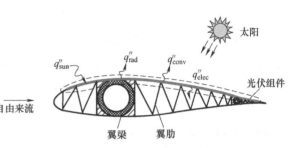

图 2-7　光伏组件的热传递平衡控制体

光伏组件表面某一瞬间的热传递关系可表示为

$$\begin{cases} \dfrac{\mathrm{d}T_s}{\mathrm{d}t}=\dfrac{\dot{E}_{\mathrm{in}}-\dot{E}_{\mathrm{out}}}{m_{\mathrm{pm}}c_{p.\,\mathrm{pm}}}=\dfrac{q''_{\mathrm{sun}}-q''_{\mathrm{elec}}-q''_{\mathrm{rad}}-q''_{\mathrm{conv}}}{\rho_{\mathrm{pm}}c_{p.\,\mathrm{pm}}} \\[2mm] q''_{\mathrm{sun}}-q''_{\mathrm{elec}}=(\alpha_{\mathrm{pm}}-\eta_{\mathrm{pm}})I_s\cos\langle \boldsymbol{n}_s,\boldsymbol{n}_{\mathrm{pm}}\rangle \\[2mm] q''_{\mathrm{rad}}+q''_{\mathrm{conv}}=\varepsilon_{\mathrm{pm}}\sigma(T_s^4-T_a^4)+\dfrac{kNu}{c_{\mathrm{pm}}}(T_s-T_a) \end{cases} \tag{2-17}$$

式（2-17）中，$\dot{E}_{\mathrm{in}}$、$\dot{E}_{\mathrm{out}}$ 分别是单位时间内光伏组件吸收、释放的总能量（W）；q''_{sun}、q''_{elec}、q''_{rad} 和 q''_{conv} 分别是光伏组件吸收的太阳辐射热流量、传递到机翼内部的热流量、与大气之间的热辐射流量和与空气之间的对流热流量（W）；$c_{p.\,\mathrm{pm}}$ 是光伏组件比热容（$\mathrm{J\cdot kg^{-1}\cdot K^{-1}}$）；$m_{\mathrm{pm}}$、$\rho_{\mathrm{pm}}$ 是光伏组件的质量（kg）与面密度（$\mathrm{kg\cdot m^{-2}}$）；α_{pm}、$\varepsilon_{\mathrm{pm}}$ 分别是光伏组件对太阳光辐射和大气热辐射的吸收率；σ 是斯特藩-玻尔兹曼常量（$\mathrm{W\cdot m^{-2}\cdot K^{-4}}$），这里取 $\sigma=5.67\times10^{-8}\mathrm{W\cdot m^{-2}\cdot K^{-4}}$；$T_a$ 是大气环境温度（K）；k 是大气热传导系数；c_{pm} 是光伏组件所在翼面的当地几何弦长（m）；Nu 是努塞尔数，由自然对流传热系数 Nu_{free} 和强制对流传热系数 Nu_{for} 决定

$$Nu^{7/2}=Nu_{\mathrm{free}}^{7/2}+Nu_{\mathrm{for}}^{7/2} \tag{2-18}$$

$$Nu_{\mathrm{free}}=\left(0.825+\dfrac{0.387Ra^{1/6}}{\big[1+(0.492/Pr)^{9/16}\big]^{8/27}}\right)^2 \tag{2-19}$$

$$\begin{cases} Nu_{\mathrm{for}}=Pr^{\frac{1}{3}}\Big[0.037\big(Re^{\frac{4}{5}}-Re_x^{\frac{4}{5}}\big)+0.664Re_x^{\frac{1}{2}}\Big] \\[2mm] Re_x=r_{\mathrm{lam}}Re \end{cases} \tag{2-20}$$

式中，r_{lam} 是当地翼面的层流区域比例；Ra、Re 和 Pr 分别是瑞利数、当地翼面的雷诺数和普朗特数，分别可表示为

$$\begin{cases} Ra = \dfrac{g\rho^2(T_s - T_a)c_{pm}^3}{T_a\mu^2} \\[3mm] Re = \dfrac{c_{pm}}{\mu}\sqrt{\dfrac{2\rho}{C_L}\dfrac{W}{S_w}} \\[3mm] Pr = \dfrac{c_{p,a}\mu}{k} \end{cases} \tag{2-21}$$

式（2-21）中，g 是重力加速度（$\mathrm{m \cdot s^{-2}}$）；ρ 是大气密度（$\mathrm{kg \cdot m^{-3}}$）；μ 是大气动力黏性系数（$\mathrm{Pa \cdot s}$）；C_L 是平飞升力系数；W/S_w 是太阳能无人机翼载荷（$\mathrm{kg \cdot m^{-2}}$）；S_w 是机翼参考面积（$\mathrm{m^2}$）；$c_{p,a}$ 是大气比热容（$\mathrm{J \cdot kg^{-1} \cdot K^{-1}}$），这里取 $c_{p,a} = 1004\,\mathrm{J \cdot kg^{-1} \cdot K^{-1}}$。

式（2-19）和式（2-20）可用于对流换热分析的适应条件：不可压流（马赫数 $Ma \leqslant 0.3$），$0.6 \leqslant Pr \leqslant 60$，$Re_x \leqslant Re \leqslant 10^8$。太阳能无人机可利用的能量有限，飞行速度低，平飞时的雷诺数很低（约 200,000~2,000,000），所以适合上述的对流换热模型。

2.2.3　面功率模型

在任意时刻，太阳能无人机上所铺设的光伏组件转换的总功率 P_{pm} 可表示为

$$P_{pm} = \sum_i^{N_{pm}} (\eta_{pm} I_{tot} \cos <\boldsymbol{n}_s, \boldsymbol{n}_{pm}> s_{pm})_i \tag{2-22}$$

式中，s_{pm} 是每块光伏组件的平面面积（$\mathrm{m^2}$）；N_{pm} 是所有光伏组件的总块数；i 是光伏组件的序号。

总功率 P_{pm} 与机翼参考面积 S_w 的比值——光伏组件逐时面功率 ω_{pm}，可表示为

$$\omega_{pm} = \frac{P_{pm}}{S_w} \tag{2-23}$$

而在任一整个昼夜 24h 范围内光伏组件面功率的平均值——日均面功率 κ_{pm} 可表示为

$$\kappa_{pm} = \int_{T_d} \frac{\omega_{pm}}{(T_d + T_n)}\mathrm{d}t \tag{2-24}$$

式中，T_d 和 T_n 分别是一天 24h 内的光照时间和夜间时间（h）。

2.3　光伏组件的面功率特性分析

除了与太阳辐射特性有关，光伏组件面功率还与太阳能电池类型、光伏组件的外法向单位矢量、光伏组件表面温度、太阳能无人机的布局参数及其飞行性能等有密切的关系。不失规律的一般性，在下面的分析过程中，光伏组件相关参数将根据大多数太阳能无人机使用的单晶硅电池而选定；太阳能无人机的相关参数来自太阳能无人机"Helios"，见表 2-1。

表 2-1　单晶硅光伏组件与太阳能无人机 "Helios" 的相关参数列表

光伏组件（单晶硅）	参数值	Helios	参数值
η_{pm0}	0.2	$(W/S_w)/\text{kg} \cdot \text{m}^{-2}$	40
α_{pm}	0.8	c_{pm}/m	2.44
ε_{pm}	0.85	C_L	0.8
C_T/K^{-1}	-0.004	r_{lam}	0.2
$\rho_{pm}/\text{kg} \cdot \text{m}^{-2}$	0.7	展弦比	31
$c_{p.pm}/\text{J} \cdot \text{kg}^{-1} \cdot \text{K}^{-1}$	712		

2.3.1　机翼上表面的光伏组件面功率特性

对于绝大部分太阳能无人机，只有其机翼上表面铺设着光伏组件。如果忽略机翼上表面的弧度、机翼相对机身的安装角和机翼上反角等因素，机翼上表面铺设的光伏组件可认为是水平放置的，其外法向始终竖直向上，即仰角 θ_{pm} 和滚偏角 φ_{pm} 均为 $0°$。此时，$\cos<\boldsymbol{n}_s, \boldsymbol{n}_{pm}>$ 与 $\sin\alpha_s$ 相等，与太阳方位角 γ_s 无关。所以，由式（2-22）、式（2-23）可知，铺设于机翼上表面的光伏组件逐时面功率 ω_{pmh} 可表示为

$$\omega_{pmh} = \eta_{pm} I_{tot} \sin\alpha_s \tag{2-25}$$

日均水平面功率用 κ_{pmh} 表示。在太阳能无人机的研究历史中，大多数研究者都忽略了光伏组件表面温度对其面功率的影响，但是这种假设只适应于低空环境。下面将分别分析地理纬度、飞行高度和光伏组件表面温度在一天范围内的逐时水平面功率特性和一年范围内的日均水平面功率特性。

1. 一天范围内的水平面功率（逐时和日均）

首先，取飞行高度为 20km，研究地理纬度分别在 $0°$、$30°N$、$60°N$ 和 $80°N$ 下，在考虑和忽略表面温度时的光伏组件逐时水平面功率特性，如图 2-8a 所示；然后，再取地理纬度 $30°N$，研究飞行高度分别在 10km、20km、30km 和 40km 下，在考虑和忽略表面温度时的光伏组件逐时水平面功率特性，如图 2-8b 所示。图 2-8 中的实线为逐时水平面功率 ω_{pmh}，点画线为忽略表面温度影响时的逐时水平面功率，用 ω_{pmh0} 表示（实质上，ω_{pmh0} 代表着 I_{tot} 与 $\cos<\boldsymbol{n}_s, \boldsymbol{n}_{pm}>$ 的乘积）。

仅分析图 2-8 中的逐时水平面功率（实线）可知：逐时水平面功率与图 2-3 中所示的太阳高度角的变化趋势一致；水平面功率在光照时间的初始阶段（黎明）较低，意味着太阳能无人机在越夜飞行后仍存在能量短缺的状态。

接下来，对比图 2-8a、b 图中的 ω_{pmh}（实线）和 ω_{pmh0}（点画线）可知：在相同的飞行高度下，增大 $I_{tot} \cdot \cos<\boldsymbol{n}_s, \boldsymbol{n}_{pm}>$，均能提高 ω_{pmh0} 和 ω_{pmh}，只是 ω_{pmh} 增加的比例小于 ω_{pmh0}，其原因在于 $I_{tot} \cdot \cos<\boldsymbol{n}_s, \boldsymbol{n}_{pm}>$ 的提高使光伏组件表面温度提高，而降低了光伏组件的实际效率，如图 2-8a 所示。在图 2-8b 中，随着高度增加，ω_{pmh0} 呈上升趋势，而 ω_{pmh} 反

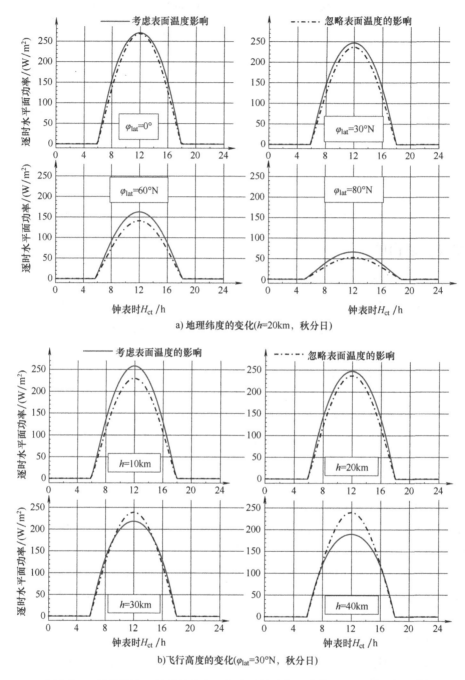

a) 地理纬度的变化(h=20km，秋分日)

b)飞行高度的变化(φ_{lat}=30°N，秋分日)

图 2-8 一天范围内，地理纬度和飞行高度的变化对光伏组件水平面功率的影响

而呈下降趋势。

进一步分析日均水平面功率 κ_{pmh}（忽略表面温度影响的日均水平面功率用 κ_{pmh0} 表示），地理纬度定为 30°N，飞行季节选 4 个典型日子，飞行高度逐步从 0km 增加到 40km。从图 2-9 可以发现，κ_{pmh0} 呈持续增加趋势；κ_{pmh} 呈先增加后减小的趋势，而且在 11~20km 范围内变化很

小，并达到峰值。分析其原因：由美国标准大气手册可知，在 0~11km 范围内，$\partial T_a / \partial h$ 约为 $-6.5K \cdot km^{-1}$；在 11~20km 范围内，T_a 基本恒为 216.65K；在 21~31km 范围内，$\partial T_a / \partial h$ 约为 $1K \cdot km^{-1}$；在 32~40km 范围内，$\partial T_a / \partial h$ 约为 $2.77K \cdot km^{-1}$；而在 0~40km 范围内，$\partial \rho / \partial h$ 约为 $-0.87kg \cdot m^{-3} \cdot km^{-1}$。由式（2-21）可知，大气密度持续减小导致决定对流系数的雷诺数和瑞利数均减小，光伏组件散热量下降，再加上大气温度不减反增，致使光伏组件表面温度逐渐升高（见图2-10b），从而大大降低光伏组件转换效率。而太阳辐照度随着飞行高度呈衰减指数形式增加，所以当 η_{pm} 的减幅大于

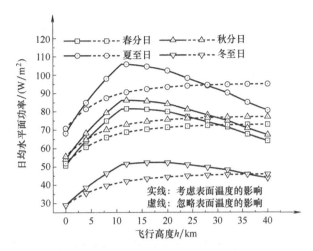

图 2-9　在高度 **10~40km** 之间，日均水平面功率的变化规律（$\varphi_{lat} = 30°N$）

$l_{tot} \cdot \cos<n_s, n_{pm}>$的增幅时，光伏组件水平面功率特性恶化。

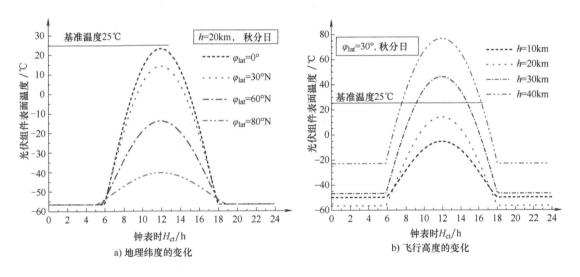

a) 地理纬度的变化　　　　　　　　b) 飞行高度的变化

图 2-10　一天范围内，地理纬度和飞行高度对光伏组件表面温度的影响

2. 一年范围内的日均水平面功率

取飞行高度 20km，地理纬度分别取 0°、45°N 和 80°N，在考虑和忽略表面温度时，一年范围内的日均水平面功率特性如图 2-11 所示。

与图 2-5 中20km 高度下的日均光辐照度相似，在高纬度地区，靠近冬季的日均水平面功率很低，甚至等于 0。这是因为在中高纬度地区，水平铺设的光伏组件的外法向矢量与光线入射矢量夹角的余弦值偏小，导致其捕捉太阳能的能力不足。

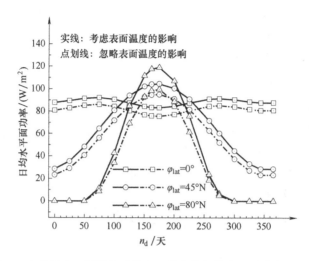

图 2-11　一年范围内，不同地理纬度下的光伏组件水平面功率（$h = 20\mathrm{km}$）

2.3.2　仅水平翼面铺设光伏组件的太阳能无人机的可持续高度、纬度特性

在传统设计方法指导下，光伏组件仅铺设于水平翼面（主翼或者平尾等），包括"Helios""Solar Impulse""Zephyr"等。由全天范围内的能量平衡，可以推导出仅水平翼面铺设光伏组件的太阳能无人机的可持续飞行高度所对应的大气密度 ρ 的表达式（假设二次电池均能满足夜间的能量平衡）

$$\rho(h) = \frac{2(mg/S_\mathrm{w})^3(1/\eta_\mathrm{p})^2}{(C_L/C_D)^2 C_L[\kappa_\mathrm{pmh}(n_d, \varphi_\mathrm{lat}, h) - P_\mathrm{ap}/S_\mathrm{w}]^2} \tag{2-26}$$

式中，κ_pmh 是日均水平面功率（$\mathrm{W \cdot m^{-2}}$），是飞行季节、地理纬度和飞行高度的函数；P_ap 是考虑到主电压和辅电压之间的降压损耗的航空电子子系统和任务载荷的功耗（W）；η_p 是动力系统效率。在这里，根据文献 [6] 的相关数据，$P_\mathrm{ap} = 160\mathrm{W}$，$\eta_\mathrm{p} = 0.55$；$C_D$ 是阻力系数，其寄生阻力系数和诱导阻力系数两部分分别由文献 [9] 中的部件构成法和奥斯瓦尔德翼展效率方法求得。

式（2-26）中的其他参数的取值参考表 2-1。太阳能无人机"Helios"在 0～40km 高度范围内，单位机翼面积内的动力系统功耗变化趋势如图 2-12 所示。

由图 2-12 可知，随着持续飞行高度的增加，单位机翼参考面积内的动力系统轴功率的增速愈来愈高，而铺设于机翼上表面的光伏组件日均水平面功率是有限的，所以太阳能无人机的持续飞行高度是受限制的。基于之前的光伏组件的面功率模型及其面功率特性分析，根据式（2-26）可求得太阳能无人机"Helios"在不同地理纬度的可持续飞行高度，如图 2-13 所示。在各曲线与直线 $h = 0$ 之间包围的区域内，"Helios"能在对应地理纬度下昼夜连续飞行。

分析图 2-13 可知，在赤道附近的全年范围内，"Helios"的可持续飞行高度约在 20km 附近；随着地理纬度北移，夏季附近的可持续高度略有提升，但是在冬季附近的可持续高度急剧下降；当地理纬度在中高纬度地区，从 30°N 增加到 40°N，再增加到 60°N，最后增加到 80°N 时，"Helios" 能在 15km 以上持续飞行的天数从 295 天降到 230 天，再降到 165 天，最后降到 125 天。由此可知，仅采用水平翼面铺设光伏组件的传统设计方法指导下的太阳能无人机在高空驻留能力方面仅限于赤道附近的低纬度地区，在高纬度地区则无法跨年飞行。在一定程度上，这一"软肋"极大地限制着太阳能无人机的广泛实用化。

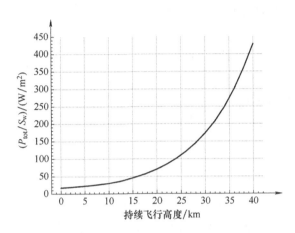

图 2-12　太阳能无人机"Helios"在 0～40km
高度范围内，单位机翼面积内的动力
系统功耗变化趋势

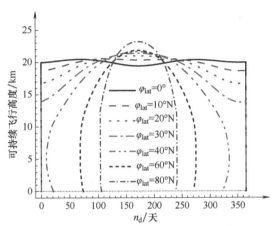

图 2-13　太阳能无人机"Helios"在全年范围内的
可持续飞行高度和纬度的变化规律

2.3.3　主动式光伏组件面功率特性

在之前的分析中，传统的太阳能无人机在高空驻留飞行的纬度域较窄。由 2.1.3 节中的太阳总辐照度分析可知，在中高纬度地区，光照时间内的总辐照度基本都在"峰值平台区"，而它在竖直方向上的投影分量却明显下降，这主要是由太阳高度角偏小造成的。在中高纬度地区，要能满足高空驻留的顶层设计指标，仅采用水平铺设的光伏组件存在显著的局限性。

由图 2-8a 分析可知，提高光伏组件法向上的总辐照度能不同程度地提高光伏组件的面功率。在太阳能光伏发电的研究领域，陆基的跟踪式光伏发电系统运用"高度角/方位角"跟踪方式可以显著提高电能产出量。借鉴这种思想，可以在太阳能无人机上适当增设一些铺设了光伏组件的非升力翼面，这些光伏组件叶沿机体轴的平行轴滚偏或者通过全机的航向偏转以实现跟踪太阳，被称为"主动式光伏组件"，而这种跟踪方式可称为"滚偏/偏航"跟踪方式。"滚偏/偏航"跟踪方式具体包括 3 类："滚偏+偏航""滚偏""偏航"。在任意一天范围内，跟随太阳高度角 α_s 和太阳方位角 γ_s 的实时变化，"滚偏+偏航"跟踪方式同时会改变无人机偏航角 ψ_b 和光伏组件滚偏角 φ_{pm}；而"滚偏"跟踪方式仅改变 φ_{pm}；"偏航"跟踪方式仅改变 ψ_b。

在数学意义上，单块光伏组件采用"滚偏/偏航"跟踪方式的目的是获得光线入射角余弦值 $\cos<n_s,n_{pm}>$ 的最大值。当 n_s 与 n_{pm} 的指向重合时，$\cos<n_s,n_{pm}>$ 取最大值 1。假设主动式光伏组件中心轴与机体轴平行，即仰角 θ_{pm} 为 0，可得 $\cos<n_s,n_{pm}>$ 的表达式：

$$\cos<\boldsymbol{n}_s,\boldsymbol{n}_{pm}>=\cos\alpha_s\sin\varphi_{pm}(\cos\psi_b\sin\gamma_s-\cos\gamma_s\sin\psi_b)+\sin\alpha_s\cos\varphi_{pm} \quad (2\text{-}27)$$

对于"滚偏+偏航"跟踪方式，φ_{pm} 和 ψ_b 的变化规律为

$$\begin{cases} \varphi_{pm}=\alpha_s-90°;\psi_b=\gamma_s+90°,(-180°\leqslant\gamma_s\leqslant90°) \\ \varphi_{pm}=90°-\alpha_s;\psi_b=\gamma_s-90°,(90°\leqslant\gamma_s\leqslant180°) \end{cases} \quad (2\text{-}28)$$

根据式（2-28）中的滚偏、偏航规律，$\cos<\boldsymbol{n}_s,\boldsymbol{n}_{pm}>$ 始终等于 1。而对于"滚偏"跟踪方式，φ_{pm} 的变化规律为

$$\varphi_{pm}=\arctan\left[(\sin\gamma_s\cos\psi_b-\cos\gamma_s\sin\psi_b)/\tan\alpha_s\right] \quad (2\text{-}29)$$

对于"偏航"跟踪方式，ψ_b 的变化规律为

$$\begin{cases} \left.\begin{array}{l} \psi_b=\gamma_s+90°,(-180°\leqslant\gamma_s\leqslant90°) \\ \psi_b=\gamma_s-270°,(90°\leqslant\gamma_s\leqslant180°) \end{array}\right\}\varphi_{pm}\leqslant0 \\ \left.\begin{array}{l} \psi_b=\gamma_s+270°,(-180°\leqslant\gamma_s\leqslant-90°) \\ \psi_b=\gamma_s-90°,(-90°\leqslant\gamma_s\leqslant180°) \end{array}\right\}\varphi_{pm}\geqslant0 \end{cases} \quad (2\text{-}30)$$

式中，$\psi_b=180°$ 等价于 $\psi_b=-180°$；当 $\varphi_{pm}=0$ 时，"偏航"跟踪方式不起作用。

由式（2-28）和式（2-29）可知，"滚偏+偏航"和"滚偏"跟踪方式需根据太阳高度角和太阳方位角改变光伏组件平面与机身对称平面之间的夹角，也就是说全机的气动布局参数需频繁地变化，这势必影响着全机的气动效率、气动焦点位置，重心位置，操稳特性和飞行控制律需要根据不同构型重新匹配等，使"滚偏+偏航"和"滚偏"跟踪方式带来的技术难点颇多。

而"偏航"跟踪方式需改变航向轨迹，也就是无人机的航向角需频繁变化。但在一年四季的大部分范围内，各地理纬度的太阳方位角只以每小时 1°~20° 的速度变化，在这段时间内所需的航向角偏转频率较低；而在直射点附近的正午时间段内，太阳方位角约以每小时 20°~70° 的速度变化，但是这段时间内的太阳辐照度最高，太阳能无人机同样可以采用较低的偏转频率实现"偏航"跟踪。另外，有限的能量会导致太阳能无人机的速度很低，所以不适合像"全球鹰"或者"捕食者"长航时无人机一样执行大地理纬度跨度的广域信息搜索和目标定位，而更适合小范围地区内长时间压制性的巡逻侦察或者数据中继等。因此，在合理的航迹规划之下，"偏航"跟踪方式在太阳能无人机上的运用是可行的。

接下来，将分别分析单块主动式光伏组件与实际运用在太阳能无人机上的一组对称的"偏航"跟踪光伏组件的面功率特性。飞行高度仍选为 20km。

1. 单块主动式光伏组件

考虑到水平翼面上铺设的光伏组件的面功率随地理纬度的变化特性，分别选定赤道和北纬45°处，分析冬至日时单块主动式光伏组件的逐时面功率和航向角跟踪情况。然后再选定春分日、夏至日、秋分日和冬至日，分析地理纬度从赤道增加到北纬80°的过程中，不同滚偏角下的单块光伏组件日均面功率的变化情况。

针对不同的光伏组件滚偏角，下面分别选定 6 个状态予以研究：$\varphi_{pm}=135°$（编号 a）、$\varphi_{pm}=-135°$（编号 b）、$\varphi_{pm}=90°$（编号 c）、$\varphi_{pm}=-90°$（编号 d）、$\varphi_{pm}=45°$（编号 e）和 $\varphi_{pm}=-45°$（编号 f），如图 2-14 所示（水平放置，外法线方向竖直向上为初始状态）。由图 2-14b 可知，

这 6 个铺设方式与水平方式平分一周 360°。

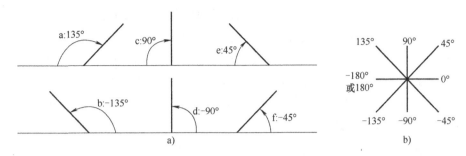

图 2-14　单块主动式光伏组件的滚偏角及其对应编号示意图

赤道地区和北纬 45°地区的主动式光伏组件的面功率特性如图 2-15 和图 2-16 所示。其中，ω_{pmh} 为逐时水平面功率；ω_{pmp} 为逐时直射面功率，即光线垂直照射于光伏组件平面时的光伏组件面功率；ω_{pmt} 为主动式光伏组件逐时面功率；下标 1 和 3 分别代表"滚偏+偏航"跟踪方式和"偏航"跟踪方式；下标 a~f 分别与图 2-14 中的角度编号相对应。

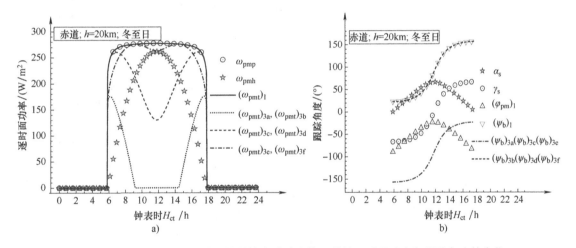

图 2-15　在冬至日时，赤道处的单块主动式光伏组件的逐时面功率与跟踪角度的变化

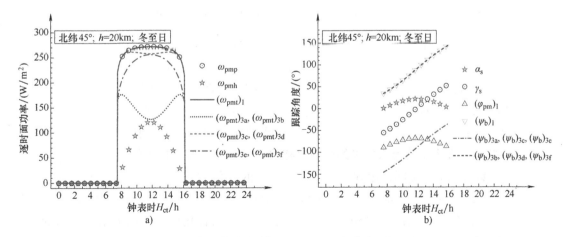

图 2-16　在冬至日时，北纬 45°处的单块主动式光伏组件的逐时面功率与跟踪角度的关系

由图 2-15 和图 2-16 可知："滚偏+偏航"跟踪方式下，单块光伏组件滚偏角紧随着太阳高度角、无人机航迹角紧随着太阳方位角变化，此时的单块光伏组件逐时面功率与直射逐时面功率相等；在"偏航"跟踪方式下，无人机航迹角紧随着太阳方位角变化，此时单块光伏组件逐时面功率与预置的滚偏角紧密相关；相对于水平逐时面功率，合理地预置滚偏角下的"偏航"跟踪方式能提高单块光伏组件逐时面功率，而且地理纬度越高，提高的幅度越显著；与水平逐时面功率相比，"偏航"跟踪方式也能提高光照时间开始初和结束前那段时间内的逐时面功率；如果两块单独的光伏组件的滚偏角绝对值 $|\varphi_{pm}|$ 相等，符号相反时，各自的"偏航"跟踪逐时面功率一致，只是航向角 ψ_b 相差 180°。

另外，在春分日、夏至日、秋分日和冬至日时，不同滚偏角下的单块光伏组件日均面功率随地理纬度的变化情况如图 2-17 所示。

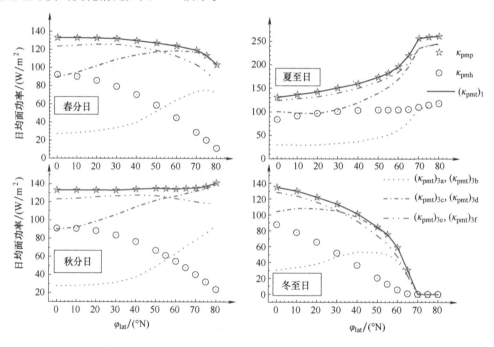

图 2-17 四季范围内，单块主动式光伏组件日均面功率随地理纬度的变化（$h=20\mathrm{km}$）

由图 2-17 可知：在"滚偏+偏航"跟踪方式下，单块光伏组件日均面功率（κ_{pmh}）与日均直射面功率（κ_{pmp}）一致；不同滚偏角下的"偏航"跟踪日均面功率（κ_{pmt}）$_3$ 的高低与图 2-3 中的太阳高度角息息相关；三者之中，$|\varphi_{pm}|=45°$ 时的 $(\kappa_{pmt})_3$ 在整个纬度域和四季范围内表现最好，$|\varphi_{pm}|=90°$ 时的 $(\kappa_{pmt})_3$ 只在中高纬度的四季范围内表现最好；在低纬度地区，$|\varphi_{pm}|=135°$ 时的 $(\kappa_{pmt.})_3$ 比 κ_{pmh} 还要低，但是其随着地理纬度的提高，整体上还是有所增加的。

2. 实际运用在太阳能无人机上的一组对称的"偏航"跟踪光伏组件

在大多数情况下，实际运用到太阳能无人机上的"偏航"跟踪光伏组件的滚偏角不会一致（除了 $|\varphi_{pm}|=90°$），铺设主动光伏组件的翼面一般会关于全机对称面对称，如图 2-18 所示。其中，滚偏角 φ_{pm} 在 $[0°,180°]$ 范围内取值，其他所标角度为几何关系计算出的角度值。一般情况下，主动式光伏组件的两侧均会铺设着光伏组件。

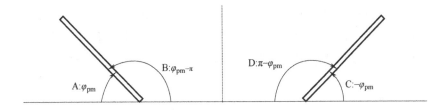

图 2-18　实际运用在太阳能无人机上的一组对称的"偏航"跟踪光伏组件滚偏角示意图

图 2-18 中的这一组光伏组件的有效逐时面功率 $(\kappa_{pmt})_{3.\,eff}$ 表示为

$$(\kappa_{pmt})_{3.\,eff} = \frac{(\kappa_{pmt})_{3A} + (\kappa_{pmt})_{3B} + (\kappa_{pmt})_{3C} + (\kappa_{pmt})_{3D}}{2} \tag{2-31}$$

式（2-31）中，右侧的 1/2 是表示组件 A 和组件 B，组件 C 和组件 D 都分别只能有一组可以吸收到太阳辐射能量。因为太阳能无人机具有大尺度特征，主动式光伏组件之间的空间距离可以很大，故在此忽略彼此对太阳入射光线的遮蔽效应。

与之前的分析类似，飞行高度取 20km、飞行季节取冬至日，地理纬度取赤道和北纬 45°，滚偏角取 $\varphi_{pm}=45°$，则这一组光伏组件的逐时面功率特性如图 2-19 所示。在对图 2-15 和图 2-16 的分析中已提到，两块单独的"偏航"跟踪光伏组件在滚偏角符号相反时的逐时面功率一致，只是它们的航向角相差 180°。在实际运用中，太阳能无人机只有一个航向角，所以当组件 A 主动跟踪太阳高度角时，$(\omega_{pmt})_{3A}$ 与 $(\omega_{pmt})_{3D}$ 的差异很大（此时，$(\omega_{pmt})_{3B}$ 与 $(\omega_{pmt})_{3C}$ 均为 0），呈现出图 2-19 中的有效逐时面功率 $(\omega_{pmt})_{3.\,eff}$ 变化规律。

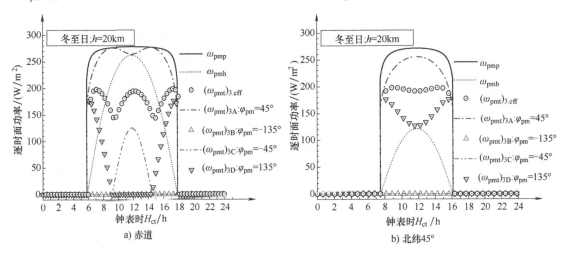

图 2-19　图 2-18 所示的一组"偏航"跟踪光伏组件的逐时面功率特性

由图 2-19 可知：全天范围内的逐时面功率的变化幅度减小；在日照时间的开始和结束阶段，相对于水平逐时面功率 ω_{pmh}，有效逐时面功率 $(\omega_{pmt})_{3.\,eff}$ 有显著提高；在一天范围内太阳高度角较高的中午时段，低纬度地区的 $(\omega_{pmt})_{3.\,eff}$ 略低于 ω_{pmh}；中高纬度地区，全天范围内的 $(\omega_{pmt})_{3.\,eff}$ 均远远高于 ω_{pmh}。

由图 2-18 中的几何关系可知，φ_{pm} 从 0° 增加到 180° 所对应的状态是关于 $\varphi_{pm}=90°$ 对称

的。所以下面将只分析在太阳能无人机上的实际运用的一组"滚偏"跟踪光伏组件的滚偏角 φ_{pm} 从 0°（水平放置）逐渐增加到 90°（垂直放置）的过程中，不同地理纬度、不同季节下的日均面功率特性，以得到采用"偏航"跟踪方式时的最佳预置滚偏角，如图 2-20 所示。

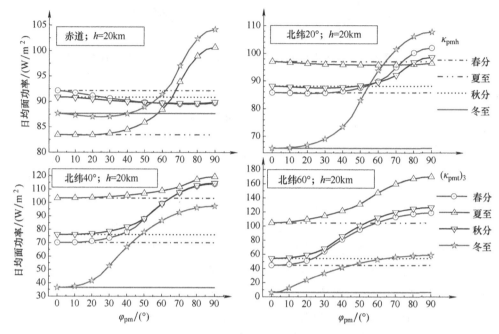

图 2-20　图 2-18 所示的一组"偏航"跟踪光伏组件在不同滚偏角下的日均面功率特性

图 2-20 中 4 个典型日子对应的太阳直射纬度分别为赤道、23°26′N、赤道和 23°26′S。而越靠近直射点，太阳高度角越大；越远离直射点，太阳高度角越小。分析图 2-20 中的各曲线可知：

1）在赤道处的春季和秋季附近，"偏航"跟踪方式相对水平铺设方式没有优势，即 $(\kappa_{pmt})_3 < \kappa_{pmh}$，而在赤道处的夏季和冬季附近，当滚偏角增加到 45°之前，"偏航"跟踪方式仍然没有优势，但是当滚偏角继续增加，优势逐渐体现出来，而且愈来愈大。

2）在北纬 20°处的夏季附近，此时的太阳直射点恰好略比北纬 23°26′小，使得"偏航"跟踪方式仍然没有优势；在春季和秋季附近，只有较大值的滚偏角才具有较小的优势；而在冬至日附近，在任意滚偏角下，$(\kappa_{pmt})_3$ 均要大于 κ_{pmh}，而且滚偏角绝对值 φ_{pm} 越靠近 90°，"滚偏"跟踪方式的优势越显著。

3）随着地理纬度的继续北移至中纬度地区，在一年四季范围内，不同滚偏角下的 $(\kappa_{pmt})_3$ 均要大于 κ_{pmh}；当滚偏角从 0°逐渐增加到 90°的过程中，这种优势逐渐增大，最后在 $\varphi_{pm} = 90$°处达到峰值。

4）在中纬度地区，比如 40°N，在不同季节下，$\varphi_{pm} = 90$°对应的 $(\kappa_{pmt})_3$ 与相对应的 κ_{pmh} 的差值和比值：在春分日相差 44W·m^{-2}，比值为 1.63，在夏至日相差 16W·m^{-2}，比值为 1.15，在秋分日相差 38.8W·m^{-2}，比值为 1.5，在冬至日相差 60.8W·m^{-2}，比值为 2.7。

5）纵观图 2-20 中不同滚偏角在不同地理纬度和不同季节的表现可知，实际运用中的一组对称的"偏航"跟踪光伏组件的滚偏角取 $\varphi_{pm}=90°$ 时的采能效率最佳。

当铺设主动光伏组件的翼面的滚偏角取 90° 时，这类翼面可称为"帆尾"，类似于卫星上的"太阳帆"。帆尾上铺设的光伏组件采用"偏航"跟踪方式下的逐时面功率用 $(\omega_{pmt})_{3V}$ 表示，帆尾日均面功率用 $(\kappa_{pmt})_{3V}$ 表示。

3. 给定航向角的帆尾日均面功率

当给定航向角时，帆尾上铺设的光伏组件的逐时面功率用 $(\omega_{pmt})_{4V}$ 表示，日均面功率用 $(\kappa_{pmt})_{4V}$ 表示。

根据定义，太阳能无人机航向角 ψ_b 变化范围为 $-180°\sim180°$。但是，对于两侧均铺设光伏组件的帆尾来说，只要机头指向在同一条指向上，其日均面功率特性一致，并且其航向角相差 180°，如图 2-21 所示，所以在下面的分析中，将只分析 ψ_b 从 $-90°$ 变化到 90° 时，帆尾光伏组件的日均面功率与水平放置光伏组件的日均面功率的对比特性，如图 2-22 所示。其中，飞行季节取夏至日和冬至日，地理纬度分别取赤道、20°N、40°N 和 60°N。

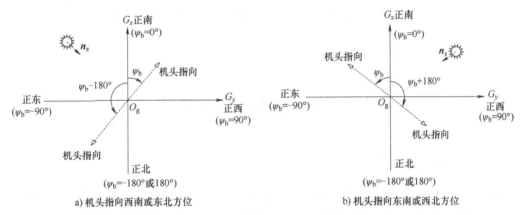

a) 机头指向西南或东北方位　　　　　　b) 机头指向东南或西北方位

图 2-21　在地平面 $O_gGS_xGS_y$ 上，不同航向角的帆尾与太阳的方位角度关系

由图 2-22 可知：与图 2-20 中 $\varphi_{pm}=90°$ 时的"偏航"跟踪方式相比，各固定航向角的帆尾在各个纬度、各个季节的日均面功率都要逊色些；在各纬度处，夏季附近的最佳航向角约

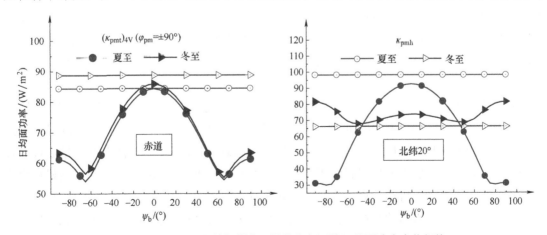

图 2-22　给定航向角的帆尾在不同航向角下的日均面功率变化规律

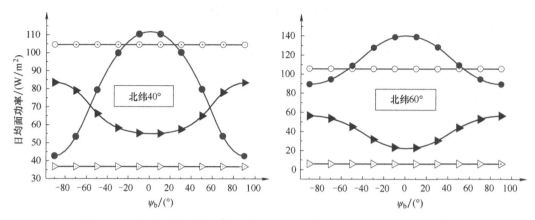

图 2-22 给定航向角的帆尾在不同航向角下的日均面功率变化规律（续）

在 0°或±180°，而冬季附近的最佳航向角约在±90°；在中纬度地区能量紧缺的冬季，不同航向角下的帆尾日均面功率比日均水平面功率均有提升，而航向角为±90°时的提升幅度最为显著。

2.4 太阳能无人机的热特性及能源管理问题

2.4.1 热特性分析方法

由于太阳能无人机功能器件的热控制需要达到一定指标，将无人机结构件同时用作散热系统、发热器件结构可以有效降低结构重量，因此太阳能无人机散热系统一体化设计具有深远意义。参考太阳能无人机结构与功能一体化的设计思路，太阳能无人机一体化散热设计在对太阳能无人机结构进行设计的过程中结合了无人机应用场景和发热器件的热平衡，利用热传导、热对流和热辐射三种传热途径，在达到散热目的的同时，尽可能使结构可以多次有效利用、降低一体化散热系统的结构重量。太阳能无人机及其一体化散热设计是多学科互相融合的结果，由于太阳能无人机在机、电、热三者之间存在强耦合关系，无人机设计过程中需要转换传统的设计思路，力求各学科之间紧密配合、相互协调，共同提出指标，保证无人机设计进程的高效性。

对于天线系统，考虑到太阳能无人机散热过程中出现的热通量大、对流散热差的情况，利用热对流难以达到热控指标，可以使用图 2-23 所示的散热方案。利用一体化散热思想，将发热器件附着在热扩散层/辐射器上，为避免局部温度过高，发热器件上的热量通过热传导的形式经过热扩散层迅速扩展到面积较大的辐射器上，通过热辐射和热对流经过机翼内部和机翼蒙皮，最终经由机翼蒙皮，以热辐射和热对流形式进入环境大气。

一些发热器件上必需的结构件，如天线系统的热扩散层和辐射器，可以考虑到结构功能一体化设计中。在不增加系统重量的同时达到散热的目的。目前可以考虑的方案有两种：方

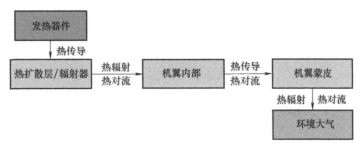

图 2-23　一体化散热原理图

案 1 将机翼蒙皮作为热扩散层和辐射器，方案 2 将机翼主梁作为热扩散层和辐射器，如图 2-24 所示。两种方案要求多次利用的结构在发挥其结构功能的同时，具有良好的散热性能，整体具有或在发热器件位置局部具有良好的热传导特性。

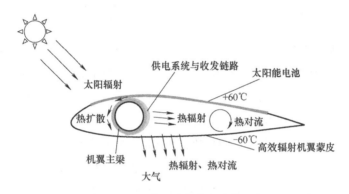

图 2-24　机翼蒙皮散热方式结构示意图

2.4.2　三维热环境仿真模型及分析结果

1. 数学方程

太阳能无人机具有复杂的三维全机结构，其中能源结构主要是由太阳能电池板、机翼和机舱内部的电子设备构成。

针对上述复杂结构可以采用基于 RNG k-ε 湍流模型三维数值计算获得其内部流场和温度场特性。RNG k-ε 模型来源于严格的统计技术。相比较标准 k-ε 模型有以下改进：

1）RNC 模型在 ε 方程中加了一个条件，有效地改善了精度。

2）考虑到了湍流旋涡，提高了在这方面的精度。

3）RNG 理论为湍流普朗特数提供了一个解析公式，然而标准 k-ε 模型使用的是用户提供的常数。

4）标准 k-ε 模型是一种高雷诺数的模型，RNG 理论提供了一个考虑低雷诺数流动黏性的解析公式。

这些特点使 RNG k-ε 模型比标准 k-ε 模型在更广泛的流动中有更高的可信度和精度，其控制方程如下：

连续方程

$$\frac{\partial \rho}{\partial t} + \nabla \cdot (\rho \boldsymbol{v}) = S_m \tag{2-32}$$

动量方程

$$
\begin{cases}
\dfrac{\partial (\rho \boldsymbol{v})}{\partial t} + \nabla \cdot (\rho \boldsymbol{v} \boldsymbol{v}) = -\nabla p + \nabla \cdot (\bar{\bar{\tau}}) + \rho \boldsymbol{g} + \boldsymbol{F} \\[2mm]
\dfrac{\partial}{\partial t}(\rho k) + \dfrac{\partial}{\partial x_i}(\rho k u_i) = \dfrac{\partial}{\partial x_j}\left[\left(\mu + \dfrac{\mu_t}{\sigma_k}\right)\dfrac{\partial k}{\partial x_j}\right] + G_k + G_b - \rho \varepsilon - Y_M + S_k \\[2mm]
\dfrac{\partial}{\partial t}(\rho \varepsilon) + \dfrac{\partial}{\partial x_i}(\rho \varepsilon u_i) = \dfrac{\partial}{\partial x_j}\left[\left(\mu + \dfrac{\mu_t}{\sigma_\varepsilon}\right)\dfrac{\partial \varepsilon}{\partial x_j}\right] + C_{1\varepsilon}\dfrac{\varepsilon}{k}(G_k + C_{3\varepsilon}G_b) - C_{2\varepsilon}\rho\dfrac{\varepsilon^2}{k} + S_\varepsilon
\end{cases} \tag{2-33}
$$

能量方程

$$\frac{\partial}{\partial t}(\rho E) + \nabla \cdot [\boldsymbol{v}(\rho E + p)] = \nabla \cdot \left[k_{eff}\nabla T - \sum_j h_j \boldsymbol{J}_j + (\bar{\bar{\tau}}_{eff} \cdot \boldsymbol{v}) \right] + S_h \tag{2-34}$$

式中，ρ 是气体密度（kg·m^{-3}）；t 是时间（s）；$\boldsymbol{v}$ 是速度（m·s^{-1}）；S_m 是质量源项；i 和 j 是坐标方向；$\bar{\bar{\tau}}$ 是应力张量；p 是压力（Pa）；$\boldsymbol{g}$ 是重力加速度（m·s^{-2}）；$\boldsymbol{F}$ 是外力项（N）；ε 是湍动能耗散率；μ 是黏性系数（Pa·s）；μ_t 是湍动能；σ_k 和 σ_ε 是 k 方程和 ε 方程的湍动能 Prandtl 数；G_k 和 G_b 是湍动能系数；Y_M 是可压缩湍流中脉动膨胀对耗散率的影响；$C_{1\varepsilon}$，G_k，$C_{3\varepsilon}$，G_b，$C_{2\varepsilon}$ 代表方程的系数；S_k 和 S_ε 是 k 方程和 ε 方程的源项；E 是总能量（J）；k_{eff} 是有效导热系数；T 是温度（K）；h_j 是焓值；$\boldsymbol{J}_j$ 是物质的扩散通量；S_h 是能量方程的源项；k 是湍动能；u_i 是 x 方向的速度分量；x_i、x_j 分别是 x、y 方向的位移分量；τ_{eff} 表示黏性加热；$\nabla \cdot$ 为散度算子；∇ 为梯度算子。

为了求解控制方程，需要设置所有边界的边界条件。为了计算结果不被边界影响，将物理模型的前后、上下分别向外扩展 2 倍当量长度作为计算区域。无人机向前飞行的过程通过相对运动进行模拟。上游边界为飞行速度的速度入口边界条件。上下和下游边界为远场压力边界。两侧为周期性边界。机翼表面分为太阳能电池板功能蒙皮和普通蒙皮，太阳能电池板功能蒙皮带有内热源，材质选择硅材质，物性参数为：密度为 2328.3kg·m^{-3}；比定压热容为 712J·kg^{-1}·K^{-1}。机翼外侧和内侧同为 20km 的高空环境（其中气体物性参数来自于大气参数查询软件），表面为气固耦合边界，具体如下。

入口：$u = 38$m·s^{-1}，$p = 5529.31$Pa，$T = 216.65$K。

远场：$p = 5529.31$Pa，$T = 216.65$K。

两侧：$u_1 = u_2$，$v_1 = v_2$，$w_1 = w_2$，$p_1 = p_2$，$T_1 = T_2$。

式中，u、v、w 分别是 x、y、z 方向的速度分量

太阳能电池板光照强度为 I，电池板太阳能转化效率一般不超过 0.33，这里假设为 0.29，其最终转化为热能的表达式为：$S = 0.71 I$W·m^{-2}（折算值）。

为了求解控制方程，需要设置所有边界的边界条件。模型采用了单侧机翼、前后机翼和机身的上表面部分敷设太阳能电池板。太阳辐射能量密度采用 2.1.1 节中引用的太阳能辐射

模型进行计算。

在一天范围内，太阳总辐照度是时刻变化的。由太阳辐射模型可知，地理纬度和季节影响下的太阳高度角与飞行高度同时决定着太阳总辐照度。太阳能辐射能量于 6 点左右从强度为 0 突然增大，之后缓慢增加至 12 点达到最大值 1430W·m^{-2}，再后缓慢下降，至 18 点左右突然降低至 0。太阳能总辐射在 8 点到 16 点之间变化不大。在本次计算中采用 1340W·m^{-2}作为太阳能总辐射强度进行计算。太阳能电池板的效率为 29%，即有 71% 的太阳能辐射转换为了热量。下表面和侧面的初始温度采用了相应高度大气的热力学温度 216.774K。机翼内部空气自然对流换热。

本节数值仿真计算采用了完整的无人机模型（包括机翼、尾翼、机身及连接结构）。同时考虑了无人机内部的设备舱、蓄电池及雷达杆。太阳能电池板功能蒙皮为聚酰亚胺薄膜、砷化镓、PMI 泡沫、聚酰亚胺薄膜复合材料，带有内热源，其当量物性参数为：密度为 823.33kg·m^{-3}，比热容为 1388.926J·kg^{-1}·K^{-1}，导热系数为 0.036768W·m^{-2}·K^{-1}。普通蒙皮为聚酰亚胺内置卡夫拉经线薄膜，物性参数为：密度为 1430kg·m^{-3}，比热容为 1130J·kg^{-1}·K^{-1}，导热系数为 0.2W·m^{-2}·K^{-1}。

这里对飞行高度 21km，飞行速度 38.3m·s^{-1}，雷诺数为 23.9 万时，太阳能无人机的舱内热环境和舱内外耦合热环境进行仿真分析。

2. 太阳能无人机局部特性热管理分析

（1）正午仿真结果　图 2-25 所示为正午时间，即太阳能辐射强度最大前后机翼上部的温度分布。从图 2-25 中可以看出，机翼表面所产生的热量主要是由太阳能电池板的散热提供的。前翼沿翼弦方向从前到后温度逐渐升高，高温主要集中在接近后缘的位置，沿翼展方向从翼根到翼尖的温度逐渐降低。后翼沿翼弦方向从前到后温度逐渐降低，高温主要集中在接近前缘的位置，沿翼展方向从翼根到翼尖温度逐渐升高。整个机翼的最高温度出现在后翼前缘接近翼尖的位置。

图 2-26 所示为前机翼敷设太阳能电池板段内部温度分布。从图 2-26 中可以看出，接近上壁太阳能电池板的区域温度较高，最高温度出现在靠近上壁面的尾部。这主要是由于靠近

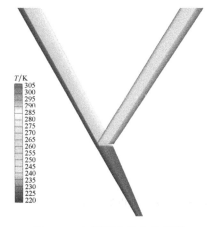

图 2-25　机翼温度分布俯视图

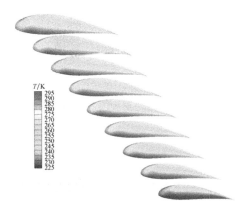

**图 2-26　前机翼敷设太阳能电池板段
内部温度分布**（太阳能电池板段）

下壁普通蒙皮附近的空气温度较低，并且沿翼展方向低温区域逐渐扩大导致的。靠近前壁蒙皮的温度较低，但向中心方向的温度上升很快。这应该与机翼内部的自然对流相关，在之后的速度分布研究中将进一步分析。总体来讲，翼根部的温度比较均匀且平均温度高，沿翼尖方向温度逐渐下降。

图 2-27 所示为前翼敷设太阳能电池板段内部的三个方向速度分布。图 2-27a ~ c 分别为 x、y、z 三个方向的速度分布。从图 2-27 中可以看出 x 方向的速度在上壁面附近为负值，空气由右向左流动；在下部为正值，空气由左向右流动。y 方向的速度在靠近太阳能电池处的壁面附近为正值，空气由右下向左上流动；在前部为负值，空气由上向下流动。因此，总体来说在 xy 截面上空气呈现出逆时针方向的环形流动。

图 2-28 所示为前翼未敷设太阳能电池板段内部温度分布。从图 2-28 中可以看出，接近上壁太阳能电池板的区域温度较高，这是由于热量从发热的电池板传递到不发热的蒙皮。同时沿翼展方向热量不断散失到周围的环境中，温度很快就降到了环境温度。

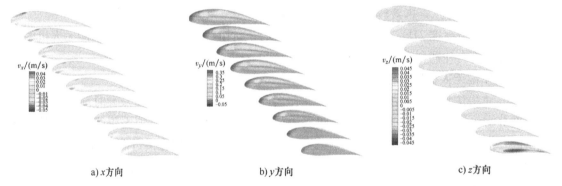

a) x 方向   b) y 方向   c) z 方向

图 2-27 前机翼敷设太阳能电池板段内部的三个方向速度分布（太阳能电池板段）

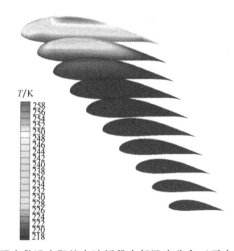

图 2-28 前机翼未敷设太阳能电池板段内部温度分布（无太阳能电池板段）

图 2-29 所示为前翼未敷设太阳能电池板段内部的三个方向速度分布。图 2-29a ~ c 所示分别为 x、y、z 三个方向的速度分布。从图 2-29 中可以看出三个方向的速度分布总体呈现出

逆时针方向的环形流动。区别在于沿翼展方向，由于黏性的作用流动逐渐减弱，流速降低直至基本静止。

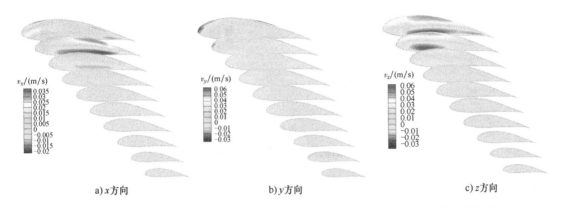

a) x方向　　　　　　　　　　b) y方向　　　　　　　　　　c) z方向

图 2-29　前机翼未敷设太阳能电池板段内部的三个方向速度分布（无太阳能电池板段）

　　图 2-30 所示为后翼内部温度分布。从图 2-30 中可以看出，接近上壁太阳能电池板的区域温度较高，最高温度出现在靠近上壁面的前部。靠近下壁普通蒙皮附近的空气温度较低，沿翼展方向低温区域逐渐减少。靠近下壁普通蒙皮的温度较低，但向中心方向的温度上升很快。这应该也与机翼内部的自然对流相关，相关内容将在之后的速度分布研究中进一步分析。总体来讲，翼尖部的温度比较均匀且平均温度高，沿翼根方向温度逐渐下降。

　　图 2-31 所示为后机翼内部的三个方向速度分布。图 2-31a~c 所示分别为 x、y、z 三个方向的

图 2-30　后机翼内部温度分布

速度分布。从图 2-31 中可以看出 x 方向的速度在左上壁面附近为正值，空气由左向右流动；在右下壁面附近为负值，空气由右向左流动。y 方向的速度较为均匀，总体前部为正，后部为负。因此，总体来说在 xy 截面上空气呈现出顺时针方向的坏形流动。在 z 方向上，靠近太阳能电池处的壁面附近为正值，空气向翼尖方向流动，在下部为负值，向翼根方向流动。即在翼展方向上，热空气流向翼尖，冷空气流向翼根。

　　（2）早晚仿真结果　图 2-32 所示为早晚时间，即太阳能辐射强度较弱时前后机翼上部的温度分布。从图 2-32 中可以看出，由于太阳能辐射较低，机翼表面所产生的热量也较少，温度不高。高温出现在发热的梁附近和机翼内部。

　　图 2-33 所示为前翼敷设太阳能电池板段内部温度分布。从图 2-33 中可以看出，由于太阳能电池板的发热量很小，机翼内部主要热源为天线的散热。壁面温度较低，基本与环境温度相同。机翼内部空气由天线所在的发热梁进行加热，并通过自然对流扩散到整个机翼。

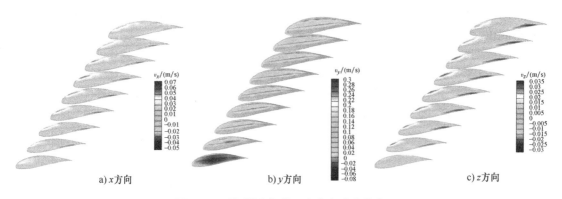

a) x方向　　　　　　　　　　b) y方向　　　　　　　　　　c) z方向

图 2-31　后机翼内部的三个方向速度分布

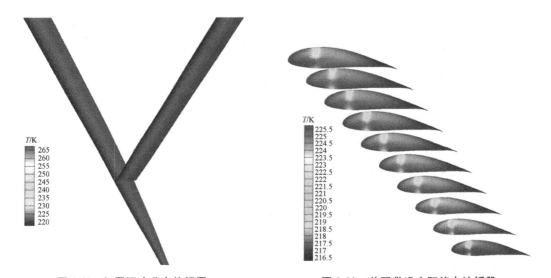

图 2-32　机翼温度分布俯视图　　　　　图 2-33　前翼敷设太阳能电池板段
内部温度分布（太阳能电池板段）

图 2-34 所示为前翼敷设太阳能电池板段内部的三个方向速度分布。图 2-34a～c 所示分别为 x、y、z 三个方向的速度分布。图中可以看出 x 方向的速度在左上为负值，左下为正值，右下为负，右上为正。y 方向的速度在靠近前梁附近为正值，空气由下向上流动；在前部和后部为负值，空气由上向下流动。因此，总体来说在 xy 截面上空气呈现出左侧逆时针方向，右侧顺时针方向的两个环形流动。

图 2-35 所示为前翼未敷设太阳能电池板段内部温度分布。从图 2-35 中可以看出，热源依然是天线所在的发热梁，且热量逐渐向翼尖扩散。

图 2-36 所示为前翼未敷设太阳能电池板段内部的三个方向速度分布。图 2-36a～c 所示分别为 x、y、z 三个方向的速度分布。从图 2-36 中可以看出 x 方向的速度在右上为正值，左下为正值，中间区域为负值。y 方向的速度在中间为正值，空气由下向上流动；在前部和后部为负值，空气由上向下流动。因此，总体来说在 xy 截面上空气呈现出左下部分为逆时针方向，右上部分为顺时针方向的两个环形流动。流动形态与敷设太阳能电池板段又有不同。

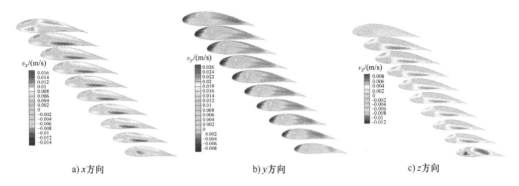

a) x方向　　　　b) y方向　　　　c) z方向

图 2-34　前翼敷设太阳能电池板段内部的三个方向速度分布（太阳能电池板段）

图 2-35　前翼未敷设太阳能电池板段内部温度分布（无太阳能电池板段）

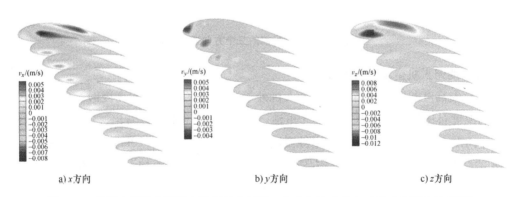

a) x方向　　　　b) y方向　　　　c) z方向

图 2-36　前翼未敷设太阳能电池板段内部的三个方向速度分布（无太阳能电池板段）

图 2-37 所示为后翼内部温度分布。从图 2-37 中可以看出，与前翼类似，太阳能电池板的发热量很小，机翼内部主要热源为天线的散热。壁面温度较低，基本与环境温度相同。机翼内部空气由天线所在的发热梁进行加热，并通过自然对流扩散到整个机翼。

图 2-38 所示为后翼内部的三个方向速度分布。图 2-38a~c 所示分别为 x、y、z 三个方向的速度分布。从图 2-38 中可以看出 x 方向的速度在上部为负值，下部为正值，右下为负，右上为正。y 方向的速度在靠近后梁附近为正值，空气由下向上流动；在前部和后部为负

图 2-37　后翼内部温度分布

值，空气由上向下流动。因此，总体来说在 xy 截面上空气呈现出左侧主体逆时针方向，右侧尾部顺时针方向的两个环形流动。

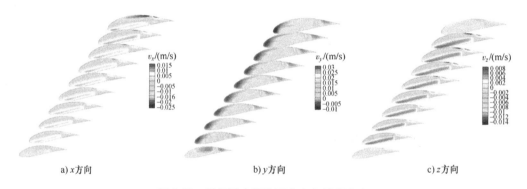

a) x 方向　　　　　　　b) y 方向　　　　　　　c) z 方向

图 2-38　后机翼内部的三个方向速度分布

3. 太阳能无人机全场热管理分析

（1）巡航高度的影响　当太阳能无人机处于不同的飞行速度和高度时，电池与太阳能电池板的温度对比如图 2-39 所示。对于电池，从图 2-39a 和 b 可以看出，在计算的飞行速度范围内，情况 1 低海拔（11km）的电池温度高于情况 2 高海拔（20km）的电池温度，随着飞行速度的增加，在情况 1 较低海拔高度（11km），机翼内电池的温度逐渐降低。在情况 2 较高海拔高度（20km），机翼内电池的温度略有升高。

对于太阳能电池板，如图 2-39c 和 d 所示，在计算的飞行速度范围内，情况 1 低海拔（11km）的太阳能电池板温度低于情况 2 高海拔（20km）的太阳能电池板温度。随着速度的增加，前翼段太阳能电池板的温度趋于下降，而后翼段太阳能电池板的温度先下降，然后上升，再下降。在两个飞行高度，在较低的飞行速度下，前翼段太阳能电池板的温度高于后翼段太阳能电池板的温度；但在较高的飞行速度下，前翼段太阳能电池板的温度低于后翼段太阳能电池板的温度。

温度场图和流线图分别如图 2-40、图 2-41 和图 2-42 所示。可以看到，在不同的高度下，

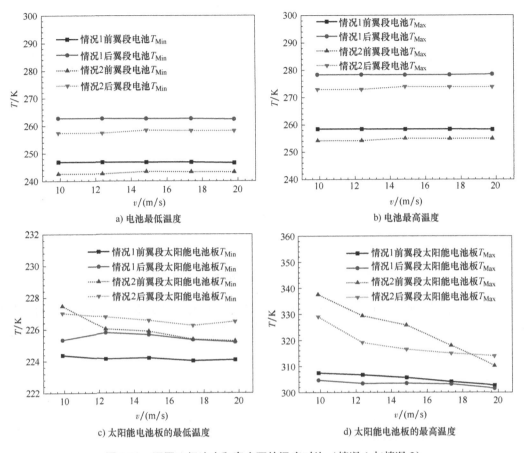

a) 电池最低温度

b) 电池最高温度

c) 太阳能电池板的最低温度

d) 太阳能电池板的最高温度

图 2-39 不同飞行速度和高度下的温度对比（情况 1 与情况 2）

流场和温度场是不同的。随着高度从 11km 到 20km 间变化，雷诺数显著下降，导致流场发生变化。随着高空中雷诺数的降低，太阳能无人机前翼段的涡数减少，导致前翼段表面对流换热系数降低。这说明，随着高空中对流换热系数的减小，空气的冷却作用减弱，因此太阳能电池板的温度升高。

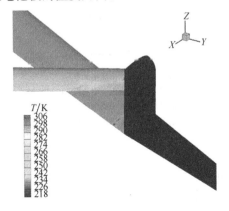

图 2-40 速度为 14.85m/s 时情况 1 的 温度场局部温度最高区域

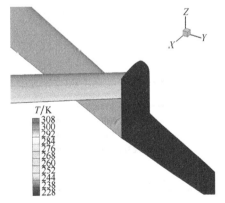

图 2-41 速度为 14.85m/s 时情况 2 的 温度场局部温度最高区域

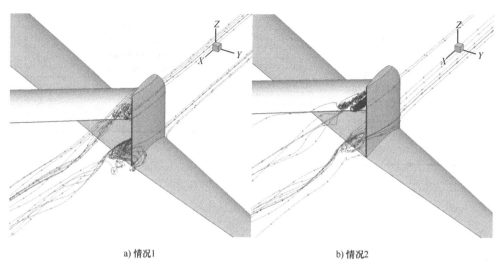

a) 情况1   b) 情况2

图 2-42 **最高温度区流场**（速度为 14.85m/s）

（2）光照的影响 为了研究不同光照条件对太阳能无人机关键部件传热的影响，选取太阳能无人机在白天和夜间飞行的两种极端条件进行分析。同时对两种不同的飞行高度进行比较，如图 2-43 所示。

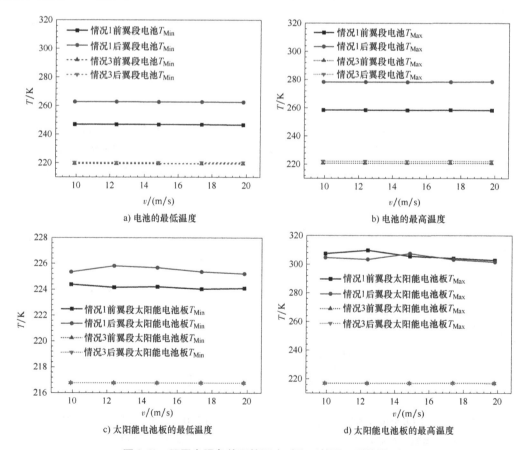

a) 电池的最低温度   b) 电池的最高温度

c) 太阳能电池板的最低温度   d) 太阳能电池板的最高温度

图 2-43 **不同光照条件下的温度对比**（情况 1 到情况 3）

图 2-43a 和 b 分别为情况 1 海拔 11km 处白天和情况 3 海拔 11km 处黑夜时电池的温度对比。图 2-43c 和 d 分别为情况 1 海拔 11km 处白天和情况 3 海拔 11km 处黑夜时太阳能电池板的温度对比。一般来说，太阳能无人机部件的温度白天比晚上更热，因为太阳能电池板只在白天产生热量。对于电池来说，在不同的海拔高度，随着飞行速度的增加，白天时太阳能无人机的温度缓慢下降；而在夜间，随着飞行速度的增加，温度基本不变。对于太阳能电池板，在较低的飞行速度下，前翼段太阳能电池板的温度高于后翼段；在较高的飞行速度下，前翼段太阳能电池板的温度低于后翼段。

（3）采用定向热输导结构对热管理的影响　　之前的研究表明，由于电池在太阳能无人机内部，热量只能通过自然对流的方式传递。因此，本书对原有的电池加热结构进行了改进，充分利用原结构中用于安装和固定电池的碳纤维框架。这种结构可以在不增加额外重量的情况下实现碳纤维的定向传热功能，并将天线的热量传递给太阳能无人机内部的电池。改进后的计算结果如图 2-44 所示。我们可以看到，改进后（情况 4）的电池温度普遍升高，而太阳能电池板的温度变化不是很大。与原有结构相比，碳纤维框架结构可以充分利用电池的热量，即使在 19.8m/s 的速度下也能保持最低温度和最高温度的稳定。对于太阳能电池

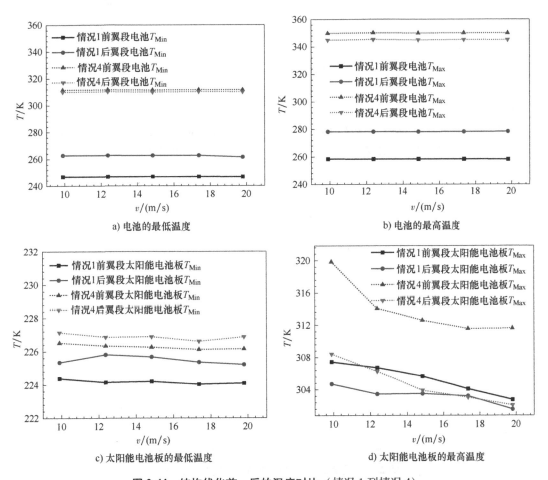

图 2-44　结构优化前、后的温度对比（情况 1 到情况 4）

板来说，其温度升高并不像电池的温度升高那么大。这是因为影响温度的因素比较复杂，在相同高度、相同光照条件下，受速度影响的强迫对流成为影响温度变化的最重要因素。从图 2-44c 和 d 中可以看出，太阳能电池板的最高温度随着自由来流速度的增加而降低。随着空气流速的增加，对流换热系数增加，对流换热过程使温度降低。

图 2-45、图 2-46 和图 2-47 所示为原结构和改进后结构的温度场图和流线图。可以看出，改进后的结构增加了热范围的面积。随着电池温度升高，强制对流减弱，机翼附近的流线也受到干扰。改进后的结构能提高太阳能无人机内部结构和设备的温度，增强太阳能无人机的保温防冻能力。

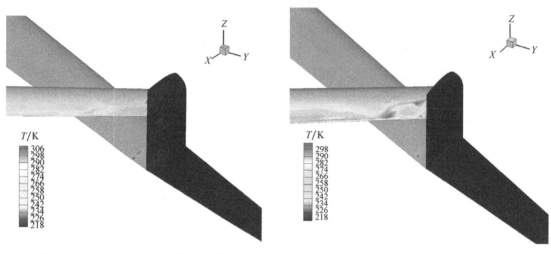

图 2-45　速度为 19.8m/s 时情况 1 的
温度场局部最高温度区域

图 2-46　速度为 19.8m/s 时情况 4 的
温度场局部最高温度区域

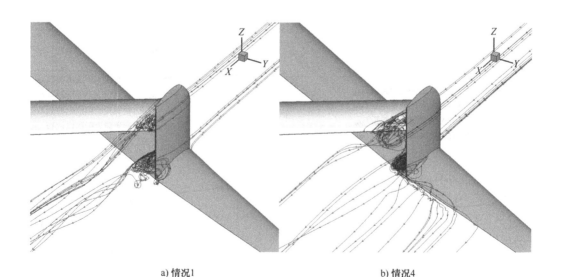

a) 情况1　　　　　　　　　　　　　　b) 情况4

图 2-47　最高温度区域的流场（速度为 19.8m/s）

2.4.3　热管理部件设计

太阳能无人机由于耗能部件位置分布散，因此需要引入部分热传递部件。

1. 热管设计及其模型

如图 2-48 所示，热管一般由管壳、吸液芯和工作液三部分组成。

（1）管壳　管壳是一个能够承受压力的封闭外壳。其
材料的选取需要考虑强度、热导率及与工作液的相容性，
一般采用碳钢、铜、不锈钢等金属材料制成，也可以采用
陶瓷、玻璃制成。

（2）吸液芯　吸液芯主要起毛细泵力的作用。由毛细
多孔结构材料制成，如槽道或粉末烧结管芯、金属细孔丝
网、非金属丝布网等。

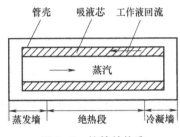

图 2-48　热管的构造

（3）工作液　工作液是热管中传递热量的工作介质。
热管工作液一般选用氨、丙酮、氟利昂等，选取时需要考虑所选液体的物理特性并选取与管
壳和吸液芯相容的液体为工作液，避免形成气体从而降低热管散热效率；此外，相容的工作
液与材料经过清洁和加工后制成的热管更加可靠、寿命更长。

热管散热原理如图 2-49 所示。热管主要利用毛细现象以达到工作液循环的目的。工作
液在蒸发段受热蒸发并吸收相应的潜热，通过中心的绝热段，流至冷凝段后遇冷重新凝结为
液体并释放潜热，在吸液芯多孔介质的毛细力作用下，工作液回流至蒸发段，再次吸收潜热
并蒸发，形成一个闭合循环。加热段在下，冷却段在上，当热管呈竖直放置时，工作液体的
回流靠重力即可满足，无需毛细结构的管芯，这种不具有多孔体管芯的热管被称为热虹吸
管。热虹吸管结构简单，工程上也被广泛应用。

2. 均温板设计及其模型

均温板设计原理类似于热管，但其效率更高，这是由于在传导方式上，热管通过一维线
性热传导传递热量，而均温板通过二维的面对热量进行传导。

类似于将冰箱、空调的蒸发冷凝过程放置在真空环境中快速循环，均温板底部的液体
吸收相应潜热蒸发后进入真空腔，将热量传至散热片后冷凝为液体，回流至均温板底部，
真空腔均温板的散热效率相当高。真空腔均温板的工作原理如图 2-50 所示。均温板底部

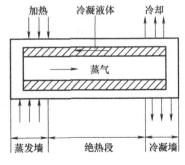

图 2-49　热管的散热原理

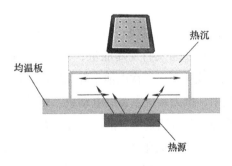

图 2-50　真空腔均温板的工作原理

热源加热热铜网微状蒸发器，以纯净水或者冷媒为代表的冷却液在小于 104Torr（1torr ≈ 133.322Pa）的超低压环境下吸热迅速蒸发为蒸汽；由于均温板采用真空设计，冷却液在蒸发器中的流通更加迅速，热量通过冷却液的流动迅速传导；蒸汽受热上升至散热板的冷源后释放出热量，冷却液重新凝结成液体，并通过毛细管道回流至均热板底部，形成循环，反复利用。

2.4.4 综合热管理策略

1. 热管理设计流程

针对太阳能飞行热量的耗散及输运，建立热平衡约束方程并根据不同区域的能量关系与输运，建立能量分配策略（见图 2-51）。

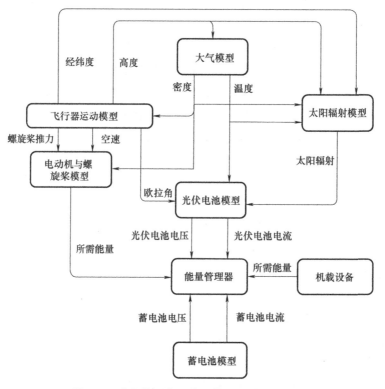

图 2-51 太阳能无人机能源管理系统设计流程

太阳能无人机在飞行过程中主要包含光伏电池系统和蓄电池系统两种供能系统为太阳能无人机提供正常飞行所需能量，光伏电池系统中包含光伏组件和峰值功率跟踪器（MPPT），蓄电池系统主要由二次电池串并联构成；推力系统和机载设备是太阳能无人机上的主要耗能系统，其中，推力系统主要由电动机、螺旋桨、减速器及 DC/AC 转换器构成。大气环境、光伏电池系统、蓄电池系统、推力系统及太阳能无人机本身的运动之间存在耦合关系，互相影响。

不同位置的太阳辐照度不同，如图 2-52 所示，越接近地面，大气对太阳辐射的衰减作用越强，故太阳辐射强度随着海拔的升高而增大；一天时间内，正午左右太阳辐射最强。光伏电池作为将太阳能转化为电能的装置，只有在有太阳辐射强度达到一定值时才能正常工作，其产生的电流和电压与所处经纬度和高度的太阳辐照度息息相关。图 2-53 所示为不同海拔高度的光伏电池输出特性，可以看到光伏电池的输出电流和输出功率随着所处的海拔高度增加而逐渐增加，当海拔达到 15km 之后，由于大气变稀薄，太阳辐照度作用减弱，光伏电池输出特性变化减缓。光伏电池只能吸收和转化垂直入射到其表面的太阳能，无人机欧拉角（偏航角、俯仰角和滚转角）的变化也会影响电池的输出，考虑到飞行过程中偏航角和滚转角不会随意改变，图 2-54 展示出不同俯仰角的光伏电池输出特性，当俯仰角变大，可以垂直入射到光伏电池上的太阳辐射减小，光伏电池的输出电流和输出功率降低。此外，光伏电池的输出还与电池温度有关，由于光伏电池工作时会将大量太阳能转化为热能，电池温度会随着热量的积累不断上升。作为一种半导体结构，当温度升高时，光伏电池的半导体结构禁带宽度变大、复合载流子迁移率变小导致电池的开路电压变小、短路电流轻微上升，从而使电池可以输出的最大功率降低、电池效率下降。

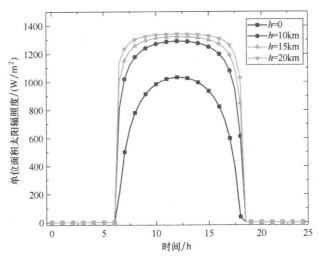

图 2-52　不同海拔高度的太阳辐照度随时间变化（春分日）

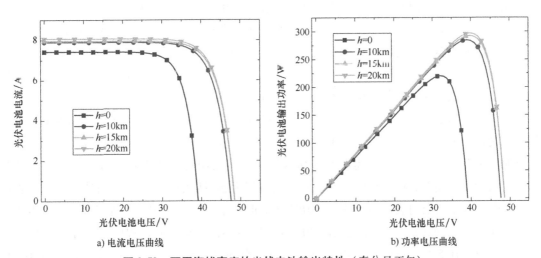

a) 电流电压曲线　　　　　　　　　　　　　b) 功率电压曲线

图 2-53　不同海拔高度的光伏电池输出特性（春分日正午）

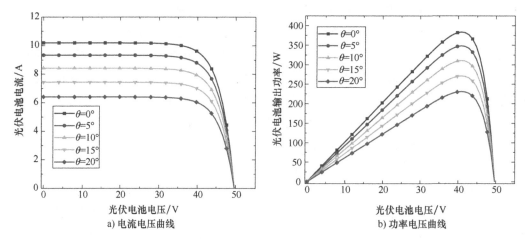

图 2-54 不同俯仰角的光伏电池输出特性（春分日正午）

蓄电池系统的电流电压输出特性随自身荷电状态（SOC）而改变，其输出电压和内阻总是不确定的，在仿真中通常使用一理想电压源串联电阻和电阻—电容（RC）电路来模拟蓄电池输出的动态变化过程，该理想电压源的电压随荷电状态的变化情况需要通过试验提前测出。蓄电池荷电状态为一大于 0、小于等于 1 的数，其值会随着电池的放电逐渐减小，其变化情况的预测可以通过开路电压法、安时估计法及以卡尔曼滤波法为代表的多种智能算法。推力系统为无人机提供飞行动力，根据飞行过程中的受力平衡，无人机速度、所处大气密度及所处工况都会影响飞行需用推力，进而影响推力提供的需用功率。

在进行能量分配时，太阳能无人机在光照条件较好的情况下通过光伏组件将太阳能转化为电能，根据推力系统需用功率、机载设备需用功率和蓄电池所处状态，能量管理器会对产生的电能进行分配，为了保证更多的能量可以被有效利用，能量需要通过尽量少的系统。一方面光伏电池的输出会优先维持太阳能无人机和机上负载的正常工作状态，另一方面剩余的电能会用来为蓄电池充电。当太阳能无人机在光照强度较弱或者无光照条件下飞行和工作时，光伏电池不足以维持太阳能无人机正常工作，蓄电池启动，为太阳能无人机供能，直到光照条件变好，光伏电池再次单独供电。光伏电池和蓄电池系统的供电流程如图 2-55 所示，光伏电池优先供电，蓄电池只作为辅助供电设备使用，且考虑到蓄电池寿命会受到电池过充和过放的影响，需要时刻通过电池的荷电状态判断蓄电池是否适合充电或放电。根据此流程图，可以得到任意时刻光伏电池、蓄电池、需用功率的准确值。

图 2-56 表示出太阳能无人机在春分日起飞匀速爬升至设定的最大飞行高度 20km 后继续匀速平飞，早上 6 时到第二日早上 12 时内历时 30h 光伏电池输出功率、光伏电池最大功率、蓄电池功率及维持正常飞行所需功率（包含推力系统需用功率和机载设备需用功率）随起飞后时间的变化关系，横坐标的数值表示当前时间为起飞后的第 t 小时。当功率为正时表示电池放电，功率为负时表示电池充电，功率为 0 时表示电池不工作。维持正常飞行所需要的总功率在 5.9h 之前随着太阳能无人机的爬升逐渐减小，这是爬升过程中太阳能无人机阻力减少的缘故；在 5.9h 时刻，太阳能无人机从爬升状态转至平飞状态，此时爬升角变为 0，总

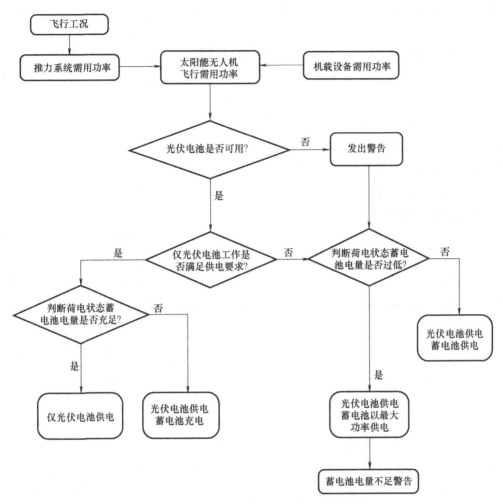

图 2-55　光伏电池和蓄电池系统的供电流程

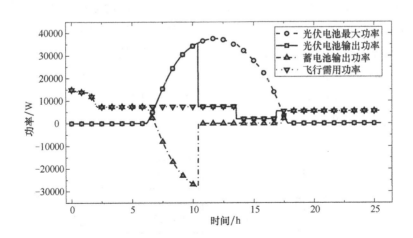

图 2-56　飞行 30h 内太阳能无人机各系统的功率变化（春分日）

需用功率发生突变，骤降至 1360W；5.9h 之后，太阳能无人机进入平飞状态，总需用功率维持在 1360W 不再改变。在 5.9h 之前，由于爬升飞行总需用功率较大，且太阳辐射较小，由光伏电池和蓄电池联合供电；5.9h 之后太阳能无人机总需用功率减小，且此时接近正午时分，20km 处光照条件良好，光伏电池可以独立供电，蓄电池在之前的供电中消耗能量较多，蓄电池功率变为负值，转入充电状态；太阳能无人机起飞后 11.2h 左右太阳辐射过小，光伏电池不足以维持太阳能无人机飞行，蓄电池启动供电，直到起飞后 24h 左右第二天太阳升起，光伏电池再次单独供电。整个过程中由于太阳能无人机额定能量消耗巨大，光伏电池始终以最大功率输出，其最大功率曲线和输出功率曲线始终重合。5.9h 左右各功率曲线均有不同程度突变，这与俯仰角的突然改变和总需用功率突然降低有关。

2. 综合热管理策略

（1）定向热疏导　定向热疏导管理策略通常利用可以高效传热的原件或结构，采用高热导率的材料，通过传热、对流换热等方式将高热流区的热量高效转移到低热流区，并借助低温散热面进行散热。通常，高温热管、流体回路、定向冷却、相变冷却和定向高导热材料等可以有效提高热疏导的效率。由于太阳能无人机中太阳能电池板相较其他部位温差较大，这种定向热疏导结构在疏导太阳能电池板等高热流区热量方面应用广泛。

（2）保温策略　隔热材料是无人机的关键材料技术之一，近年来，美国研制 X-43A、X-51A、HTV-2 和 X-37B 等多种高超声速无人机时均对隔热材料高度重视。在目前广泛应用于航空航天工业的典型隔热材料中，酚醛泡沫复合材料因其成熟的提高韧性的技术而在诸多领域中均有应用；碳-酚醛烧蚀材料在极端加热条件下的隔热性能突出；氧化铝陶瓷泡沫材料因其密度低、成本低的特点可以在无人机上大面积使用，但由于工艺限制，要在目前制备方法的基础上进一步降低热导率难度较大；纳米孔超级隔热材料相比于前述材料隔热性能更加优异，拥有广阔的应用前景，但考虑到无人机飞行时严苛的使用环境，仍需要采取措施提高其力学性能。

（3）散热策略　由于空气循环制冷系统及蒸汽压缩式制冷系统中系统复杂，需要的设备较多，在应用时会受到太阳能无人机较轻质量的要求限制，适用性并不高。太阳能无人机更常使用风冷散热、液冷散热和混合散热三种散热策略达到散去多余热量的目的。

1）风冷散热：风冷散热就是通过电动风机引入冲压空气直接对电动机、蓄电池和电子设备进行降温，其原理如图 2-57 所示。调节电动风机的转速可以调节风量、保证制冷需求，该过程通过计算机控制实现。此系统结构最简单，但无法回收余热为高空蓄电池进行保温。

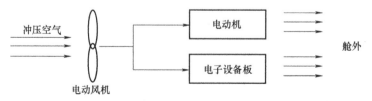

图 2-57　风冷散热系统示意图

2）液冷散热：液冷散热通过液体循环工质对无人机上的设备（蓄电池、电动机、电子设备）进行冷却散热，具体原理如图 2-58 所示。该系统在外面装有表面换热器，将各部分多余的热能排至外界。计算机通过分析表面的温度，通过调节系统内的阀门来控制液体循环工质的流量，从而保证制冷效率。在飞行过程中，蓄电池的保温热量由系统其他部分产出的余热提供，计算机会分析蓄电池的状态，以判断蓄电池是否需要保温处理。

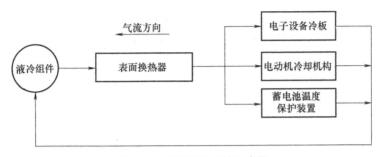

图 2-58　液冷散热系统示意图

3）混合散热：混合散热系统由液冷散热系统和风冷散热系统混合组成。电动机通过风冷进行冷却，电子设备和蓄电池通过液冷进行冷却，详细原理如图 2-59 所示。计算机通过分析表面的温度监测设备的状态，利用阀门开关调节和电动风机的转速调节分别调节液体循环工质的流量和冲压空气的风量，以保证制冷的正常进行。在飞行过程中，计算机会利用电子设备的余热为蓄电池保温。

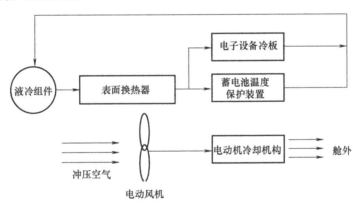

图 2-59　混合散热系统示意图

（4）高能紧凑式散热结构　由于机载设备功能多样、封装密度高、工作速度高，高空驻留太阳能无人机设备在体积要求不断减小的背景下，运行产生的热量不断增大。采用风冷散热等技术会扩展散热面积并降低传热路径的热阻，在小体积与高热量、高散热面积与结构重量限制、大风量需求与低耗电要求这三对矛盾中，以风冷散热为代表的散热技术的使用难度增加。

被动散热结构相比风冷散热等技术，具有高可靠性、结构紧凑、无运动部件、无电力消耗、免维护的优点。根据无人机平台的特点，设计散热结构的思路如下：

1）热管是一种采用两相流体回路技术的清洁高效可靠的能源转化设备，其利用液体蒸发时的相变潜热来提高换热效率，以微米多孔结构蒸发界面的毛细抽力作为循环动力实现主动循环。由于其具有远距离传输和反重力等优势，已成为解决无人机热控难的首选方案。热管是由吸液芯蒸发器、冷凝器、储液器和传输线等部件组成（见图 2-60a），其中吸液芯蒸发器包含蒸气槽道、一次毛细芯、二次毛细芯、非芯流道和进液管，是构成热管能量传递转化的核心装置（见图 2-60b），根据太阳能无人机的热传输量及传输距离，可以基于智能算法，优化设计结构，以便获得性能最优的输运参数（见图 2-60c、d）。

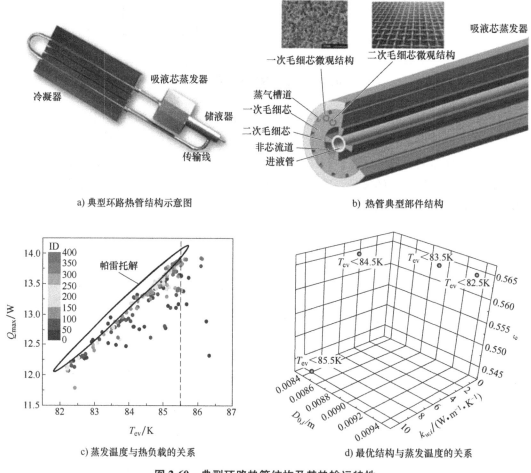

a) 典型环路热管结构示意图   b) 热管典型部件结构

c) 蒸发温度与热负载的关系   d) 最优结构与蒸发温度的关系

图 2-60 典型环路热管结构及其热输运特性

2）通过传热结构将各个模块分布的热源热量收纳归集，采用高密度翅片散热器扩展散热面积将无人机机舱内电子设备工作时散发出的热量进行去除（见图 2-61a），用无人机飞行时产生的高速空气带走换热器的热量（见图 2-61b），同时利用多孔骨架结构热传导与对流竞争竞争机制（见图 2-61c），定向调控设计质轻的紧凑式散热结构。

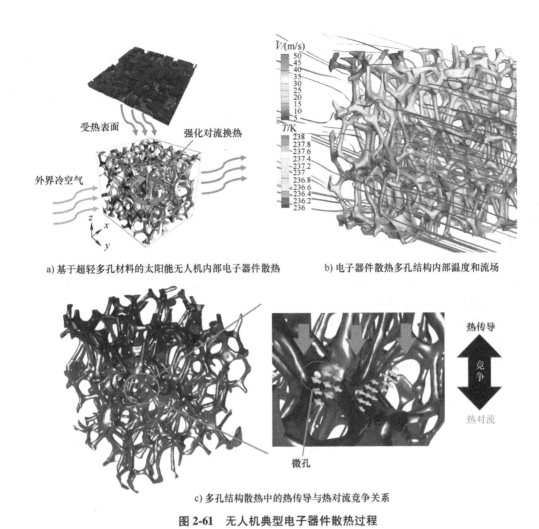

a) 基于超轻多孔材料的太阳能无人机内部电子器件散热　　　b) 电子器件散热多孔结构内部温度和流场

c) 多孔结构散热中的热传导与热对流竞争关系

图 2-61　无人机典型电子器件散热过程

参考文献

[1] KEIDEL B. Auslegung und Simulation von hochfliegenden, dauerhaft stationierbaren Solardrohnen [D]. München: Technischen Universität München, 2000.

[2] DUFFIE J A, BECKMAN W A, BLAIR N. Solar engineering of thermal processes, photovoltaics and wind [M]. Hoboken: John Wiley & Sons, 2020.

[3] DURISCH W, URBAN J, SMESTAD G. Characterisation of solar cells and modules under actual operating conditions [J]. Renewable Energy, 1996, 8 (1-4): 359-366.

[4] SCHEIMAN D A, JENKINS P P, BRINKER D J, et al. Low-intensity low-temperature (LILT) measurements and coefficients on new photovoltaic structures [J]. Progress in Photovoltaics: Research and Applications, 1996, 4 (2): 117-127.

[5] HAWS T, BOWMAN W. Thermal analysis of the Pathfinder aircraft [C]//37th Aerospace Sciences Meeting

and Exhibit. Reno, NV, U. S. A.: American Institute of Aeronautics and Astronautics, 1999.

[6] NOLL T E, BROWN J M, PEREZ-DAVIS M E, et al. Investigation of the Helios Prototype Aircraft Mishap [R]. 2004: 100.

[7] United States Committe on Extension to the Standard Atmosphere (COESA). US standard atmosphere, 1976 [R]. Washington: United States. National Oceanic and Atmospheric Administration, 1976.

[8] 昌敏, 周洲, 李盈盈. 基于能量平衡的太阳能飞机可持续高度分析 [J]. 西北工业大学学报, 2012, 30 (4): 541-546.

[9] RAYMER D. Aircraft design: a conceptual approach [M]. Washington D. C.: American Institute of Aeronautics and Astronautics, Inc., 2012.

[10] 刘祖平. 一种跟踪和聚光的全新理论——陈应天在太阳能利用研究领域的重大创新 [J]. 中国科学技术大学学报, 2006, 36 (12): 1245-1256.

[11] ALEXANDRU C, POZNA C. Simulation of a dual-axis solar tracker for improving the performance of a photovoltaic panel [J]. Proceedings of the Institution of Mechanical Engineers, Part A: Journal of Power and Energy, 2010, 224 (6): 797-811.

[12] 昌敏, 周洲, 成柯, 等. 高空驻留太阳能飞机主动式光伏组件面功率特性研究 [J]. 航空学报, 2013, 34 (2): 273-281.

[13] WANG H, LI P, XIAO H, et al. Intelligent energy management for solar-powered unmanned aerial vehicle using multi-objective genetic algorithm [J]. Energy Conversion and Management, 2023, 280: 116805.

[14] 郑君, 平丽浩, 钟剑锋, 等. 太阳能飞机一体化结构热设计技术探讨 [J]. 电子机械工程, 2014 (30): 5-8.

[15] 杨杰, 隋学叶, 刘瑞祥, 等. 航天飞机及高超飞行器用刚性隔热材料研究进展 [J]. 现代技术陶瓷, 2015 (3): 25-29.

[16] ZHANG Z, JI R, WANG Y, et al. An improved energy management strategy for the solar powered unmanned aerial vehicle at the extreme condition [J]. Journal of Energy Storage, 2021, 43: 103114.

[17] WANG H, LAI B Z, et al. Structural optimization of double-layer capillary wick in a cryogenic loop heat pipe system via genetic algorithm [J]. International Communications in Heat and Mass Transfer, 2022, 131: 105868.

[18] YANG T H, WANG Z L, et al. Numerical study of flow and mass transfer in a three-dimensional metal foam considering different direction micropores in skeletion structure [J]. International Communications in Heat and Mass Transfer, 2022, 134: 106052.

第3章
太阳能无人机飞行原理与总体参数设计方法

对比现有或在研的高空驻留太阳能无人机，包括"Solar Impulse（A型）""HeliPlat""Zephyr 6""Pathfinder"和"Helios"，与常规燃油动力形式的高空驻留无人机"Global Hawk"的总体参数，如图3-1所示。其中，b为机翼展长、h为飞行高度、结构面密度定义为全机结构质量与机翼参考面积之间的比值、翼载荷为全机重量与机翼参考面积之间的比值、巡航需用功率重量比为给定高度下的巡航需用功率与全机重量之间的比值。可以发现：

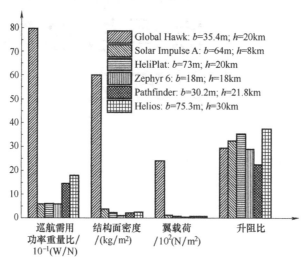

**图3-1　高空驻留太阳能无人机与燃油动力的
"Global Hawk"之间的总体参数对比**

1）太阳能无人机和常规燃油动力的驻留无人机在最大升阻比方面相差较小，因为两者均采用大展弦比机翼以追求高气动效率。

2）在巡航需用功率重量比、翼载荷及结构面密度方面，"Global Hawk"是典型太阳能无人机的数十倍，这主要归结于动力形式和能量摄取方式上的本质差异。所以，在太阳能无人机的设计过程中，须严格按照以能量为中心的准则匹配各总体参数，以同时满足全天范围内和夜间能量的平衡约束。

3.1　太阳能无人机的能量平衡飞行原理

与常规动力形式的高空长航时类似，高空驻留太阳能无人机的飞行状态比较单一，属于"单设计点"的飞行平台。因此，通常只考虑太阳能无人机的定高度巡航阶段。太阳能无人机要实现长时间甚至永久空中驻留，其必须满足三种平衡条件，即：升重平衡、推阻平衡，以及能量供需平衡，如式（3-1）~式（3-3）所述。式（3-1）~式（3-3）组成的方程组称为太阳能无人机的能量平衡控制方程。

$$mg = L = \frac{\rho}{2}V^2 S_w C_L \tag{3-1}$$

$$T = D = \frac{\rho}{2}V^2 S_w C_D \tag{3-2}$$

$$E_{need} \leqslant E_{prvd} \tag{3-3}$$

式中，mg、L、D 分别是无人机重量（N）、升力（N）、阻力（N）；C_L 是升力系数；C_D 是阻力系数；ρ 是大气密度（$kg \cdot m^{-3}$）；S_w 是机翼参考面积（m^2）；V 是巡航速度（$m \cdot s^{-1}$）；T 是推力（N）；E_{need} 是能量需求（J）；E_{prvd} 是能量供应（J）。

对太阳能无人机而言，控制方程中的升重平衡和推阻平衡相对容易实现，因为其所涉及的气动系统和推进系统等技术领域都比较成熟。相对地，现阶段太阳能电池和储能电池组成的能源系统的能量密度远小于传统化石能源，因此能量平衡只能够维持为弱平衡态，故保持上述能量平衡也成为太阳能无人机设计过程中最核心的内容。

太阳能无人机的不间断飞行通过维持微弱的功率平衡及相对应的能量平衡来实现，平飞巡航需用功率 P_{lev} 可由升重平衡公式（3-1）、推阻平衡公式（3-2）表示为

$$P_{lev} = TV = \frac{mg}{(L/D)}V = \frac{mg}{(C_L/C_D)}\sqrt{\left(\frac{mg}{S_w}\right)\frac{2}{\rho_H C_L}} \tag{3-4}$$

式中，m 是全机质量（kg）；ρ_H 是可持续高度 H_c 所对应的大气密度（$kg \cdot m^{-3}$）；S_w 是参考机翼面积（m^2）；C_L/C_D 是最佳巡航效率点对应的升力系数 C_L 与阻力系数 C_D 的比值，即升阻比（忽略光伏组件对气动特性的影响）。

由式（3-4）可知 P_{lev} 取决于起飞总重 mg（在飞行过程中不发生变化）、升阻比 C_L/C_D、平飞升力系数 C_L、翼载荷 mg/S_w 和可持续高度 H_c 下的大气密度 ρ_H。

任务飞行状态下，太阳能无人机的总功耗 P_{tot} 由动力系统功耗 P_{mot} 与任务载荷和机载系统功耗 P_{ap} 组成：

$$P_{tot} = P_{mot} + P_{ap} = P_{lev}/\eta_p + P_{lev}\eta_{ap} = P_{lev}(1/\eta_p + \eta_{ap}) \tag{3-5}$$

式中，η_p 是推进系统效率；η_{ap} 是负载功率因子，一般情况下飞行高度在小范围变化时，P_{ap}、P_{lev} 与 η_p 的波动幅度很小，故可以用 $\eta_{ap} = (P_{ap}/P_{lev})$ 来衡量负载功耗情况。

在整个飞行过程中，太阳能无人机需维持微弱的功率平衡及与之相对应的能量平衡，以

实现不间断飞行的设计指标。虽然驻留飞行时间长达数年或者若干季度，但能量平衡约束存在于每一个 24h 的昼夜。太阳能无人机须同时满足全天 24h 内的能量"采、充、放"平衡和夜间的能量"释放"平衡。

在一昼夜 24h 范围内，太阳能无人机完成任务飞行所需的平均功率 P_{tot} 必须与光伏组件所能采集的平均功率 $\kappa_{pm}S_w$ 之间保持平衡

$$P_{tot} = P_{lev}(1/\eta_p + \eta_{ap}) = \kappa_{pm}S_w \tag{3-6}$$

在夜间，二次电池"释放"日照时存储的能量以持续任务飞行

$$m_b\kappa_b\eta_{dc} = P_{tot}T_n \tag{3-7}$$

式中，m_b 是二次电池质量（kg）；κ_b 是二次电池能量密度（J·kg^{-1}）；η_{dc} 是二次电池放电深度；T_n 是夜间时长（h）。

由巡航需用功率表达式（3-4）及全天范围内的能量平衡约束式（3-6）可得出可持续高度 H_c 所对应的大气密度 ρ_H 的表达式

$$\rho_H(H_c) = \frac{2\left(\dfrac{mg}{S_w}\right)^3 (1/\eta_p + \eta_{ap})^2}{\left(\dfrac{C_L}{C_D}\right)^2 C_L \kappa_{pm}^2} \tag{3-8}$$

式中，mg/S_w 决定飞行性能和搭载任务载荷能力；C_L/C_D 和 C_L 代表着给定高度下的最佳气动效率；κ_{pm} 是在一昼夜内单位面积的光伏组件所能采集的平均功率（W），可表示为

$$\kappa_{pm} = \eta_{pm}\xi_{pm2w}\eta_d I_{avr} \tag{3-9}$$

式中，η_{pm} 是光伏组件效率，需要考虑封装、大气通透度、光伏组件控制器效率等因素带来的损失；ξ_{pm2w} 是光伏组件铺设比例；I_{avr} 是日均光强，是可持续高度、飞行季节和地理经纬度的函数；η_d 是光照时间因子，表示光照时间在一昼夜 24h 内所占的比例。

式（3-8）是用于分析太阳能无人机可持续高度最为重要的约束方程之一。

3.2　基于能量平衡的太阳能无人机可持续高度分析

本节将以一昼夜 24h 内的能量平衡、白天光照内的能量"采、充"平衡和夜间无光照内的能量"供给"平衡为基础，多角度地研究太阳能无人机各总体参数与可持续高度之间的能量耦合关系，分析各总体参数对可持续高度的影响程度，并从中提炼出制约可持续高度的关键因素，有效地指导太阳能无人机初始方案设计阶段总体参数的合理配置。

3.2.1　翼载荷及各部件面密度特性

根据太阳能无人机各组成部件与整个能量"采、充、放"过程之间的关联，将全机翼载荷分为 4 大部件面密度，包括光伏组件—结构部件面密度 $\rho_{pm\&af}$、二次电池部件面密度 ρ_b 和动力系统部件面密度 ρ_p 和负载部件面密度 ρ_{ap}

$$\frac{mg}{S_{\mathrm{w}}} = \left(\rho_{\mathrm{pm\&af}} + \rho_{\mathrm{b}} + \rho_{\mathrm{p}} + \rho_{\mathrm{ap}}\right)g \tag{3-10}$$

（1）光伏组件—结构部件面密度　在给定全机结构重量指标时，一般会提到结构面密度，即单位 S_{w} 内的机体结构质量，用 ρ_{af} 表示。另外，用 ρ_{pm} 表示单位 S_{pm} 内的光伏组件质量。由上所述，单位 S_{w} 的光伏组件—结构部件质量 $m_{\mathrm{pm\&af}}$，也就是 $\rho_{\mathrm{pm\&af}}$ 可为

$$\rho_{\mathrm{pm\&af}} = \frac{m_{\mathrm{pm\&af}}}{S_{\mathrm{w}}} = \frac{\rho_{\mathrm{pm}} S_{\mathrm{pm}}}{S_{\mathrm{w}}} + \rho_{\mathrm{af}} = \rho_{\mathrm{pm}} \xi_{\mathrm{pm2w}} + \rho_{\mathrm{af}} \tag{3-11}$$

对现有太阳能无人机的结构面密度统计可得 ρ_{af} 一般在 $0.8 \sim 3.5\mathrm{kg \cdot m^{-2}}$ 范围内取值；光伏组件面密度一般在 $0.73 \sim 1.35\mathrm{kg \cdot m^{-2}}$（单晶硅光伏电池）范围内取值。在下面的分析过程中，将参考这些光伏组件和结构的面密度统计值取值。

（2）二次电池部件面密度　在有光照条件下，光伏组件所吸收的能量要求满足白天任务飞行所消耗的能量，同时也要求将机载二次电池充满

$$
\begin{aligned}
\left(T_{\mathrm{d}} + T_{\mathrm{n}}\right) \kappa_{\mathrm{pm}} S_{\mathrm{w}} &= m_{\mathrm{b}} \kappa_{\mathrm{b}} + \frac{P_{\mathrm{crus}} T_{\mathrm{d}}}{\eta_{\mathrm{p}}} + P_{\mathrm{ap}} T_{\mathrm{d}} \\
&= m_{\mathrm{b}} \kappa_{\mathrm{b}} + P_{\mathrm{crus}} T_{\mathrm{d}} \left(\frac{1}{\eta_{\mathrm{p}}} + \eta_{\mathrm{ap}}\right)
\end{aligned}
\tag{3-12}
$$

式中，T_{d} 是光照时长（h），P_{crus} 是太阳能飞机巡航需用功率（W）。

将（3-6）式代入（3-12）式，整理可得二次电池与光伏组件在满足能量平衡下的相互约束关系

$$\frac{m_{\mathrm{b}}}{S_{\mathrm{w}}} = \frac{24\left(1 - \eta_{\mathrm{d}}\right) \kappa_{\mathrm{pm}}}{\kappa_{\mathrm{b}}} \tag{3-13}$$

为了便于分析，将（3-13）式中的 κ_{pm} 用其他总体参数替代。将式（3-4）、式（3-6）分别代入式（3-13），便可得二次电池部件面密度 ρ_{b}

$$\rho_{\mathrm{b}} = \frac{24\sqrt{2}\left(1 - \eta_{\mathrm{d}}\right) \sqrt{\left(\frac{mg}{S_{\mathrm{w}}}\right)^3} \left(\frac{1}{\eta_{\mathrm{p}}} + \eta_{\mathrm{ap}}\right)}{\kappa_{\mathrm{b}} \left(\frac{C_L}{C_D}\right) \sqrt{\rho_{\mathrm{H}} C_L}} \tag{3-14}$$

（3）推进系统部件面密度　对推进系统来说，一般要求同时考虑最大轴功率点和持续工作最大效率点来进行设计。推进系统轴功率 P_{p} 与推进系统质量 m_{p} 间的比值：推进系统功重比 σ_{p}，一般取 $150 \sim 400\mathrm{W \cdot kg^{-1}}$。根据最大爬升率、最大平飞速度（抵抗盛行风）等有关设计指标，推进系统的最大轴功率与巡航状态轴功率间的比值：最大/持续功率比 r_{max2crus}，一般取 $3 \sim 6$。由上所述，推进系统面密度 ρ_{p} 可表示为

$$
\begin{aligned}
\rho_{\mathrm{p}} &= \frac{m_{\mathrm{p}}}{S_{\mathrm{w}}} = \frac{P_{\mathrm{p.max}} / \sigma_{\mathrm{p}}}{S_{\mathrm{w}}} = \frac{r_{\mathrm{max2crus}}}{\sigma_{\mathrm{p}} \eta_{\mathrm{p}}} \frac{P_{\mathrm{crus}}}{S_{\mathrm{w}}} \\
&= \frac{r_{\mathrm{max2crus}}}{\sigma_{\mathrm{p}} \eta_{\mathrm{p}}} \sqrt{\left(\frac{mg}{S_{\mathrm{w}}}\right)^3} \frac{\sqrt{2}}{\sqrt{\rho_{\mathrm{H}} C_L} \left(C_L / C_D\right)}
\end{aligned}
\tag{3-15}
$$

（4）负载部件面密度　根据职能的不同，将负载质量分为两部分：任务载荷质量 m_{pld} 与机载航电设备、飞控设备等其他系统设备质量 m_{av}。负载部件面密度 ρ_{ap} 可表示为

$$\rho_{\text{ap}} = \frac{m_{\text{pld}} + m_{\text{av}}}{S_{\text{w}}} = (r_{\text{pld}} + r_{\text{av}})\frac{mg}{S_{\text{w}}} = r_{\text{ap}}\frac{mg}{S_{\text{w}}} \tag{3-16}$$

式中，r_{pld} 是任务载荷的重量系数；r_{av} 是机载航电设备、飞控设备等系统设备的重量系数；r_{ap} 是负载重量系数。常规燃油动力长航时无人机"全球鹰"的 r_{ap} 约为 0.13，在后续分析中可供参考。

3.2.2　各总体参数对可持续高度的影响

式（3-8）明显地表达了光伏组件效率、气动效率、推进系统效率、负载功耗因子等各子系统"效率特性"参数与翼载荷对可持续高度的约束关系。而由式（3-10）~式（3-16）可知，翼载荷是受各部件中的"重量特性"参数约束的。为了能清晰地分析式（3-8）、式（3-11）和式（3-14）~式（3-16）中各总体参数对可持续高度的影响程度，将整个分析过程分为两步：

1）不考虑各部件质量面密度对翼载荷的约束，仅分析式（3-8）。

2）考虑各部件质量面密度对翼载荷的约束，将式（3-11）、式（3-14）~式（3-16）联合起来，约束式（3-8）中翼载荷的取值下限来进行分析。

1. 不考虑各部件质量面密度对翼载荷的约束

（1）气动效率对 H_{c} 的影响　取定 mg/S_{w} 为 50N·m^{-2}，夏至日，η_{p} 为 0.7，η_{ap} 为 0.1，η_{pm} 为 0.16，ξ_{pm2w} 为 0.9，可得 H_{c} 随 C_L/C_D 及 C_L 的变化规律，如图 3-2 所示。

当式（3-8）中其他参数如图 3-2 取定时，升阻比越高，升力系数越大，所允许的可持续高度越高。太阳能无人机能量有限，飞行速度极低，所以要求翼型具有高升力系数。同时，还需具有速度低导致的低雷诺数效应下的低阻特性。在气动布局方面，为了避免大升力系数带来的大诱导阻力，升力面展弦比应较大，约15~30。

（2）η_{p} 和 η_{ap} 对 H_{c} 的影响　取定 mg/S_{w} 为 50N·m^{-2}，夏至日，C_L/C_D 为 30，C_L 为 1.0，η_{pm} 为 0.16，ξ_{pm2w} 为 0.9，可得 H_{c} 随 η_{p} 和 η_{ap} 的变化规律，如图 3-3 所示。

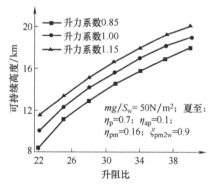

图 3-2　H_{c} 与 C_L/C_D、C_L 的关系

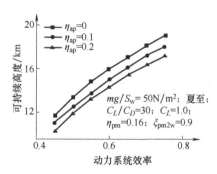

图 3-3　H_{c} 与 η_{p}、η_{ap} 的关系

当式（3-8）中其他参数如图 3-3 取定时，推进系统效率越高，负载功率因子越小，所允许的可持续高度就越高。对于太阳能无人机来说，当机载设备耗电特性给定指标时，就需要充分考虑能量平衡的约束。不仅仅只是负载的重量特性，而且还有负载的功耗，其都将直接决定太阳能无人机的尺寸规模和巡航性能。

（3）η_{pm} 和 ξ_{pm2w} 对 H_c 的影响　取定 mg/S_w 为 50N·m^{-2}，夏至日，C_L/C_D 为 30，C_L 为 1.0，η_p 为 0.7，η_{ap} 为 0.1，可得 H_c 随 η_{pm} 及 ξ_{pm2w} 的变化规律，如图 3-4 所示。

当式（3-8）中其他参数如图 3-4 取定时，光伏组件效率越高、光伏组件铺设面积占参考机翼面积的比例越高，所允许的可持续高度越高。由图 3-4 可知，在可持续高度较小，约 2~10km 时，η_{pm} 与 ξ_{pm2w} 的乘积的单位增加量所引起 H_c 的增加梯度较大，主要是因为在约 10km 以内的低高度下，日均光强 I_{avr} 随高度变化较为剧烈。

（4）mg/S_w 和飞行季节对 H_c 的影响　取定 C_L/C_D 为 30，C_L 为 1.0，η_p 为 0.7，η_{ap} 为 0.1，η_{pm} 为 0.16，ξ_{pm2w} 为 0.9，可得 H_c 随 mg/S_w、飞行季节的变化规律，如图 3-5 所示。

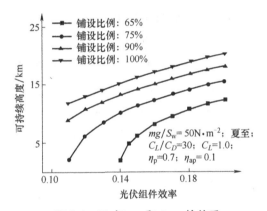

图 3-4　H_c 与 η_{pm} 和 ξ_{pm2w} 的关系

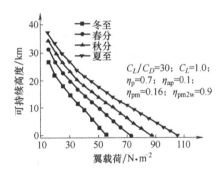

图 3-5　H_c 与 mg/S_w 和飞行季节的关系

当式（3-8）中其他参数如图 3-5 取定时，飞行季节越靠近夏至日时，可持续高度越高，离冬至日越近时，可持续高度越低。所以，太阳能无人机 Helios 和 Zephyr 都是在夏季附近分别创造飞行高度和飞行时间的历史纪录的。另外，当飞行季节基本不变时，翼载荷越低，可持续高度越高。

由图 3-5 还可知，当各总体参数已经确定时，在不同的飞行季节，太阳能无人机只能在不同的高度实现持续任务飞行。

2. 考虑各部件质量面密度对翼载荷的约束

下面将分析"重量特性"参数对 H_c 的影响。这些参数为式（3-11）中的光伏组件—结构部件面密度 $\rho_{pm\&af}$、式（3-14）中的二次电池比能量 κ_b、式（3-15）的推进系统功重比 σ_p 和式（3-16）中的负载重量系数 r_{ap}。

（1）$\rho_{pm\&af}$ 与 κ_b 对 H_c 的影响　取定夏至日，C_L/C_D 为 30，C_L 为 1.0，η_p 为 0.7，η_{ap} 为 0.1，η_{pm} 为 0.16，ξ_{pm2w} 为 0.9；$r_{max2crus}$ 为 5，σ_p 为 300W·kg^{-1}，r_{ap} 为 0.1。同时，选取 3 组

$\rho_{pm\&af}$ 和 κ_b 的组合，可得 H_c 的解值分别为 12.5km（Ⅰ）、15.2km（Ⅱ）、17.6km（Ⅲ），如图 3-6 所示。

由图 3-6 可知，当光伏组件转换能力一定，且其他子系统效率不变时，提高二次电池比能量，相当于减小二次电池面密度。在其他各部件"重量特性"参数不变时，即等效为翼载荷减小，由图 3-5 可知可持续高度也就增加了。另外，减小光伏组件—结构部件面密度也会产生同样的效果。

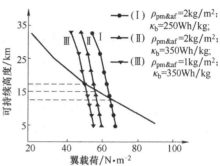

图 3-6 H_c 与 $\rho_{pm\&af}$、κ_b 的关系

由整个太阳能无人机的能量供应链可知，光伏组件—结构部件和二次电池部件能吸收和存储能量，是能量平衡过程中最为关键的两个部件。但是，这两个部件实现滞空也会消耗能量，具有"耗电"特性。下面将进一步单独分析这两个部件对可持续高度的约束程度。

首先，在这里提出一个极端假设，假设在夜间无光照的能量供给平衡中，二次电池所储蓄的能量全用于"自身滞空"，即忽略其他 3 个部件的重量及功耗特性；其次，再引入一个概念：二次电池部件剩余比能量 $\Delta\kappa_{b.n}$，其表示二次电池比能量，减去二次电池部件整个夜间滞空的能耗（考虑推进系统效率）与本部件质量的比值。如果此差值为正，说明二次电池还有富余能量，有潜力给其他部件供电；如果为负，说明在此高度下无法实现夜间能量供给平衡，必须降低飞行高度，或提高二次电池比能量。参考式（3-4），$\Delta\kappa_{b.n}$ 可以表示为

$$\Delta\kappa_{b.n}=\kappa_b-\frac{24(1-\eta_d)g}{\eta_p(C_L/C_D)}\sqrt{\frac{2\rho_b g}{C_L\rho_H}} \tag{3-17}$$

取定 C_L/C_D 为 30，C_L 为 1.0，η_p 为 0.7，二次电池面密度 ρ_b 为 4kg·m^{-2}，由式（3-17）可得 $\Delta\kappa_{b.n}$ 与 κ_b、飞行季节和 H_c 的关系，如图 3-7 所示。

由图 3-7 中各曲线与直线 $\Delta\kappa_{b.n}=0$ 的交点可知，满足夜间能量供给约束时，二次电池比能量决定着可持续高度的上限。在一定的二次电池比能量水平下，如果要实现数月或数年持续飞行，在不同的飞行季节，可持续高度也是受限制的。另外，式（3-17）中各参数匹配使 $\Delta\kappa_{b.n}$ 接近于 0 时，仅增加二次电池重量会使二次电池面密度增加，则 $\Delta\kappa_{b.n}$ 会更加小，反而使可持续高度越低。这一点和常规燃油动力长航时无人机增加燃油所产生的效果不同。

再次，针对光伏组件—结构部件，在这里提出另外一个极端假设，在全天范围内的能量平衡中，此部件采集的能量全用于自身滞空所需的能量，即假设二次电池比能量足够大，白天完成任务飞行剩余的能量全部可以通过二次电池中转，用于夜间继续飞行，满足连续昼夜的能量平衡；同时，也忽略推进系统、负载重量和功耗特性。同样，引入另外一个概念：光伏组件—结构部件剩余功率质量比 $\Delta\kappa_{pm\&af}$，其表示在一个昼夜范围内，将光伏组件—结构

部件的日平均面功率与该部件面密度之间的比值，减去光伏组件—结构部件滞空的功耗（考虑推进系统效率）与部件质量之间的比值。

参考式（3-17），$\Delta\kappa_{pm\&af}$ 可表示为

$$\Delta\kappa_{pm\&af}=\frac{\eta_{pm}\xi_{pm2w}\eta_d I_{avr}}{\rho_{pm\&af}}-\frac{g\sqrt{2\rho_{pm\&af}g}}{\eta_p\left(\dfrac{C_L}{C_D}\right)\sqrt{C_L\rho_H}} \tag{3-18}$$

取定 C_L/C_D 为 30，C_L 为 1.0，η_p 为 0.7，ξ_{pm2w} 为 0.9，由式（3-18）可得 $\Delta\kappa_{pm\&af}$ 与 $\rho_{pm\&af}$、η_{pm} 及飞行季节的关系，如图 3-8 所示。

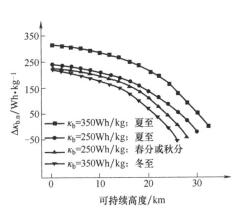

图 3-7　$\Delta\kappa_{b.n}$ 与 κ_b、H_c 和飞行季节的关系

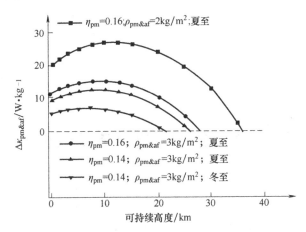

图 3-8　$\Delta\kappa_{pm\&af}$ 与 $\rho_{pm\&af}$、η_{pm} 和飞行季节的关系

由图 3-8 中各曲线与直线 $\Delta\kappa_{pm\&af}=0$ 的交点可知，在满足设计指标中的可持续高度和飞行季节时，光伏组件—结构面密度越小、光伏组件效率越高，即意味着会有更多的能量来维持其余部件保持滞空或执行任务；反之，在 1 天范围内仍不能维持自身在此高度下滞空所需的能量。另外，$\Delta\kappa_{pm\&af}$ 在可持续高度约 10km 时达到峰值，主要是因为在 10km 以下，$\mathrm{d}(I_{avr})/\mathrm{d}(H_c)$ 与 $\mathrm{d}\sqrt{\rho_H}/\mathrm{d}(H_c)$ 的差值大于零；但随着高度的增加，它们之间的差值逐渐减小直至小于零，而且差值减小的趋势越来越大。如果将式（3-18）中的 $\rho_{pm\&af}$ 换成全机面密度 m/S_w，则此时式（3-18）表征太阳能无人机剩余功率质量比特性，其同样具有图 3-8 中曲线所表现出来的特征：在飞行季节、气动效率、光伏组件效率、推进系统效率确定的情况下，当可持续高度为 10km 时，光伏组件"采能"与全机"耗能"（假设负载功耗恒定）的差值最大。

（2）推进系统功重比 σ_p 与负载重量系数 r_{ap} 对 H_c 的影响　取定夏至日，C_L/C_D 为 30，C_L 为 1.0，η_p 为 0.7，η_{ap} 为 0.1，η_{pm} 为 0.16，ξ_{pm2w} 为 0.9；$r_{max2crus}$ 为 5，$\rho_{pm\&af}$ 为 2kg·m^{-2}，κ_b 为 300Wh·kg^{-1}。同时，选取 3 组 r_{ap} 和 σ_p 的组合，可得 H_c 的解值分别为 11.7km（Ⅰ）、12.9km（Ⅱ）、15.8km（Ⅲ），如图 3-9 所示。提高推进系统功重比与减小负载重量系数，都可以提高可持续高度。

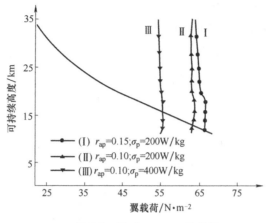

图 3-9　H_c 与 σ_p、r_{ap} 的关系

3.3 太阳能无人机总体参数设计方法

从总体设计技术的角度来看，与常规动力形式的高空长航时飞机相比，太阳能无人机能量有限，各部件总体参数都参与能量的"采、充、放"过程，相互耦合紧密。而作为性能指标的飞行高度、飞行季节及地理纬度，又限制性地影响着太阳辐射强度，进而影响各总体参数之间的配置关系。同时，气动布局参数一方面直接决定了太阳能无人机的全机气动效率，另一方面又决定着铺设于气动翼面上的光伏组件的"采能效率"。因而，需以能量为中心，结合实际工程应用，研究出一套可行的太阳能无人机总体参数的匹配方法。

基于太阳能无人机飞行原理和可持续飞行高度的影响因素，作者提出了一种基于广纬度域、高空环境的顶层设计指标，具有跨年驻留飞行能力的太阳能无人机的总体布局综合设计方法。

3.3.1 "机翼—帆尾"布局太阳能无人机构型描述

太阳辐射能量是维持太阳能无人机飞行任务的唯一能量来源，而且光伏组件面功率特性充当着决定太阳能无人机持续任务高度的重要角色，太阳能无人机各总体参数匹配需严格以能量为中心。因此，总体布局形式的设计过程也需密切综合光伏组件的能量特性。由 2.3 节中的光伏组件面功率分析可知，采用"偏航"跟踪或者合适的航向角时，主动式光伏组件（滚偏角 $\varphi_{pm} = \pm 90°$）均能不同幅度地提高低纬度地区和中高纬度地区在全年范围内的面功率特性。

为了满足广纬度域的高空驻留，在这里将充当主升力部件的机翼（近似与地平面平行）与铺设有主动式光伏组件的"帆尾"相结合，提出一种适应于太阳能无人机的"机翼—帆尾"新型布局形式，与"传统"布局形式相区别，如图 3-10 所示。

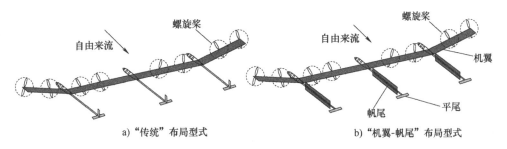

a)"传统"布局型式　　　　　　　b)"机翼-帆尾"布局型式

图 3-10　新型布局形式与常规布局形式的太阳能无人机

图 3-10b 所示的布局形式是能源布局与气动布局的有机结合，相当于将常规布局的垂尾弦向放大并前移。此布局中，帆尾只提供风标静稳定性作用，航向操纵通过差动沿翼展分布的螺旋桨的油门开度来实现；纵向静稳定性和俯仰操纵由平尾及其升降舵来满足。在日照时段下，机翼和帆尾同时吸收太阳辐射能量，但是仅有机翼产生升力以克服太阳能无人机的重力。图 3-11 为图 3-10 中"机翼—帆尾"布局形式的俯视图和侧视图，其中机翼和帆尾均为矩形，0° 后掠角。机翼展长和平均气动弦长分别用 b_w 和 c_w 表示，机翼展弦比 A_w 为 b_w/c_w，机翼参考面积 S_w 为 $b_w \cdot c_w$；帆尾的长度和总面积用 c_t 和 S_t 表示；帆尾长度 c_t 与机翼弦长 c_w 之比用 r_c 表示；帆尾总面积 S_t 与机翼面积 S_w 之比用 r_s 表示。当 $r_s = 0$ 时，"机翼—帆尾"布局形式即蜕变为"传统"布局形式。

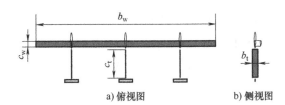

a) 俯视图　　　　　　　b) 侧视图

图 3-11　新型布局形式太阳能无人机的俯视图与侧视图

3.3.2　高空驻留太阳能无人机各部件质量组成

依照功能的不同，将太阳能无人机总质量 m 分为任务载荷质量 m_{pld}、航空电子系统质量 m_{av}、起落架系统质量 m_{lg}、结构质量 m_{af}、光伏组件质量 m_{pm}、峰值功率跟踪器质量 m_{mppt}、二次电池质量 m_b 和推进系统质量 m_p：

$$m = m_{pld} + m_{av} + m_{lg} + m_{af} + m_{pm} + m_{mppt} + m_b + m_p \tag{3-19}$$

任务载荷质量 m_{pld} 由设计指标给出。航空电子系统包括飞行控制系统、通信系统、导航系统、飞行管理系统、自主起降系统等。根据设计指标中的飞行高度、任务需求等要求，航空电子系统质量 m_{av} 可以根据经验给定。出于方便考虑，用变量 m_{ap} 表示任务载荷质量 m_{pld} 与航空电子系统质量 m_{av} 之和。

（1）起落架系统质量 m_{lg}　虽然高空驻留太阳能无人机具有超长滞空的能力，但是

在起降过程依然需要起落架系统。假设起落架系统质量与无人机总质量成线性比例关系

$$m_{\text{lg}} = r_{\text{lg}} m \qquad (3\text{-}20)$$

r_{lg} 约为 0.00725。

（2）结构质量 m_{af} 以往的研究者大部分借用滑翔机的结构重量估算模型。根据量纲分析可知，常规飞机的机体结构质量正比于机翼展长的 3 次方，而且随着机翼展弦比的增加，结构质量也增加。但是，这类常规结构重量模型估算大翼展尺度、大展弦比布局形式的结构重量时，会导致超重、结构面密度（单位参考机翼面积的结构质量）过大。由文献［10］可知，结构面密度直接影响下的翼载荷是制约可持续飞行高度最为显著的因素之一，所以传统的结构重量模型已不适应高空驻留太阳能无人机的结构重量估算。

研究"Pathfinder"到"Helios"4 架高空驻留太阳能验证平台可知，虽然验证平台的翼展和展弦比不断加大，结构面密度却几乎没有增加，这是因为在设计过程中采用"沿翼展布置载荷"的设计思想。整架太阳能无人机像是由若干架单独的小翼展太阳能无人机翼尖对接而成。因此，太阳能无人机结构面密度与机翼展长和展弦比的关系很小。所以，太阳能无人机的结构质量可以表示为

$$m_{\text{af}} = \rho_{\text{afw}} S_{\text{w}} + \rho_{\text{aft}} S_{\text{t}} = (\rho_{\text{afw}} + r_{\text{s}} \rho_{\text{aft}}) S_{\text{w}} = (\rho_{\text{afw}} + r_{\text{s}} \rho_{\text{aft}}) b_{\text{w}}^2 / A_{\text{w}} \qquad (3\text{-}21)$$

式中，ρ_{aft} 为单位帆尾面积的结构质量（kg·m^{-2}）；ρ_{afw} 为除了帆尾结构质量之外的其他结构质量与参考机翼面积的比值（kg·m^{-2}）。现役或者在研的太阳能无人机的结构面密度 ρ_{afw} 的取值如下："Pathfinder"为 1.95kg·m^{-2}，"Zephyr 6"为 0.85kg·m^{-2}，"HeliPlat"为 2.0kg·m^{-2}，"Solar Impulse"为 3.5kg·m^{-2}。这里，ρ_{afw} 囊括着机翼、机身、水平尾翼、推进系统吊舱等部件的质量。

（3）光伏组件质量 m_{pm} 光伏组件一般由中间层的太阳电池裸片和上下层的封装材料组成。相同加工工艺的光伏组件的质量与其平面面积呈正比，正比例系数为光伏组件面密度。另外，由于翼面曲率和控制舵面等，光伏组件在翼面上的铺设比例一般要小于 1。所以，光伏组件质量 m_{pm} 可表示为

$$m_{\text{pm}} = m_{\text{pmw}} + m_{\text{pmt}} = \rho_{\text{pm}} (\xi_{\text{pm2w}} + 2\xi_{\text{pm2t}} r_{\text{s}}) b_{\text{w}}^2 / A_{\text{w}} \qquad (3\text{-}22)$$

式中，m_{pmw} 和 m_{pmt} 分别是机翼和帆尾上的光伏组件质量（kg）；ξ_{pm2w} 和 ξ_{pm2t} 分别是机翼和帆尾上的光伏组件铺设比例；ρ_{pm} 是机翼和帆尾上所铺设光伏组件的面密度（假设铺设的所有光伏组件加工工艺相同）（kg·m^{-2}）；倍数"2"代表帆尾的两侧均铺设着光伏组件。

（4）峰值功率跟踪器质量 m_{mppt} 在日照条件下，峰值功率跟踪器通过调节光伏组件的工作点，使之始终保证最高的功率转换能力。峰值功率跟踪器质量与机载光伏组件的逐时功率最大值成正比，其比例系数为峰值功率跟踪器的功重比 σ_{mppt} 的倒数

$$m_{\text{mppt}} = (P_{\text{pm}})_{\text{max}} / \sigma_{\text{mppt}} = \frac{\eta_{\text{pm}} I_{\text{max}} (\xi_{\text{pm2w}} + 2\xi_{\text{pm2t}} r_{\text{s}})}{\sigma_{\text{mppt}}} b_{\text{w}}^2 / A_{\text{w}} \qquad (3\text{-}23)$$

式中，P_{pm} 是机载光伏组件的逐时功率（W）；η_{pm} 是光伏组件转换效率；I_{max} 是最大太阳总辐照度；σ_{mppt} 是峰值功率跟踪器的功重比（W·kg^{-1}），根据文献［9］中的统计数据，σ_{mppt} 约为 2200W·kg^{-1}。

（5）二次电池质量 m_b　作为能源系统的重要部分，二次电池质量由夜间任务飞行所需的总能量决定。由夜间的能量"释放"平衡方程（3-7）可得

$$m_b = \frac{T_n P_{tot}}{\kappa_b \eta_{dc}} = \frac{T_n(1/\eta_p + \eta_{ap})}{\kappa_b \eta_{dc}} P_{lev} \tag{3-24}$$

（6）推进系统质量 m_p　高空驻留太阳能无人机的推进系统一般包括三部分：电动机及其控制器和螺旋桨。由于高空的极端环境下长时间工作时的可靠性要求，一般不采用减速器。作为一个整体，推进系统质量与最大持续功率呈正比，其比例系数为推进系统功重比 σ_p。另外，假设在最大持续功率状态与巡航状态下的推进系统功耗之间存在着比例关系，比例系数为 $\xi_{p.max}$，则推进系统质量 m_p 可表示为

$$m_p = \frac{P_{p.max}}{\sigma_p} = \frac{\xi_{p.max} P_{lev}}{\eta_p \sigma_p} \tag{3-25}$$

式（3-25）中，根据文献［9］中的统计数据，σ_p 约为 400W·kg^{-1}；考虑到高空环境的盛行风风速范围、爬升性能等因素，$\xi_{p.max}$ 可取 2.5。

3.3.3　质量平衡与能量平衡下的总体参数关联

高空驻留太阳能无人机的总体参数大致可以归结为以下三类：

1）第一类为任务参数。这些参数与飞行任务有关，属于太阳能无人机的顶层设计指标。例如：由飞行高度给出的空气密度 ρ_c；最大太阳总辐照度 I_{max}；受季节和纬度等地理环境因素影响而变化的昼夜持续时间 T_d 和 T_n；有效任务载荷质量 m_{pld} 和航空电子系统质量 m_{av} 等固定质量等参数。

2）第二类为布局参数。这些参数是由在优化过程中为确定无人机布局而改变的参数组成的。例如：翼展 b_w、展弦比 A_w、帆尾总面积与机翼面积之比 r_s 等参数。

3）第三类为技术参数。这些参数与技术水平相关，是恒定的，即在当前技术水平下对于任何好的设计来说都可以被视为恒定的。例如：起落架系统质量系数 r_{lg}；光伏组件面密度 ρ_{pm}；峰值功率跟踪器的功重比 σ_{mppt}；光伏组件转换效率 η_{pm}；推进系统功重比 σ_p；推进系统效率 η_p；负载功率因子 η_{ap}；二次电池能量密度 κ_b 及其放电深度 η_{dc} 等参数。

在建立了太阳能无人机的所有质量模型后，基于质量平衡和能量平衡飞行原理，可以建立如图 3-12 所示的总体参数关联回路图。根据太阳能无人机顶层设计指标确定任务参数、选择技术参数后，将无人机展弦比 A_w、翼展 b_w、总质量 m，以及帆尾总面积与机翼面积之比 r_s，作为无人机布局变量来尝试多种可能的无人机布局。这种总体参数设计方法的目的不是用来对翼型或螺旋桨等局部单元进行精细化设计优化，而是帮助选择太阳能无人机不同单元的最佳组合和大小。

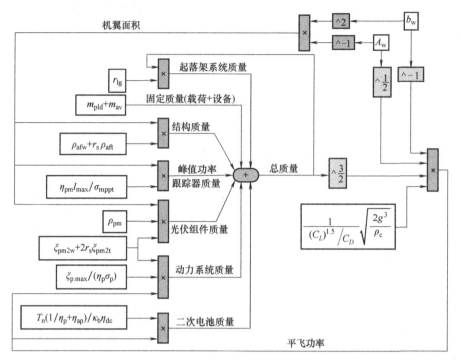

图 3-12　质量平衡与能量平衡下的总体参数关联

3.3.4　总体参数设计过程

　　基于太阳能无人机各总体参数的关联关系，提出了如图 3-13 所示的总体参数设计过程。其中，顶层设计指标包括全年各季节、地理纬度、飞行高度、任务载荷质量及其功耗，以及具体任务需求下的预置航迹。气动布局参数包括参考机翼面积 S_w、机翼展弦比 A_w、机翼展长 b_w、机翼弦长 c_w、帆尾弦长 c_t、帆尾总面积 S_t、帆尾与机翼的弦长之比 r_c 和面积之比 r_s。考虑到光伏组件面功率特性与气动布局参数之间的强非线性对应关系和计算效率，通过约束欧式距离的方法在气动布局参数取值范围内随机选取样本，采用 Kriging 代理模型得到光伏组件峰值逐时面功率 $(\omega_{pm})_{max}$ 和日均面功率 κ_{pm} 与机翼弦长 c_w、机翼雷诺数 Re_w、弦长之比 r_c、面积之比 r_s 的映射关系。然后，通过量子粒子群算法优选出一组气动布局参数，并判断此时各总体参数是否满足质量平衡和能量平衡方程。如果都满足的话，再由与总体参数有关的多目标评价函数得出这组气动布局参数影响下的适应值，如果此适应值为最优解，则已优选得到最终的总体参数匹配。

1. 优选算法和评估函数

　　由前述公式推导可知，太阳能无人机气动布局参数与其余总体参数之间存在着强非线性关系。在满足能量平衡主导方程约束下，各气动布局参数可行域的范围宽泛，要得到最优的总体参数匹配，需要运用多目标优选的思想。可采用量子粒子群算法优选工具建立高空驻留太阳能无人机的多"性能"目标评估函数。

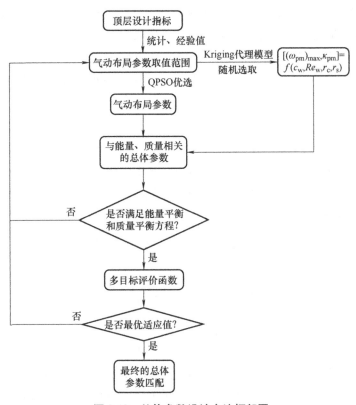

图 3-13　总体参数设计方法框架图

（1）量子粒子群算法　粒子群算法（Particle Swarm Optimization，PSO）是由 Kennedy 和 Eberhart 于 1995 年提出的一种模拟鸟群或鱼群觅食行为的群体智能优化算法，该算法实现简单，收敛速度快，能高效优选求解非线性函数，在翼型、气动外形优化和无人机总体参数优化等领域得到了广泛运用。

但是，与其他随机优化算法一样，最初的 PSO 算法存在着早熟收敛、容易陷入局部最优的现象。为此，研究人员提出了基于量子行为的量子粒子群算法（Quantum-Behaved Particle Swarm Optimization，QPSO）。由概率密度函数确定 QPSO 中的粒子可以按概率出现在整个可行解空间中的任意位置，这不同于最初的 PSO 算法所采用的轨道搜索方式，所以 QPSO 具有更优秀的全局搜索能力。QPSO 算法搜索方程可以表述为

$$(m_{\text{best}})^j = \frac{1}{M_{\text{p}}} \sum_{i=1}^{M_{\text{p}}} (X_i^{\text{p}})^j \tag{3-26}$$

$$X_i^{j+1} = \left[(X_i^{\text{p}})^j \varphi + (X^{\text{g}})^j (1-\varphi) \right] \pm \beta \left| (m_{\text{best}})^j - X_i^j \right| \ln\left(\frac{1}{u}\right) \tag{3-27}$$

$$\varphi = rand()\,; u = rand() \tag{3-28}$$

式中，M_{p} 是种群粒子数目；X_i^{p} 是第 i 个粒子的局部最优值；X^{g} 是当前各粒子中的全局最优值；$(m_{\text{best}})^j$ 是第 j 代各粒子局部最优值的平均值，代表粒子群的"主流思想"；X_i^j、X_i^{j+1} 分别是第 i 个粒子在第 j 代和第 $j+1$ 代的当前值；β 是收缩扩张系数，是 QPSO 中唯一的控制参

数，其取值一般随迭代搜索的进行从 1.0 降至 0.5；φ 和 u 均是区间 (0,1) 上的随机数；
"±"符号取正还是取负，按照各 50% 的概率随机选取。

粒子群中的单个粒子 X 均包含 3 个变量：机翼展弦比 A_w、帆尾与机翼的弦长之比 r_c 和面积之比 r_s。在整个设计空间内，初始粒子群由一种约束欧式距离的随机取点法生成。

（2）多目标评估函数　量子粒子群算法是依据评价适应值来确定优选策略的，评估函数的选取影响最终的优选结果。太阳能无人机的总体参数匹配涉及多个"性能"参数的权衡，各"性能"参数之间相互交联，互相制约。文中将提出一种多目标惩罚式非线性加权组合方法，当前某项"性能"为 C_{new}，根据设计经验设定不可接受解 C_{bad} 和满意解 C_{good}，并使用如下公式确定适应值 F_{fit}：

$$\begin{cases} F_{\text{fit}} = \sum_i \Delta_i \cdot Q^{f(\nu_i)} & Q \in [1,5] \\ f(\nu_i) = \begin{cases} \exp(\nu_i) & \nu_i \leqslant 1 \\ \exp(1) \cdot \nu_i & \nu_i > 1 \end{cases} \\ \nu_i = 1 - 2\dfrac{(C_{\text{new}})_i - (C_{\text{bad}})_i}{(C_{\text{good}})_i - (C_{\text{bad}})_i} \end{cases} \quad (3\text{-}29)$$

式中，Δ_i 是第 i 个"性能"参数的权重系数；$f(\nu_i)$ 是第 i 个"性能"参数当前值的效能值；Q 是惩罚因子，式（3-29）中不同惩罚因子 Q 对应的效能曲线如图 3-14 所示；ν_i 是第 i 项"性能"的接受程度，$-1 \leqslant \nu_i \leqslant 1$，当某项"性能"接近或差于不可接受解时（$\nu_{\text{bad}} = 1$），适应值敏感性较大；接近或优于满意解时则相反（$\nu_{\text{good}} = -1$）。此时，敏感程度可由 Q 调节，Q 越大，敏感度越高。当 Q 取 1 时，关系式（3-29）中的适应值 F_{fit} 与 ν_i 的取值无关。

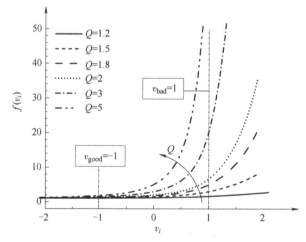

图 3-14　效能曲线

依据任务载荷搭载能力、减小起飞总重、抵抗盛行风的能力及尽量弱化大展弦比导致的机翼柔性特征等设计原则，选定任务载荷系数 r_{ap}（m_{ap} 与 m 的比值）、飞行速度 V 和机翼展弦

比 A_w 作为"评价"参数。在不同组合的气动布局参数中,适应值越低者越优秀。

2. Kriging 代理模型

从 2.2 节中的光伏组件面功率模型可知,给定顶层设计指标中的地理纬度、飞行季节、飞行高度和预置航迹时,太阳能无人机的光伏组件面功率〔包括日均面功率 κ_{pm} 和逐时峰值面功率 $(\omega_{pm})_{max}$〕还取决于翼面弦长及其几何雷诺数,即机翼弦长 c_w、帆尾与机翼的弦长之比 r_c 和面积之比 r_s,以及机翼雷诺数 Re_w。

由图 3-13 可知,光伏组件的能量特性始终贯穿于总体参数的优选过程,而每一个 QPSO 的粒子 X 的变更,κ_{pm} 和 $(\omega_{pm})_{max}$ 均需重新计算,从而导致计算量过大。参考气动优化领域,在这里将采用 Kriging 代理模型建立上述 4 个影响因素与光伏组件面功率特性的确定关系

$$[\kappa_{pm},(\omega_{pm})_{max}]=f(c_w,Re_w,r_c,r_s) \tag{3-30}$$

接下来将检验 Kriging 代理模型能否高效地用于求解水平/跟踪光伏组件面功率特性,包括峰值面功率与日均面功率。为不失规律一般性,全机翼载荷的取值范围为 $20 \sim 80 \mathrm{N \cdot m^{-2}}$,全机巡航升力系数的取值范围为 $0.8 \sim 1.2$,机翼弦长的取值范围为 $2.5 \sim 5.5 \mathrm{m}$,帆尾与机翼的弦长之比的取值范围为 $0 \sim 5$,帆尾与机翼的面积之比的取值范围为 $0 \sim 0.6$。另外,顶层设计指标中的飞行高度选为 20km,飞行季节选为冬至日,地理纬度选为 30°N,帆尾跟踪方式为"偏航"跟踪(滚偏角为 90°)。在误差限 10^{-4} 的约束下,Kriging 代理模型生成所需的试验样本点数目为 120 个,真实值与 Kriging 代理模型的预测值的对比情况如图 3-15

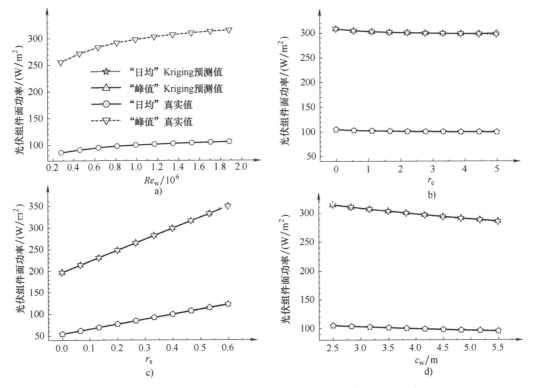

图 3-15　Kriging 代理模型预测值与真实值的对比情况

所示。其中，图 3-15a 中的 r_c 为 4，r_s 为 0.4，c_w 为 4；图 3-15b 中的 Re_w 为 10^6，r_s 为 0.4，c_w 为 4；图 3-15c 中的 Re_w 为 10^6，r_c 为 4，c_w 为 4；图 3-15d 中的 Re_w 为 10^6，r_c 为 4，r_s 为 0.4。

由图 3-15 中各曲线可知，Kriging 代理模型能够精准地预测出机翼雷诺数、弦长之比、面积之比与机翼弦长在取值范围内的任意匹配对应的光伏组件面功率特性参数。

3.4　高空驻留太阳能无人机总体布局参数设计实例

在哪个高度范围和纬度范围内，携带多少功耗、多少质量的任务载荷，能否实现跨季节或者跨年的不间断飞行等一系列顶层设计要求是太阳能无人机优胜于常规动力形式的高空长航时无人机的重要指标。本节面向高纬度与跨年驻留的设计指标，开展了"机翼—帆尾"太阳能无人机的方案实例设计，通过与传统布局形式相比验证了总体参数设计方法的可行性。

针对跨年驻留的高空太阳能无人机，从实际使用角度提出了一种"翼尖拼接"设计概念，如图 3-16 所示。夏季附近较小翼展的布局形式由少数若干架独立的"单元"组成，而冬季附近较大翼展的布局形式由更多架独立的"单元"组成，各个"独立单元"的机翼截面形状和翼弦弦长均相同。采用"翼尖拼接"布局设计概念具有减小结构面密度、降低工艺难度和生成成本等优势。

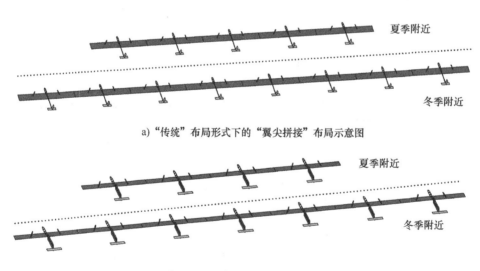

a)"传统"布局形式下的"翼尖拼接"布局示意图

b)"机翼—帆尾"布局形式下的"翼尖拼接"布局示意图

图 3-16　"翼尖拼接"布局设计理念

根据设计经验和统计数据，包括结构、起落架系统、光伏组件及其控制器、二次电池、推进系统在内的各部件相关设计参数取值见表 3-1。

表 3-1　各部件相关设计参数取值

部件	变量	数值	部件	变量	数值
结构	$\rho_{afw}/kg\cdot m^{-2}$	1.25		$\rho_{pmw}/kg\cdot m^{-2}$	0.6
	$\rho_{aft}/kg\cdot m^{-2}$	0.7		$\rho_{pmt}/kg\cdot m^{-2}$	0.5
起落架	r_{lg}	0.00725		η_{pmw0}	0.2
MPPT	$\sigma_{mppt}/W\cdot kg^{-1}$	2200		η_{pmt0}	0.2
二次电池	η_c	0.95	光伏组件	ξ_{pm2w}	0.85
	η_{dc}	0.95		ξ_{pm2t}	0.95
	$\kappa_{bat}/Wh\cdot kg^{-1}$	600		C_T^*/K^{-1}	-0.0045
推进系统	η_p	0.72		$c_{p.pm}^*/J\cdot kg^{-1}\cdot K^{-1}$	712
	$\sigma_p/W\cdot kg^{-1}$	400		α_{pm}^*	0.8
	$\xi_{p.max}$	2.5		ε_{pm}^*	0.85

注：右上角有符号"＊"的变量值均能同时用于机翼和帆尾上的光伏组件。

参与 QPSO 优选和 Kriging 模型代理计算的变量包括机翼展弦比 A_w，弦长之比 r_c、面积之比 r_s，以及机翼雷诺数 Re_w 和机翼弦长 c_w。根据经验值，各设计变量的取值范围：A_w 为 10~60、r_c 为 0~1、r_s 为 0~1、Re_w 为 0.2×10^6~2×10^6 和 c_w 为 0.5~10m。另外，参照文献 [19] 的结论，从能量需求的角度说，全机设计升力系数 C_L 越大，飞行速度 V 越低，无人机滞空的能量需求越少，越有利于实现不间断持续飞行。但是，这两个"性能"参数都是有限度的。在这里，取定设计升力系数上限为 1.25，根据高空盛行风的风速概率分布取定巡航速度下限为 20m·s^{-1}。

另外，评估函数式（3-29）中的"评价"变量的相关参数见表 3-2。

表 3-2　评估函数中各变量的满意值 C_{good}、不满意值 C_{bad}、权重系数 Δ_i 和惩罚因子 Q

"评价"参数	C_{good}	C_{bad}	Δ_i	Q
r_{ap}	0.2	0.12	1	2
$V/m\cdot s^{-1}$	50	30	0.5	2
A_u	25	45	0.4	2

3.4.1　低纬度地区

文献 [20] 中关于低纬度地区（20°N），20~30km 高度范围内的高空风的最大值与最小值分布情况，如图 3-17 所示（其中，纬向风以自西向东为正，经向风以自北向南为正）。

由图 3-17 可知：纬向风大于经向风；夏季附近以东向风和南向风为主，冬季附近以西向风和北向风为主；从最大风速来看，夏季的最大风速大于冬季的最大风速；随着飞行高度的增加，两个季节时段的最大风速均呈递增趋势。

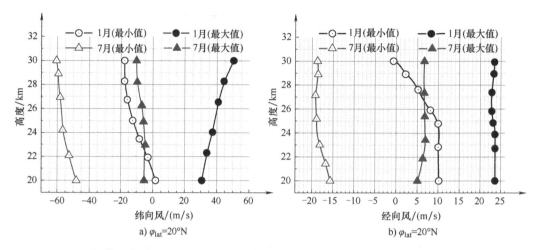

a) $\varphi_{\text{lat}}=20°\text{N}$ b) $\varphi_{\text{lat}}=20°\text{N}$

图 3-17 低纬度地区（20°N），20~30km 高度范围内的高空风的最大值与最小值分布情况

1. 低纬度地区不同高度下的总体参数匹配设计对比

选定任务载荷质量为 500kg，任务载荷功耗为 5000W；考虑到盛行风最大风速偏大，最大升力系数上限设为 1.25，巡航速度下限设为 $30\text{m}\cdot\text{s}^{-1}$；评估函数的参数见表 3-3。

表 3-3 评估函数中各变量的满意值 C_{good}、不满意值 C_{bad}、权重系数 Δ_i 和惩罚因子 Q

"评价" 参数	C_{good}	C_{bad}	Δ_i	Q
r_{ap}	0.25	0.15	1	2
$V/\text{m}\cdot\text{s}^{-1}$	1.1 倍最大风速绝对值	0.9 倍最大风速绝对值	0.25	2
A_{w}	25	45	0.2	2

其中，飞行速度的满意值和不满意值为当前高度最大风速的 0.1 倍和 0.9 倍；任务载荷重量系数的满意值和不满意值分别为 0.25 和 0.15；机翼展弦比的满意值和不满意值分别为 25 和 45。接下来，将利用 3.3 节建立的太阳能无人机总体参数设计方法，初步优选得出飞行高度在 20km 和 25km 下，冬季（1月份）和夏季（7月份）的总体参数匹配情况（见表 3-4）。其中，布局设计变量的取值范围：A_{w} 为 10~60、c_{w} 为 0.5~10m 和 Re_{w} 为 0.2×10^6~2×10^6。

表 3-4 低纬度地区不同高度下的总体参数初步匹配情况（"传统"布局形式）

总体参数	飞行高度：20km		飞行高度：25km	
	冬至日	夏至日	冬至日	夏至日
b_{w}/m	114	101	198	155
c_{w}/m	3.38	6.69	4.05	3.24
A_{w}	33.8	15.1	48.8	47.1
m/kg	1904	3185	3329	2367
$(W/S_{\text{w}})/\text{N}\cdot\text{m}^{-2}$	48.5	46.1	40.7	47.0

（续）

总体参数	飞行高度：20km		飞行高度：25km	
	冬至日	夏至日	冬至日	夏至日
$Re_w/10^6$	0.65	1.54	0.47	0.41
C_L	1.15	0.77	1.15	1.15
L/D	35.6	27.2	39.5	38.3
$V/\mathrm{m \cdot s^{-1}}$	30.8 （最大风速:30）	36.7 （最大风速:48）	42.1 （最大风速:38）	45.2 （最大风速:58）
r_{ap}	0.263	0.157	0.150	0.211

由表 3-4 可知：在低纬度地区的不同高度下，冬、夏两个季节匹配的布局参数的差异性较小；在高度 20km 与 25km 处，冬季时段的飞行速度基本大于或等于最大风速；而夏季时段的飞行速度约为当地高度风速的 76% 与 78%；随着飞行高度的增加，飞行速度与最大风速的增量相近，高度增加无法解决夏季飞行速度偏低的状态。而由之前的太阳总辐照度特性可知，除了赤道附近，其他低纬度地区的夏季附近的日均总辐照度均要略优于冬季附近。因此，当设计低纬度地区跨年驻留太阳能无人机时，可优先考虑冬季附近的能量平衡约束，匹配一组总体布局参数，而此布局参数在夏季附近的能量富余恰好可用于克服此季节高于飞行速度的盛行风。接下来，将给定一套顶层设计指标，匹配设计一组能在低纬度地区跨年驻留的太阳能无人机总体参数。

2. "传统"布局形式的总体参数匹配与权衡

顶层设计指标为：

1）驻留高度：≥22km。

2）驻留纬度：15°N。

3）驻留时间：≥1 年。

4）任务载荷质量：500kg。

5）任务载荷功耗：5000W。

6）无须采用"帆尾"和"翼尖对接"方式。

先根据 3.3 节中的总体参数设计方法初步优选各总体布局参数，然后通过能量供应链模拟仿真略微调整相关参数值，并完成满足上述设计指标的总体参数匹配设计见表 3-5。

表 3-5　纬度 15°N、高度 22km 处，跨年驻留太阳能无人机的总体参数匹配列表（"传统"布局形式）

布局及气动参数	数值	质量参数	数值
b_w/m	144	m/kg	2160
c_w/m	3.4	m_b/kg	660
$S_w/\mathrm{m^2}$	490	m_{af}/kg	602
A_w	42.4	m_{pm}/kg	240

（续）

布局及气动参数	数值	质量参数	数值
$Re_w/10^6$	0.50	m_{mppt}/kg	40
C_L	1.25	m_p/kg	98
L/D	38	m_{lg}/kg	20
$V/m \cdot s^{-1}$	33	$(W/S_w)/N \cdot m^{-2}$	44
		r_{ap}	0.232

3. "传统"布局形式的外形设计

根据表 3-5 中的机翼布局及气动参数和历史上太阳能无人机的尾容系数，得出低纬度地区跨年驻留太阳能无人机布局方案的外形几何参数，如下所示。

（1）机翼几何参数

1）机翼展长：144m。

2）机翼弦长：3.4m。

3）机翼梢根比：1。

4）机翼展弦比：42.4。

5）机翼内段展长：72m。

6）机翼外段上反角：8°。

7）机翼安装角：4°。

（2）平尾几何参数（总共 4 个）

1）平尾长度：6m/个。

2）平尾弦长：1.8m/个。

3）平尾前缘距机翼前缘：13.8m。

4）平尾尾容系数：0.35。

5）平尾安装角：-0.5°。

（3）垂尾几何参数（总共 4 个）

1）垂尾高度：3.36m/个。

2）垂尾弦长：1.8m/个。

3）垂尾前缘距机翼前缘：16m。

4）垂尾尾容系数：0.0054。

气动布局方案的俯视图和前视图如图 3-18 所示。重心位置在 37.35% 的弦长处，离机翼前缘点向后 1.27m。

沿翼展布置 14 个电动力系统，螺旋桨直径为 2.4m，全机外形效果如图 3-19 所示。

4. "传统"布局形式的能量性能分析

地理纬度选为北纬 15°，起飞时刻选为夏至日和冬至日日出后 2h，分别得到飞行高度、飞行速度、光伏组件转换的总功率和二次电池存储状态随时间的变化规律，如图 3-20 所示，

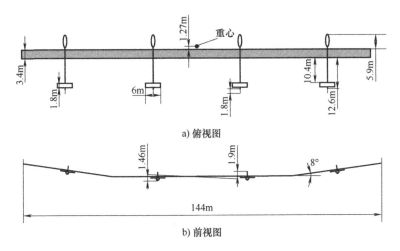

a) 俯视图

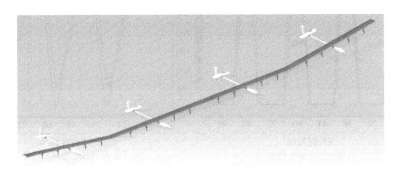

b) 前视图

图 3-18　气动布局方案的俯视图和前视图

图 3-19　低纬度地区，22km 高空跨年驻留飞行的太阳能无人机气动布局效果图

仿真时间为 4 天。其中，起飞高度为 0km 海平面高度，爬升过程中一直为最大油门状态，并假设此状态下的动力系统效率与表 3-1 中的各部件设计参数值相等，而且不同高度下的气动特性均采用高度 22km 下的数值模拟计算数据。

由图 3-20 中的各曲线可知，"传统"布局方案在北纬 15° 的 22km 高空能实现跨年驻留飞行：由图 3-20a 可知，整个爬升过程均约 4.6h，平均爬升率约 1.33m·s^{-1}；由图 3-20c 和 d 可知，与冬至日附近的飞行季节相比，夏至日附近的光伏组件转换功率偏高，日照时间较长，而且二次电池处于饱和状态的时间也较长，越夜飞行后的二次电池余量较多些；由图 3-20b 可知，在驻留高度飞行速度约 32.2m·s^{-1}，基本接近高空盛行风的最大风速，只是最大风速出现的概率较低。

然后，选定赤道至 40°N 范围内的地理纬度，以 200m 为间隔，采用图 3-20 中能量性能仿真的方法，可得到"传统"布局方案的最大驻留高度，如图 3-21 所示。可知，在全年范围内，"传统"布局方案基本能在高空 23.2km 处实现跨年飞行。随着地理纬度北移，冬至日附近的最大驻留高度降低，而夏至日附近的最大驻留高度增加，前者下降的幅度要大于后者增加的幅度，这一规律与图 2-13 类似。

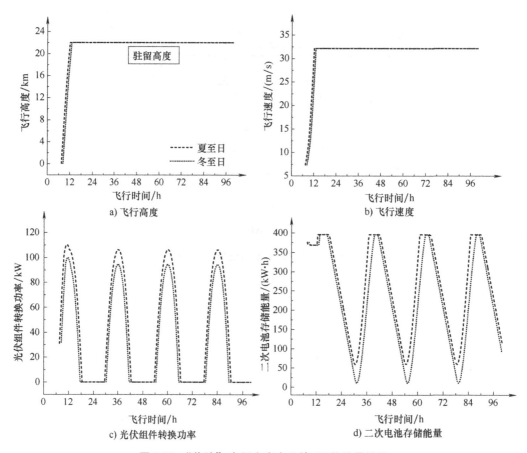

a) 飞行高度

b) 飞行速度

c) 光伏组件转换功率

d) 二次电池存储能量

图 3-20 "传统"布局方案在北纬 15°的能量性能

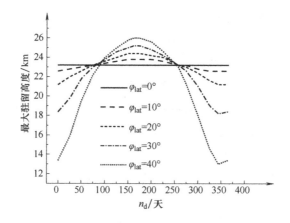

图 3-21 "传统"布局方案在不同纬度的最大驻留高度

3.4.2 中纬度地区

文献［20］中中纬度地区（40°N），20～30km 高度范围内的高空风的最大值与最小值分布情况，如图 3-22 所示。与低纬度地区高空风特征不同的是，中纬度地区夏季附近的最大风速较小，不到 $10\mathrm{m \cdot s^{-1}}$；而冬季的最大风速偏高，从 20km 处的 $30\mathrm{m \cdot s^{-1}}$ 增加到 30km 的 $50\mathrm{m \cdot s^{-1}}$。由之前的太阳总辐照度特性可知，在中纬度地区冬季附近的能量相对短缺，偏高的盛行风风速使能量供给更为紧张。

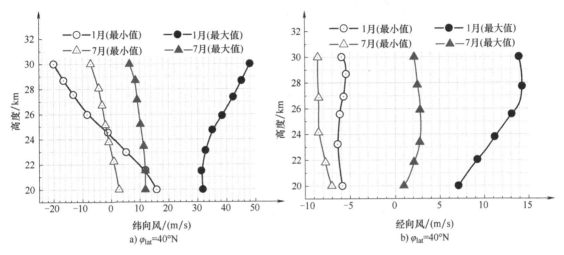

图 3-22 中纬度地区（40°N），20~30km 高度范围内的高空风的最大值与最小值分布情况

1. 两种布局形式在中纬度地区的总体参数匹配与权衡

顶层设计指标为

1）驻留高度：≥20km。

2）驻留纬度：45°N。

3）驻留时间：≥1 年。

4）任务载荷质量：500kg。

5）任务载荷功耗：5000W。

与低纬度地区类似，最大升力系数上限设为 1.25，巡航速度下限设为 $30\mathrm{m \cdot s^{-1}}$；评估函数中各参数见表 3-6。

表 3-6 评估函数中各变量的满意值 C_{good}、不满意值 C_{bad}、权重系数 Δ_i 和惩罚因子 Q

"评价"参数	C_{good}	C_{bad}	Δ_i	Q
r_{ap}	0.18	0.12	1	2
$V/\mathrm{m \cdot s^{-1}}$	35.2（32×1.1，冬季附近）/ 13.2（12×1.1，夏季附近）	28.8（32×0.9，冬季附近）/ 10.8（12×0.9，夏季附近）	0.25	2
A_w	25	45	0.2	2

其中，飞行速度的满意值和不满意值为高度 20km 处最大风速的 1.1 倍和 0.9 倍；考虑到冬季能量短缺，任务载荷重量系数的满意值和不满意值分别为 0.18 和 0.12；机翼展弦比的满意值和不满意值仍然分别为 25 和 45。气动布局可有两种："传统"布局形式和"机

翼—帆尾"布局形式。利用3.3节建立的太阳能无人机总体参数设计方法可初步优选出两种布局形式下的总体参数匹配情况（见表3-7）。其中，气动布局设计变量的取值范围：A_w 为 $10\sim60$、$r_c = 5.0$、r_s 为 $0\sim0.5$、c_w 为 $0.5\sim10\mathrm{m}$ 和 Re_w 为 $0.2\times10^6\sim2\times10^6$。

表3-7　两种布局形式下，中纬度地区的总体参数初步匹配

总体参数	"传统"布局形式		"机翼—帆尾"布局形式	
	冬至日	夏至日	冬至日	夏至日
b_w/m	238.8	77.2	192	75.7
c_w/m	4.69	4.37	4.14	3.63
A_w	50.9	17.7	46.2	20.8
r_c	0	0	5.0	5.0
r_s	0	0	0.35	0.23
C_L	1.25	0.86	1.25	1.01
L/D	42.4	28.0	36.7	27.6
$Re_w/10^6$	0.68	0.99	0.75	0.85
$V/\mathrm{m\cdot s^{-1}}$	23.2（最大风速:32）	36.3（最大风速:12）	28.9（最大风速:32）	37.4（最大风速:12）
m/kg	3419	1730	3736	1753
$(W/S_w)/\mathrm{N\cdot m^{-2}}$	30.0	50.4	46.2	62.6
r_{ap}	0.146	0.289	0.134	0.285

对比表3-7中的数据可知，在两种布局形式下，冬至日对应的机翼展长是夏至日的2.5~3倍，而机翼弦长相差很小。从气动布局的角度来说，两种布局形式都具备采用"翼尖拼接"的前提条件，下面将从总体参数匹配的角度来全面分析其可行性。

（1）"传统"布局形式　将各季节的机翼弦长统一为4.5m，在"翼尖拼接"指导下匹配"传统"布局形式的太阳能无人机在全年范围内的总体参数匹配情况见表3-8。

表3-8　在"翼尖拼接"指导下的太阳能无人机在全年范围内的
总体参数匹配情况（"传统"布局形式）

总体参数	夏季	秋季	冬、春季	总体参数	夏季	秋季	冬、春季
b_w/m	108	158	248	$(m_{pld}+m_{av})/\mathrm{kg}$	500	500	500
c_w/m	4.5	4.5	4.5	m_b/kg	620	690	695
$S_w/\mathrm{m^2}$	486	711	1116	m_{af}/kg	604	873	1333
A_w	24	35.1	55	m_{pm}/kg	245	358	551
$Re_w/10^6$	0.82	0.73	0.65	m_{mppt}/kg	42	44	48
C_L	1.15	1.2	1.25	m_p/kg	123	95	84
L/D	27	37	46	m_{lg}/kg	16	20	24

（续）

总体参数	夏季	秋季	冬、春季	总体参数	夏季	秋季	冬、春季
$V/\mathrm{m \cdot s^{-1}}$	29.1	25.8	23.1	$(W/S_\mathrm{w})/\mathrm{N \cdot m^{-2}}$	44.2	36.3	29.0
$P_\mathrm{lev}/\mathrm{W}$	22670	17632	15847	r_ap	0.232	0.194	0.154
m/kg	2150	2580	3235				

与低纬度地区的总体参数列表（表 3-4）相比，左侧多了一项平飞需用功率 P_lev，其表示为动力系统的输出功率。针对表 3-8 中的总体参数，分析在中纬度地区（北纬 45°）"翼尖拼接"的可行性。其中，气动布局参数中的翼弦长一致，不同季节的机翼翼展的差量可观，故从这方面看是较为可行的。但是，综合对比翼载荷 W/S_w、二次电池质量 m_b、平飞需用功率 P_lev 和动力系统质量 m_p 可知：冬季的翼载荷只有夏季的 66%，而夏季的二次电池质量却已经占冬季的 90%，而二次电池又是能量系统的主要组成部分，这一点使"翼尖拼接"的难度增大。夏季的平飞需用功率比冬季的要高 43%，也就是说在动力系统功重比和效率特性相同的情况下，夏季的动力系统重量比冬季的约重 50%。而如果按照"翼尖拼接"的设计思想，冬季的动力系统数量须大于夏季的近两倍，所以动力系统匹配又进一步增加了"翼尖拼接"的难度。综上所述，"传统"布局形式在中纬度地区跨年驻留的太阳能无人机上运用"翼尖拼接"的设计思想的可行性较低。

（2）"机翼—帆尾"布局形式　统一各季节的机翼弦长为 3.5m、帆尾弦长与机翼弦长之比为 5.0、帆尾面积与机翼面积之比为 0.46，在"翼尖拼接"指导下匹配"机翼—帆尾"布局形式的太阳能无人机在全年范围内的总体参数匹配情况见表 3-9。

表 3-9　在"翼尖拼接"指导下的太阳能无人机在全年范围内的
总体参数匹配情况（"机翼—帆尾"布局形式）

总体参数	夏季	秋季	冬、春季	总体参数	夏季	秋季	冬、春季
b_w/m	105	140	175	m/kg	2224	2739	3247
c_w/m	3.5	3.5	3.5	$(m_\mathrm{pld}+m_\mathrm{av})/\mathrm{kg}$	500	500	500
$S_\mathrm{w}/\mathrm{m^2}$	367.5	490	612.5	m_b/kg	600	800	1000
A_w	30	40	50	$m_\mathrm{af}/\mathrm{kg}$	572	760	949
r_c	5.0	5.0	5.0	$m_\mathrm{pm}/\mathrm{kg}$	344	460	574
r_s	0.46	0.46	0.46	$m_\mathrm{mppt}/\mathrm{kg}$	44	57	57
$Re_\mathrm{w}/10^6$	0.73	0.69	0.67	m_p/kg	148	142	142
C_L	1.2	1.25	1.25	$m_\mathrm{lg}/\mathrm{kg}$	16	20	25
L/D	26	32	37	$(W/S_\mathrm{w})/\mathrm{N \cdot m^{-2}}$	60.5	55.9	53.0
$V/\mathrm{m \cdot s^{-1}}$	33.3	31.4	30.6	r_ap	0.225	0.183	0.154
$P_\mathrm{lev}/\mathrm{W}$	27930	26313	26337				

由表 3-9 可知，从气动布局几何参数、气动特性、二次电池质量 m_b、结构质量 m_af、光

伏组件质量 m_{pm}、MPPT 质量 m_{mppt} 和起落架质量 m_{lg} 来看，在中纬度地区"机翼—帆尾"布局形式的太阳能无人机上运用"翼尖拼接"设计理念是可行的。另外，与低纬度地区不同的是，夏季的动力系统功耗和质量只是略微高出冬季的 6%，而不是近 50%。所以从动力系统的角度来看，"翼尖拼接"设计理念依旧是可行的，只是在动力匹配时需以冬至日附近的指标要求，同时尽可能兼顾夏季附近驻留的动力系统功率需求与春、冬季节附近驻留时的动力系统效率特性。基于"翼尖拼接"的设计理念与表 3-9 中的总体参数，匹配出一架"独立单元"的气动布局参数和各部件质量参数见表 3-10，其中的质量参数不包括任务载荷和航电设备等负载质量。

表 3-10   "独立单元"气动布局参数和各部件质量参数（不包括任务载荷和航电设备等）

布局参数	数值	质量组成参数	数值
机翼翼展/m	36	二次电池质量/kg	212
机翼翼弦长/m	3.5	结构质量/kg	193
机翼面积/m²	126	光伏组件质量/kg	115
机翼展弦比	10.3	峰值功率跟踪器质量/kg	15
帆尾弦长与机翼弦长之比	5.0	动力系统质量/kg	45
帆尾面积与机翼面积之比	0.46	起落架质量/kg	6

在不同的飞行季节，采用不同的"独立单元"数目的"翼尖拼接"，基本总体参数见表 3-11。

表 3-11   不同"独立单元"架数翼尖组合时的基本总体参数

独立单元数目（架）	m/kg	(W/S_w)/N·m^{-2}	C_L	L/D	$Re_w/10^6$	V/m·s^{-1}	P_{lev}/W
3	2258	58.5	1.2	26.5	0.73	33.1	27640
4	2844	55.3	1.25	32	0.69	31.6	27523
5	3430	53.4	1.25	38	0.68	31.0	27421

2. "机翼—帆尾"布局形式的外形设计

根据表 3-11 中"独立单元"的气动布局参数得出其各翼面的具体几何参数，如下所示。

（1）机翼几何参数

1）机翼展长：36m。

2）机翼弦长：3.5m。

3）机翼根稍比：1。

4）机翼展弦比：10.3。

5）机翼上反角：0°。

6）机翼安装角：4°。

（2）平尾几何参数

1）平尾长度：6m。

2）平尾弦长：1.8m。

3）平尾前缘距机翼前缘：22.7m。

4）平尾尾容系数：0.55。

5）平尾安装角：-0.5°。

（3）帆尾几何参数

1）帆尾宽度：3.3m。

2）帆尾弦长：17.5m。

3）帆尾前缘距机翼前缘：4m。

4）帆尾尾容系数：0.095。

独立单元的气动布局方案的三视图如图 3-23 所示，3 架、4 架、5 架独立单元"翼尖拼接"的前视图如图 3-24 所示，其中标注的角度为各独立单元之间的上反关系。

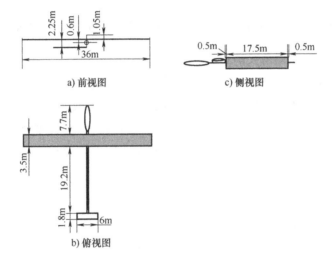

图 3-23　独立单元的三视图

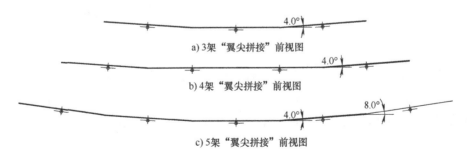

图 3-24　3 架、4 架与 5 架"翼尖拼接"的前视图及上反角示意图

图 3-24 中各布局重心的 x 坐标均布置在机翼弦长 40% 的位置，即距机翼前缘向后 1.4m。初步配置直径为 2.6m 的螺旋桨，独立单元的三维示意图和不同架数组合后的示意图

分别如图 3-25 和图 3-26 所示。

图 3-25　独立单元示意图

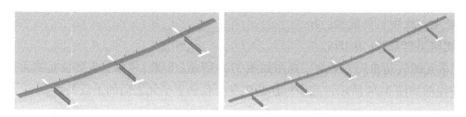

图 3-26　中纬度地区，20km 高空跨年驻留飞行的太阳能无人机不同季节下的气动布局效果图

3.　"机翼—帆尾"布局形式的能量性能分析

在分析基于"翼尖拼接"的"机翼—帆尾"布局方案的能量性能之前，先描述飞行过程中的航迹形状。由于高空驻留太阳能无人机的飞行速度偏低，较为适于局部区域的驻留飞行，假设飞行轨迹为如图 3-27 所示的椭圆形航迹，由两条直边和两个半圆组成，类似田径跑道。其中，直线 AB 与直线 CD 平行且相等，两个半圆的半径相等，两条直边及两段半圆的长度远大于机翼展长。

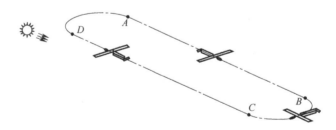

图 3-27　椭圆形航迹示意图

图 3-27 中的航向轨迹是根据帆尾的跟踪采能效率而设定的，在实际飞行中，不可能按照式（2-30）实时改变航向角以跟踪太阳方位角，某段时间内的航迹固定是比较可行的。图 3-28 给出了实际驻留飞行所采用的"偏航"跟踪方式和"定航向角"跟踪方式的航迹示意图。

在图 3-28a 中，编号（1）和（2）分别代表两个相邻的时间段，这两个相邻的时间段内包含若干个完整的椭圆形航迹，时间段（1）向时间段（2）的过渡段 $\overset{\frown}{A_1A_2}$ 也是圆弧，与圆弧 $\overset{\frown}{D_1A_1}$、圆弧 $\overset{\frown}{D_2A_2}$ 都同心；图 3-28b 将航向定为正东与正西的交替，其过渡为半圆形

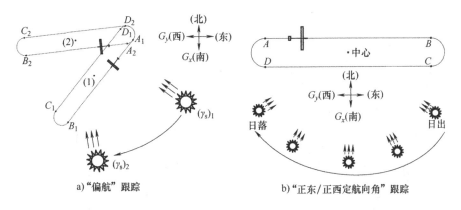

a)"偏航"跟踪   b)"正东/正西定航向角"跟踪

图 3-28 "偏航"跟踪与"正东/正西定航向角"跟踪方式示意图

轨迹。

在北半球的冬至日附近,光伏组件水平面功率很低,只能依靠帆尾的"偏航"跟踪转换更多的能量,此时的预置航迹与图 3-28a 类似;而在夏至日附近,光伏组件水平面功率充足,所以高空驻留不再主要依赖帆尾的捕获能量,即对航向角没有要求,考虑到高空盛行风的方向分布,此时的预置轨迹可与图 3-28b 类似。下面将选定北纬 45°,先研究"5 架拼接"与"3 架拼接"布局方案分别在冬至日与夏至日日出后 2h 起飞时的飞行高度、飞行速度、水平翼面上光伏组件的面功率、帆尾左右两侧的光伏组件面功率、二次电池存储状态、光伏组件总面功率、航向角和太阳方位角随飞行时间(钟表时)的变化规律。起飞高度为 0km 海平面高度,爬升过程中一直为最大油门状态,并假设此状态下的动力系统效率与表 3-1 中的设计输入值相等,且不同高度下的气动特性均采用高度 20km 下的数值模拟计算数据,整个仿真时间为 4 天,如图 3-29 所示。"5 架拼接"布局方案采用"偏航"跟踪方式;"3 架拼接"布局方案采用"正东/正西定航向角"跟踪方式。其中,直边长度均为 40km,半圆形半径均为 2km,另外在"偏航"跟踪方式中,每完成 1 个椭圆形航迹后在过渡段 $\overset{\frown}{A_1A_2}$ 改变航向角以实时跟踪太阳方位角。图 3-29e~h 所示为能量仿真第 3 个昼夜的工作情况。

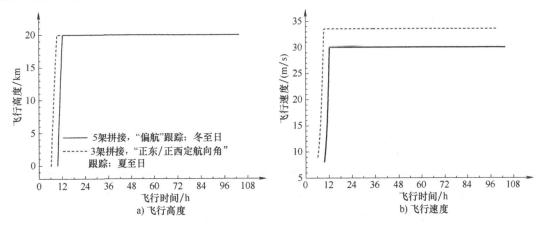

a)飞行高度   b)飞行速度

图 3-29 在北纬 45°,"翼尖拼接"式布局方案的能量性能仿真

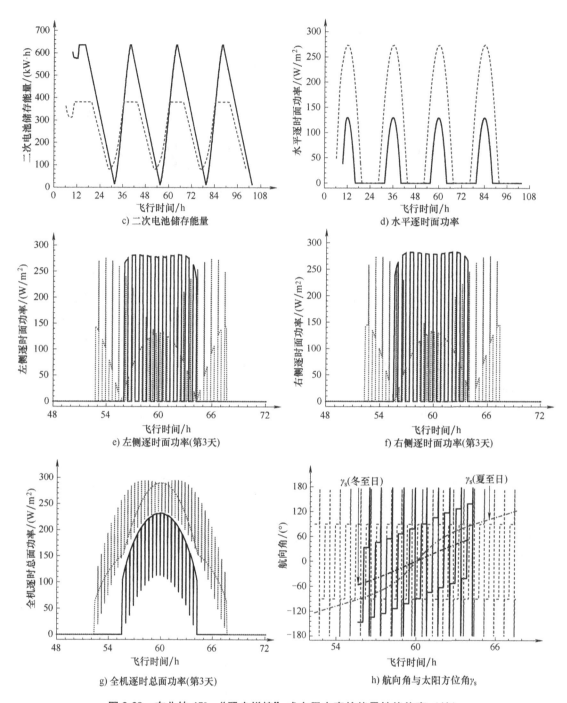

c) 二次电池储存能量

d) 水平逐时面功率

e) 左侧逐时面功率(第3天)

f) 右侧逐时面功率(第3天)

g) 全机逐时总面功率(第3天)

h) 航向角与太阳方位角γ_s

图 3-29　在北纬 45°，"翼尖拼接"式布局方案的能量性能仿真（续）

由图 3-29 中的各曲线可知：基于"翼尖拼接"的高空驻留太阳能平台方案能在北纬 45°的 20km 高空实现跨年飞行，在冬至日附近为"偏航"跟踪方式的"5 架拼接"布局形式，在夏至日附近为"正东/正西"定航向跟踪的"3 架拼接"布局形式；由于前者的翼载荷高于后者，而且前者的巡航升力系数小于后者，故"3 架拼接"和"5 架拼接"的飞行速度分别为 30.0m·s^{-1} 和 33.6m·s^{-1}；图 3-29c 中两条曲线的峰值平台区的时间长短和越夜飞行后的二次电池余量的差异说明了在中纬度地区（北半球），采用"机翼—帆尾"的布局形式在夏至日附近一天范围内转换的总能量依旧有可能大于冬至日附近的；以椭圆形轨迹飞行时，与航向有关的变量呈现周期性变化，图 3-30 所示分别为上午时间段的两个相邻椭圆轨迹内的各变量变化趋向。

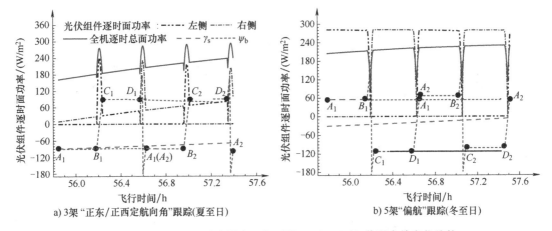

a) 3架"正东/正西定航向角"跟踪(夏至日)　　　　b) 5架"偏航"跟踪(冬至日)

图 3-30　与航向有关的变量在飞行时间 56.0~57.2h 范围内的变化趋势

（单位：面功率——W·m^{-2}；γ_s，ψ_s——°）

图 3-30 中短虚线上的点 $A_1 \sim D_1$ 和点 $A_2 \sim D_2$ 分别与图 3-28 中椭圆航迹的转折点对应。对比图 3-30a 和 b 的曲线可知：一个完整的椭圆轨迹约 0.8h；相邻的两个航迹的过渡段内所偏转的航向角与当前的太阳方位角变化率有关，在图 3-30b 中 $A_1 \sim A_2$ 所转过的角度为 12°，历时 14″；一般情况下，"偏航"跟踪在半圆形轨迹段的采能量小于直边轨迹段，而"正东/正西定航向角"跟踪在半圆形航迹段的采能量要大于直边轨迹段。

同样，用上述的能量链模拟手段，分别分析 3 架、4 架和 5 架独立单元组合时在顶层设计指标 20km 高度和北纬 45°处的驻留性能见表 3-12。

表 3-12　不同独立单元数目在 20km 高度、北纬 45°的驻留时段和跟踪方式

独立单元数目（架）	驻留时段*	跟踪方式
3	$n_d \in [105 \sim 234]$，4/15~8/22	"正东/正西定航向角"跟踪
	$n_d \in [85 \sim 253]$，3/26~9/10	"偏航"跟踪
4	$n_d \in [69 \sim 272]$，3/10~9/29	"正东/正西定航向角"跟踪
	$n_d \in [57 \sim 285]$，2/26~10/12	"偏航"跟踪
5	$n_d \in [16 \sim 324]$，1/16~11/20	"正东/正西定航向角"跟踪
	全年范围	"偏航"跟踪

注："*"：春分日 $n_d = 80$、夏至日 $n_d = 173$、秋分日 $n_d = 266$、冬至日 $n_d = 356$。

如表 3-12 所示，相同的独立单元数目的拼接布局采用"偏航"跟踪比"正东/正西定航向角"跟踪的驻留时段约长 30~55 天。

为了更进一步对比基于"翼尖拼接"的布局方案与常规布局方案的能量性能，接下来选定北纬15°、北纬30°、北纬45°和北纬55°，模拟全年范围内不同高度下的能量性能得到不同地理纬度的最大驻留高度性能，如图3-31所示。在能量性能模拟的过程中，高度阶梯为100m。

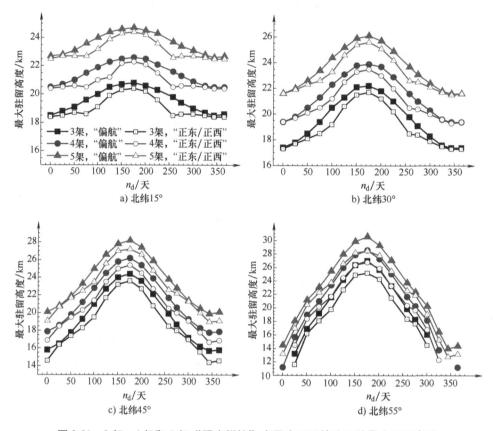

图3-31　3架、4架和5架"翼尖拼接"布局在不同纬度下的最大驻留高度

由图3-21与图3-31可知：基于"翼尖拼接"的"机翼—帆尾"布局形式在低纬度地区全年范围内的最大驻留高度性能与"传统"布局形式基本一致；如果驻留高度性能指标相同，在北纬15°地区，全年范围内的最大驻留高度性能要大于"传统"布局形式，但是当地理纬度在北纬30°或者更高时，反而要小于后者，而且纬度越高，差量越大；相对于"传统"布局形式而言，具有明显的广纬度域性能和出色的高纬度驻留能力，甚至能在北纬55°附近14km以上进行高空跨年驻留，这一点是"传统"布局形式无法比拟的；通过不同的组合形式和跟踪方式，其执行任务的方式与"传统"布局形式相似，不影响其工程实用性。

参考文献

[1]　ROSS H. Fly around the world with a solar powered airplane [C]//The 26th Congress of ICAS and 8th AIAA ATIO. Anchorage，Alaska：American Institute of Aeronautics and Astronautics，2008.

［2］ LAURENZO R. Soaring on a Solar Impulse ［J］. AEROSPACE AMERICA，2009，47（5）：32-36.

［3］ ROMEO G，FRULLA G，CESTINO E，et al. HELIPLAT：design，aerodynamic，structural analysis of long-endurance solar-powered stratospheric platform ［J］. Journal of Aircraft，2004，41（6）：1505-1520.

［4］ CAREY P G，ACEVES R C，COLELLA N J，et al. A solar module fabrication process for hale solar electric UAVS ［C］//Proceedings of 1994 IEEE 1st World Conference on Photovoltaic Energy Conversion-WCPEC（A Joint Conference of PVSC，PVSEC and PSEC）. IEEE，1994，2：1963-1969.

［5］ NOLL T E，BROWN J M，PEREZ-DAVIS M E，et al. Investigation of the Helios Prototype Aircraft Mishap ［R］. NASA Report. 2004.

［6］ GUNDLACH IV J F. Multi-disciplinary design optimization of subsonic fixed-wing unmanned aerial vehicles projected through 2025 ［D］. Blacksburg：Virginia Polytechnic Institute and State University，2004.

［7］ HALL D W，FORTENBACH C D，DIMICELI E V，et al. A preliminary study of solar powered aircraft and associated power trains ［R］. NASA CR-3699，1983.

［8］ BAILEY M D. Highaltitude solar power platform ［M］. National Aeronautics and Space Administration，George C. Marshall Space Flight Center，1992.

［9］ NOTH A. Design of solar powered airplanes for continuous flight ［D］. Suisse：ETH ZÜRICH，2008.

［10］ 昌敏，周洲，李盈盈. 基于能量平衡的太阳能飞机可持续高度分析 ［J］. 西北工业大学学报，2012，30（4）：541-546.

［11］ BROWN S. The eternal airplane ［J］. Popular Science，1994，244（4）：70-75.

［12］ KENNEDY J，EBERHART R. Particle swarm optimization ［C］//Proceedings of ICNN' 95-international conference on neural networks：4. IEEE，1995：1942-1948.

［13］ 王允良，李为吉. 基于混合多目标粒子群算法的飞行器气动布局设计 ［J］. 航空学报，2008，29（5）：1202-1206.

［14］ BLASI L，CORE G D. Particle swarm approach in finding optimum aircraft configuration ［J］. Journal of Aircraft，2007，44（2）：679-683.

［15］ SUN J，FENG B，XU W. Particle swarm optimization with particles having quantum behavior ［C］//Proceedings of the 2004 congress on evolutionary computation：1. IEEE，2004：325-331.

［16］ SUN J，XU W，LIU J. Parameter selection of quantum-behaved particle swarm optimization ［C］//International conference on natural computation. Springer，Berlin，Heidelberg，2005：543-552.

［17］ 任庆祝，宋文萍. 基于 Kriging 模型的翼型多目标气动优化设计研究 ［J］. 航空计算技术，2009，39（3）：77-82.

［18］ CRESSIE N. Statistics for spatial data ［M］. Hoboken：John Wiley & Sons，2015.

［19］ 昌敏，周洲，郑志成. 太阳能飞机原理及总体参数敏度分析 ［J］. 西北工业大学学报，2010，28（5）：792-796.

［20］ 马瑞平，廖怀哲. 中国地区 20—80km 高空风的一些特征 ［J］. 空间科学学报，1999，19（4）：334-341.

第4章
太阳能无人机
轻质结构设计

扫描二维码可见本章部分彩图

高空驻留太阳能无人机尺寸大、翼载低，轻质结构设计是太阳能无人机核心关键技术之一。对无人机而言，在满足结构承载需要的前提下，要求结构具有尽可能小的重量，以提高无人机的装载量和总体性能。减轻太阳能无人机结构重量有两个主要途径：一是选择材料，二是承载（即选择合理的结构形式和结构尺寸），这两方面都要依赖于好的设计方法及设计能力。

在选择材料方面，复合材料以其自身的优点在太阳能无人机结构上得到了越来越多的应用；在承载方面，太阳能无人机结构设计需要根据受力特点，合理地选择结构形式及参数以分配材料，进而降低机体结构重量，达到更好的性能。复合材料与复合材料结构融为一体的设计灵活性，以及考虑铺层工艺要求的设计复杂性，给实际的复合材料结构设计带来了很大的困难，往往需要借助优化设计手段来实现。充分利用优化技术进行复合材料结构的铺层优化设计成为太阳能无人机轻质化的必要手段。

本章首先针对国外几种典型太阳能无人机的结构形式进行介绍，包括主梁、翼肋选用的材料、结构形式及太阳能电池封装形式等。其次，针对典型太阳能无人机常采用的圆管梁、箱形梁、桁架梁，采用理论分析和有限元仿真手段对典型结构形式进行了对比分析。最后针对某太阳能无人机复合材料圆管梁的铺层优化设计问题进行研究，以主梁结构重量最小作为目标，考虑弯曲刚度、扭转刚度、强度约束及铺层工艺约束等，进行考虑铺层工艺约束的复合材料圆管梁铺层优化设计。

4.1 典型太阳能无人机结构概述

4.1.1 美国航境公司系列

1. "探路者"无人机结构

"探路者"无人机（简称"探路者"）机翼长 30.48m，全机质量 204kg，分为 5 段制造组装，每段长约 6m，包括 1 个中心段（center panel），2 个中部段（middle panel）及 2 个翼尖段（tip panel），如图 4-1 所示。"探路者"使用的材料包括碳纤维复合材料、芳纶、玻璃纤维复合材料、聚酯薄膜、聚苯乙烯泡沫塑料、轻木，以及一些云杉。

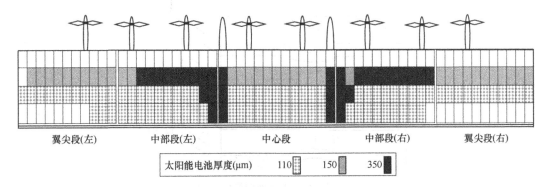

图 4-1　"探路者"机翼分段及太阳能电池厚度分布

机翼主梁为碳纤维/环氧树脂基复合材料圆管，其缠绕在芯模上进行成型，芯模随后被移除。中心段处圆管梁内径为 $\phi127mm$，中部段圆管梁内径为 $\phi101.6mm$，翼尖段圆管梁内径为 76.2mm，后缘翼梁的内径为 25.4mm。前缘和翼肋为 12.7mm 厚的发泡聚苯乙烯泡沫，密度约为 $16.02kg \cdot m^{-3}$，全机共有 57 个翼肋。吊舱框架由相同结构形式的碳纤维管制成，内径为 19.05mm 或 12.7mm 两种尺寸规格。吊舱的前缘、底部和后缘由相同类型的聚苯乙烯泡沫制成，在不同位置通过轻木条进行加强固定。吊舱用螺栓固定在机翼上。机翼的上表面部分覆盖着太阳能电池，为发动机和机载系统供电。整个机身覆盖着 $12.7\mu m$ 厚的聚酯薄膜，如图 4-2 所示。

如图 4-1 所示，"探路者"上使用了三种厚度的单晶硅电池：$110\mu m$、$150\mu m$ 和 $350\mu m$。1993 年 10 月至 1994 年 1 月期间飞行的"探路者"，使用的第一代电池为西门子太阳能公司生产的 $350\mu m$ 厚的地面用标准单晶硅太阳能电池。直至 1995 年春季开始的飞行测试中，这种太阳能电池板仍然在部分使用。第二代太阳能电池由单晶硅制成，单面电池的单晶硅厚度为 $150\mu m$，双面电池的单晶硅厚度为 $110\mu m$，这两种都是 Spectrolab 型 K-6 太阳能电池。$150\mu m$ 厚度太阳能电池的平均效率为 15.7%，$110\mu m$ 厚度电池的平均效率为 15.0%（仅正面照射）。

图 4-2　"探路者"组装

太阳能电池板封装材料必须重量轻、透射率高、对紫外线照射稳定，并且能够承受高海拔地区的极端温度。因此，含氟聚合物非常适合此应用，因为它们具有一定的化学惰性，在可见光谱中透射率高，在 -70~107℃ 的温度范围内尺寸稳定，耐磨度高，并且很少发生紫外线降解。乙烯—三氟氯乙烯共聚物（Halar）和聚偏二氟乙烯（Tedlar）都具有较高的熔融温度（>240℃），较低的脆化温度（<-72℃），经考虑最终选用 Tedlar 作为太阳能电池封装材料。层压结构由两层 Tedlar 和两层硅胶夹层组成，夹层内部封装太阳能电池，以便保护太阳能电池，并在顶部和底部提供额外的稳定性，如图 4-3 所示。

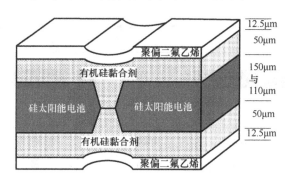

图 4-3   太阳能电池封装示意图

2. "探路者+"无人机结构

与"探路者"无人机相比，"探路者+"无人机（简称"探路者+"）翼展延长到了 36.5m，继承了原"探路者"机翼的 4 个部分（2 个中部段和 2 个翼尖段），以及一个新的 12.2m 长的中心段部分。靠近两侧的翼尖段、中部段机翼的翼肋采用泡沫制造，与"探路者"相比保持一致，而中心段机翼采用了桁架式的复合材料翼肋。其中，全新的中心段机翼是为了验证下一代的"百夫长"/"太阳神"太阳能无人机而设计的。SunPower 公司开发了更高效的硅太阳能电池，该电池可以将其接收到的近 19% 的太阳能转化为有用的电能，为无人机的发动机、航空电子设备和通信系统提供动力。相比之下，老式太阳能电池板的效率约为 14%。新型太阳能电池使最大功率从"探路者"的约 7500W 提高到"探路者+"的约 12500W。

"探路者+"由八个电动机供电，比先前版本的"探路者"多了两个。该电动机也是为"百夫长"/"太阳神"机翼而设计，其效率略高于"探路者"使用的电动机。此外，"探路者+"还为"百夫长"/"太阳神"原型验证了一个新的飞行控制系统，如图 4-4 所示。

3. "百夫长"无人机结构

尽管它与"探路者"有许多相同的设计理念，但"百夫长"无人机（简称"百夫长"）翼展为 62.8m，是"探路者"30.48m 翼展的两倍多，比"探路者+"的 36.58m 翼展长了 70%。同时，它保持了"探路者"机翼 2.44m 的弦长，使"百夫长"机翼的展弦比达到了 26。

"百夫长"机翼主结构均采用碳纤维/石墨环氧树脂基复合材料和芳纶纤维/环氧树脂基复合材

图 4-4   飞行测试中的"探路者+"

料制成，共分为 5 段，中心段长为 13.4m，其余各部分长约为 12.2m，机翼为等截面结构，厚度约为弦长的 12%，无锥度和掠角。"百夫长"的翼肋全部采用复合材料桁架式结构，在连接处的翼肋缘条较宽，如图4-5和图4-6所示。四个下吊舱用于支撑其起落架和电子系统，而"探路者"只有两个这样的吊舱。

图 4-5　飞行测试中的"百夫长"

图 4-6　装配中的"百夫长"

4. "太阳神"无人机结构

"太阳神"无人机（简称"太阳神"）展长为75m，无人机空重600kg，起飞重量720～930kg，视飞行高度而定。改变无人机重量可以通过调整机载设备来实现。圆管主梁为主要承力部件，采用夹芯结构形式，其中内外管壁为碳纤维和芳纶纤维，芯子采用 Nomex 蜂窝夹层结构，并用芳纶纤维复合材料进行增强。翼肋为桁架式结构，材料为碳纤维/环氧树脂基复合材料。前缘由泡沫填充，无人机外表用一层坚固的塑料薄膜加强，如图4-7所示。正常飞行时，翼尖上翘达 4.5m。

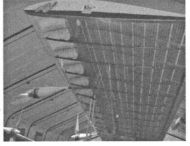

图 4-7　"太阳神"主梁和翼肋

4.1.2 英国 Zephyr 太阳能无人机

全机结构均采用了碳纤维树脂基复合材料，基体为 MTM45-1 环氧树脂，由 ACG（Advanced Composite Group）公司制造。"Zephyr 6"外段机翼上反，机翼展长 18m，展弦比为 18，无人机总质量为 30kg，机翼主梁为 8kg 的细长薄壁管梁。"Zephyr 7"机翼中翼肋分为缘条、直支柱（见图 4-8），"Zephyr 8"中直支柱改为斜支柱（见图 4-9）。机翼蒙皮为美国杜邦帝人公司（Mylar）的聚酯薄膜。

图 4-8 "Zephyr 7"主梁和翼肋

图 4-9 "Zephyr 8"翼肋

其光伏组件采用了 Uni-Solor 公司的非晶硅薄膜电池，虽然太阳能电池的效率仅为 10%（与其他可用的约 30% 的效率相比），但它们提供了最佳的功率质量比。二次电池为 Sion Power 开发的锂硫电池，其能量密度约为 350Wh·kg^{-1}。虽然锂硫电池的效率不如锂离子电池，但在当时市场的所有电池中，它们的功率重量比最高，这就是 Zephyr 为什么选择锂硫电池的原因。

Zephyr 机体载荷沿着展向分布，这意味着全机重量沿机翼展向分布。地面停机状态时必须小心地支撑 Zephyr。如果只支撑机身，机翼就会折断。这是因为 Zephyr 机翼的设计是为了在飞行时承受空气动力，而不是承受重力。大多数飞机/无人机不是这样的，它们可以通过起落架支撑在地面上。

4.1.3 瑞士"阳光动力"太阳能无人机

"阳光动力"太阳能无人机翼展为 63.4m，机身长度为 21.85m，无人机总重约为

1600kg。机翼及机身主框架均由碳纤维复合材料制成，机翼箱形主梁为碳纤维复合材料蜂窝夹层结构形式，分为三段，每段长约 20m。120 根翼肋均为碳纤维复合材料桁架结构，分为前后两部分，分别与箱形主梁进行连接。机身主体是由碳纤维复合材料管组成的四边形截面复合材料桁架结构（见图 4-10），由复合材料管和复合材料接头通过胶接连接。"阳光动力"2 号将桁架机身截面从四边形改成了三角形（见图 4-11）。

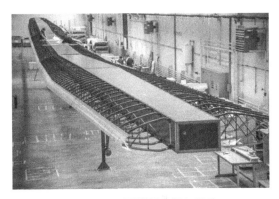

图 4-10　机翼箱形主梁与翼肋

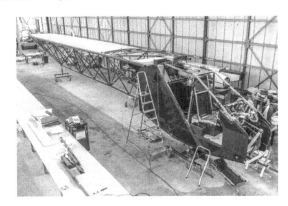

图 4-11　机身桁架结构

　　"阳光动力"2 号太阳能无人机机翼三段箱形主梁长度分别为 22.5m、22.5m 和 27m，仍为蜂窝夹层结构构型，且中间设计有加强支撑。27m 长的主梁段采用面密度为 $100\text{g}\cdot\text{m}^{-2}$ 的 M46JB 碳纤维环氧预浸料制成，由瑞士北方薄层工艺（North Thin Ply Technology）公司专门为 Solar Impulse 公司开发生产。目前最常用的复合材料单层铺层厚度通常在 0.125 ~ 0.250mm，而瑞士北方薄层工艺采用纤维丝束延展工艺制备的预浸料厚度可达到 0.015mm。单层厚度的降低意味着在结构设计时能存在更大的设计空间和更为优异的力学性能。如原来的一层现在可以选择对称、正交、均衡或者准各向同性等多种铺层方式，从而大大提高设计空间。最终固化制备的箱形梁蜂窝夹层壁板如图 4-12 所示。

图 4-12　"阳光动力"2 号薄铺层预浸料制备的主梁蜂窝夹层壁板

"阳光动力"采用了嵌入式太阳能电池结构。与传统的夹层结构相比，其中一个面板由太阳能电池代替（见图 4-13）。图 4-14 给出了太阳能电池结构中使用的各种材料。这些材料必须在一个或多个步骤中组装，因此工艺参数（温度、压力等）必须与所有材料兼容。将非常易碎的太阳能电池作为夹层结构中的承载元件进行集成也是一个重要挑战。

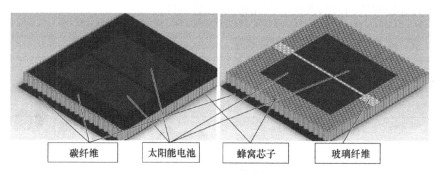

| 碳纤维 | 太阳能电池 | 蜂窝芯子 | 玻璃纤维 |

图 4-13　嵌入式太阳能电池

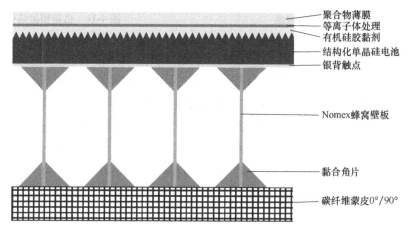

聚合物薄膜
等离子体处理
有机硅胶黏剂
结构化单晶硅电池
银背触点

Nomex蜂窝壁板

黏合角片

碳纤维蒙皮0°/90°

图 4-14　太阳能电池结构材料

针对这种非对称（硅/芯子/碳）三明治结构进行了细致的分析与试验验证研究，并对最佳工艺参数进行了研究。给出了硅基太阳能电池的强度和许用应力，以便准确把控加工和飞行过程中可接受的许可载荷水平。研究了太阳能电池板之间的连接方案，以确保电池板之间的应力转移。此外，采用聚合物保护膜用于保护电池以防止其受到环境侵蚀。

4.1.4　美国"奥德修斯"太阳能无人机

在美国国防高级研究设计局（DARPA）"秃鹰"的超高空驻留太阳能无人机项目中，极光飞行科学公司（Aurora Flight Sciences）将其设计方案命名为"奥德修斯（Odysseus）"。2018年，美国航空科技媒体 Aviation Week & Space Technology 报道，极光飞行科学公司生产出一台翼展达到 74m 的太阳能无人机，一举打破了无人机翼展的世界纪录（见图 4-15）。关于"奥德修斯"太阳能无人机结构介绍相关资料较少，为了减轻结构重量，机身、机翼梁和肋都采用复合材料桁架式的结构形式。机身与机翼都是四边形截面桁架结构，并由碳纤维复合材料管拼接组成，4 根主梁是主承力结构，整个截面上的弯矩都转换成主梁上的轴力（见图 4-16、图 4-17）。"奥德修斯"太阳能无人机铺贴了汉能阿尔塔的柔性砷化镓薄膜电池。下蒙皮采用 Tedlar 薄膜铺设，在机翼上表面、尾翼边缘和垂直尾翼都覆盖了柔性砷化镓电池，电池阵列又与复合表面板进行了整体固化，最大化地减轻了机体自重、降低了空气阻力。

图 4-15　地面停机状态的"奥德修斯"太阳能无人机

图 4-16　机翼主梁与翼肋桁架结构　　　　图 4-17　机身桁架结构

4.1.5　结构形式总结

与常规飞行器相比，太阳能无人机翼载低，尺寸大。机翼表面一般需铺设太阳能电池，下表面需铺设聚乙烯薄膜。如"阳光动力"太阳能无人机上采用硅基太阳能电池和夹层结构融合的嵌入式太阳能电池结构，"奥德修斯"太阳能无人机中采用柔性砷化镓电池，且电池阵列与复合表面板进行了整体固化。结构嵌入式复合表面虽然可以增强蒙皮的刚度，但是与常规飞行器蒙皮相比，太阳能无人机机翼为弱蒙皮/无蒙皮结构形式。从机翼结构传力角度来讲，弯矩、剪力、扭矩只能通过主梁进行传载。为了获得较好的扭转刚度，且同时考虑工艺的实施性，往往采用闭剖面复合材料梁，如圆管梁、矩形梁等。

但是从抗弯刚度角度而言，圆管梁和矩形梁不是最好的选择。机身截面上扭矩较小，且对机身的扭转刚度要求没有机翼严苛。为了尽可能减轻机身结构重量，增大其抗弯刚度，往往采用复合材料轻质桁架结构。与其他结构相比，在相同弯曲刚度和扭转刚度的条件下，桁架结构具有理论上最轻的结构重量。在机翼上也开始尝试采用桁架式结构，如"奥德修斯"太阳能无人机。

由于整个机翼为弱/无蒙皮结构形式，所以翼肋对机翼整体扭转刚度贡献不大。只是起到了支撑太阳能电池和聚乙烯薄膜，以及传递局部气动载荷的作用。太阳能无人机中翼肋刚度较弱，可以有效减小全机结构重量。一般采用复合材料桁架式结构，以复合材料杆件/大开孔夹层结构代替传统翼肋腹板，缘条多为层合板结构。

4.2 太阳能无人机典型结构方案分析

考虑到承载要求和工艺可实现性，目前太阳能无人机结构多采用圆管梁与箱形梁。圆管梁、箱形梁与常规飞机结构常用的工字梁结构相比（见图 4-18），工字梁承弯效率最高，但承扭效果差，需要前后梁与壁板形成盒段承扭；箱形梁可以看作是双工字梁，但也提高了结构制备和装配的难度；圆管梁结构最为简单，一般可以一次成型，且具有较好的抗扭能力，但因为材料没有最大效率的布置在承受拉压载荷的截面上下端，相对工字梁和箱形梁比较抗弯能力较差。

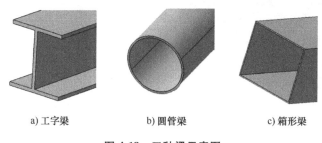

a) 工字梁　　　　b) 圆管梁　　　　c) 箱形梁

图 4-18　三种梁示意图

从结构稳定性角度来看，三种结构形式的梁屈曲失效模式各不相同。工字梁屈曲形式主要为梁腹板的剪切失稳和梁缘条的轴压失稳。梁缘条的轴压失稳一般分为总体屈曲和局部屈曲。箱形梁的主要失稳形式是腹板的剪切失稳和上下板边的轴压失稳。圆管梁的主要失稳形式主要包括圆管的总体失稳和薄壁局部失稳。三种梁失稳形式与计算方法各异，在评判结构形式优劣性时不仅要考虑强度、刚度，还要综合屈曲分析进行评判。

除了圆管梁和箱形梁，桁架结构形式被广泛应用于太阳能无人机机身结构。桁架结构中主梁相当于传统承受拉压载荷的缘条，用于承受截面弯矩；斜拉杆相当于腹板和翼盒蒙皮，承受截面剪力与扭矩。下面将从理论分析的角度定量评估工字梁、圆管梁和箱形梁的刚度和强度，并针对某太阳能无人机桁架梁结构方案，给出复合材料桁架梁的分析方法和步骤。

4.2.1　工字梁、圆管梁和箱形梁刚强度理论分析

4.1.5 节中指出，太阳能无人机结构多为弱/无蒙皮结构形式，主梁结构承担了绝大部

分的内力，包括弯矩、剪力及扭矩，相对传统无人机结构形式，太阳能无人机结构传力路径更为清晰，梁是传力主要构件。所以本节针对工字梁、圆管梁和箱形梁的弯曲刚度、扭转刚度计算，以及在弯矩、扭矩和剪力作用下的正应力和切应力理论计算方法进行推导。并给出了复合材料工字梁、圆管梁和箱形梁的相应计算公式。

图 4-19a 所示为工字梁的几何设计变量，其中 b_1，h_1 分别为工字梁的上下缘条宽度和腹板高度，t_1，t_2 分别为上下缘条板厚度和腹板厚度。图 4-19b 所示为圆管梁的几何设计变量，其中 D 为截面直径，t_3 为圆管梁壁厚。图 4-19c 为矩形截面箱形梁的几何设计变量，其中 b_2，h_2 分别为箱形梁的宽度和高度，t_4，t_5 分别为缘条厚度和腹板厚度。

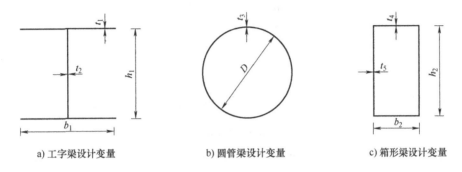

a) 工字梁设计变量　　　　b) 圆管梁设计变量　　　　c) 箱形梁设计变量

图 4-19　三种梁尺寸示意图

1. 弯曲刚度

梁的截面弯曲刚度 EI（E 为材料弹性模量；I 为截面惯性矩）体现了其抵抗弯曲变形的能力。对于各向同性梁，截面惯性矩计算公式如下：

（1）工字梁截面惯性矩

$$I_1 = 2b_1t_1\left(\frac{h_1}{2}\right)^2 + \frac{1}{12}t_2h_1^3 = \frac{b_1t_1h_1^2}{2} + \frac{t_2h_1^3}{12} \tag{4-1}$$

（2）圆管梁截面惯性矩（见图 4-20）

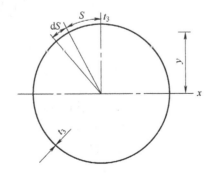

图 4-20　圆管梁截面惯性矩计算示意图

$$I_2 = \int_0^{2\pi} t_3 y^2 \mathrm{d}S = \int_0^{2\pi} t_3 \left(\frac{D}{2}\cos\theta \right)^2 \cdot \frac{D}{2} \cdot \mathrm{d}\theta = \frac{\pi}{8}D^3 t_3 \qquad (4\text{-}2)$$

（3）箱形梁截面惯性矩

$$I_3 = 2b_2 t_4 \left(\frac{h_2}{2} \right)^2 + 2 \times \frac{1}{12} t_5 h_2^3 = \frac{b_2 t_4 h_2^2}{2} + \frac{t_5 h_2^3}{6} \qquad (4\text{-}3)$$

2. 扭转刚度

梁的截面扭转刚度刚度 GJ 体现了其抵抗扭转变形的能力。其中，圆管梁与箱形梁为闭剖面。根据飞行器结构力学中的薄壁工程梁理论，闭剖面扭转载荷作用如下。

$$\frac{\mathrm{d}\theta}{\mathrm{d}z} = \frac{T}{4A^2}\oint \frac{\mathrm{d}s}{\mathrm{d}t} = \frac{T}{GJ} \qquad (4\text{-}4)$$

$$q = \frac{T}{2A} \qquad (4\text{-}5)$$

式中，s 是截面曲线路径；t 是壁厚；$\dfrac{\mathrm{d}\theta}{\mathrm{d}z}$ 是单位长度上的扭转角（rad）；T 是截面上的扭矩（N·m）；q 是剪流（N·m^{-1}）；A 是截面周线围成的面积（m^2）。

在飞行器结构力学中引入了截面上正应力和切应力沿壁厚 t 均匀分布的假设，基于此引入了剪流的概念，剪流 q 是单位长度上的剪力，切应力的荷载集度。

$$q = \tau \cdot t \qquad (4\text{-}6)$$

薄壁工字梁为开剖面。在薄壁工程梁理论中，开剖面不能承担剪流，但由弹性力学知识可知，开口薄壁结构切应力沿壁厚不是均匀分布，可以承扭。对于狭矩形组成的开口薄壁结构，沿着壁厚方向切应力呈线性分布，如图 4-21 所示。

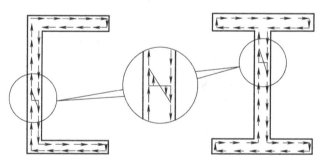

图 4-21　弹性力学中薄壁开剖面切应力分布

根据弹性力学中等截面柱的扭转可知，工字梁扭转载荷作用下

$$\frac{\mathrm{d}\theta}{\mathrm{d}z} = \frac{T}{GJ} \qquad (4\text{-}7)$$

$$J = \sum \frac{1}{3}a_i b_i^3 \qquad (4\text{-}8)$$

$$\tau_{\max} = \frac{Tb}{J} \qquad (4\text{-}9)$$

式中，G 是材料切变模量；J 是截面极惯性矩；$\dfrac{\mathrm{d}\theta}{\mathrm{d}z}$ 是单位长度上的扭转角（rad）；T 是截面上的扭矩（N·m）；a_i 和 b_i 表示每个狭长矩形的长度和宽度（m）；$\tau_{\max}$ 是矩形长边中点附近的切应力（N·m^{-2}）。

根据以上理论，三种梁的扭转刚度 GJ 计算如下。

（1）工字梁

$$GJ_1 = G\sum_{i=1}^{3}\frac{1}{3}a_i b_i^3 = G\left(\frac{2b_1 t_1^3}{3} + \frac{h_1 t_2^3}{3}\right) \tag{4-10}$$

（2）圆管梁

$$GJ_2 = G\frac{4A^2}{\oint \dfrac{\mathrm{d}s}{t}} = G\frac{\dfrac{1}{4}(\pi D^2)^2}{\dfrac{\pi D}{t}} = G\frac{\pi D^3 t}{4} \tag{4-11}$$

（3）箱形梁

$$GJ_3 = G\frac{4A^2}{\oint \dfrac{\mathrm{d}s}{t}} = G\frac{2(b_2 h_2)^2}{\dfrac{h_2}{t_5} + \dfrac{b_2}{t_4}} \tag{4-12}$$

3. 剖面弯曲正应力

梁截面上内力一般包括弯矩、剪力、扭矩、轴力（见图 4-22）。以机翼为例，各个横截面上的合内力有弯矩 M_x 和 M_y，扭矩 M_z，剪力 Q_x 和 Q_y 及轴向力 N_z，它们都可由静力平衡方程来确定。

需要说明的是，本节中的所述的弯曲和扭转为"自由弯曲"和"自由扭转"。

如图 4-23，对于一般形状的截面，斜方向弯矩可以分解为 M_x 和 M_y，C 为形心，建立坐标系 xCy，NA 为中性轴，距形心距离为 p，

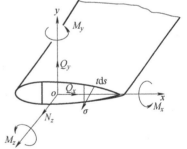

图 4-22　机翼剖面内力示意图

距离中性轴为 ξ 处点的轴线方向应变 ε_z 为

$$\varepsilon_z = \frac{\xi}{\rho} \tag{4-13}$$

轴线方向正应力为

$$\sigma_z = E\varepsilon_z \tag{4-14}$$

$$\sigma_z = \frac{E\xi}{\rho} \tag{4-15}$$

式中，E 是材料弹性模量。

截面上轴力为 0

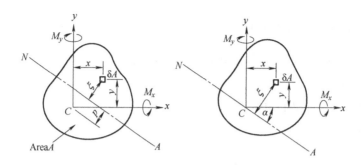

图 4-23   一般截面及弯矩示意图

$$\int_A \sigma_z \mathrm{d}A = 0 \tag{4-16}$$

$$\int_A \xi \mathrm{d}A = 0 \tag{4-17}$$

所以，中性轴通过截面形心。

从图 4-23 可知，ξ 与 x 和 y 之间的关系满足

$$\xi = x\sin\alpha + y\cos\alpha \tag{4-18}$$

带入式（4-14）

$$\sigma_z = \frac{E}{\rho}(x\sin\alpha + y\cos\alpha) \tag{4-19}$$

M_x 和 M_y 可以通过下式计算

$$M_x = \int_A \sigma_z y \mathrm{d}A, \quad M_y = \int_A \sigma_z x \mathrm{d}A \tag{4-20}$$

其中，

$$I_x = \int_A y^2 \mathrm{d}A, \quad I_y = \int_A x^2 \mathrm{d}A, \quad I_{xy} = \int_A xy \mathrm{d}A \tag{4-21}$$

式中，I_x、I_y、I_{xy} 分别是截面关于 x 轴的惯性矩，关于 y 轴的惯性矩，以及关于 x、y 轴的惯性积。

将式（4-19）代入，可得

$$M_x = \frac{E\sin\alpha}{\rho}I_{xy} + \frac{E\cos\alpha}{\rho}I_{xx}, \quad M_y = \frac{E\sin\alpha}{\rho}I_{yy} + \frac{E\cos\alpha}{\rho}I_{xy} \tag{4-22}$$

写成矩阵的形式

$$\begin{bmatrix} M_x \\ M_y \end{bmatrix} = \frac{E}{\rho}\begin{bmatrix} I_{xy} & I_{xx} \\ I_{yy} & I_{xy} \end{bmatrix}\begin{bmatrix} \sin\alpha \\ \cos\alpha \end{bmatrix} \tag{4-23}$$

或：

$$\frac{E}{\rho}\begin{bmatrix} \sin\alpha \\ \cos\alpha \end{bmatrix} = \begin{bmatrix} I_{xy} & I_{xx} \\ I_{yy} & I_{xy} \end{bmatrix}^{-1}\begin{bmatrix} M_x \\ M_y \end{bmatrix} \tag{4-24}$$

$$\frac{E}{\rho}\begin{bmatrix} \sin\alpha \\ \cos\alpha \end{bmatrix} = \frac{1}{I_{xx}I_{yy} - I_{xy}^2}\begin{bmatrix} -I_{xy} & I_{xx} \\ I_{yy} & -I_{xy} \end{bmatrix}\begin{bmatrix} M_x \\ M_y \end{bmatrix} \tag{4-25}$$

将式（4-25）带入式（4-19）

$$\sigma_z = \frac{M_x(I_{yy}y - I_{xy}x)}{I_{xx}I_{yy} - I_{xy}^2} + \frac{M_x(I_{xx}x - I_{xy}y)}{I_{xx}I_{yy} - I_{xy}^2} \tag{4-26}$$

$$\sigma_z = \left(\frac{M_y I_{xx}y - M_x I_{xy}}{I_{xx}I_{yy} - I_{xy}^2}\right)x + \left(\frac{M_x I_{yy} - M_y I_{xy}}{I_{xx}I_{yy} - I_{xy}^2}\right)y \tag{4-27}$$

若 Cx 或 Cy 为对称轴，则 $I_{xy} = 0$，Cx 或 Cy 为形心主轴

$$\sigma_z = \frac{M_x}{I_x}y + \frac{M_y}{I_y}x \tag{4-28}$$

进一步若 $M_x = 0$ 或 $M_y = 0$

$$\sigma_z = \frac{M_x}{I_x}y \tag{4-29}$$

$$\sigma_z = \frac{M_y}{I_y}x \tag{4-30}$$

无论对于开剖面薄壁梁，还是闭剖面薄壁梁，弯矩载荷作用下截面上正应力都可采用上式进行计算。

4. 剖面剪切应力

（1）开剖面剪流计算 如图 4-24 所示开剖面，截面上剪力为 S_x 和 S_y。现在研究开剖面上的剪流计算公式。沿着 s 路径和轴向 z 方向截取单元体，单元体各面上应力分布见图 4-25。

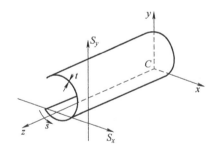

图 4-24 开剖面薄壁工程梁

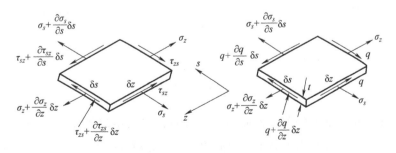

图 4-25 单元体

根据单元体 z 方向平衡

$$\left(\sigma_z+\frac{\partial\sigma_z}{\partial z}\delta z\right)t\delta s-\sigma_z t\delta s+\left(q+\frac{\partial q}{\partial s}\delta s\right)\delta z-q\delta z=0 \tag{4-31}$$

可得

$$\frac{\partial q}{\partial S}+t\frac{\partial\sigma_z}{\partial z}=0 \tag{4-32}$$

截面上正应力计算公式见式（4-27），进一步

$$\frac{\partial\sigma_z}{\partial z}=\frac{\dfrac{\partial M_y}{\partial z}I_x-\dfrac{\partial M_x}{\partial z}I_{xy}}{I_xI_y-I_{xy}^2}x+\frac{\dfrac{\partial M_x}{\partial z}I_y-\dfrac{\partial M_y}{\partial z}I_{xy}}{I_xI_y-I_{xy}^2}y \tag{4-33}$$

弯矩与剪力满足如下关系

$$\frac{\partial M_y}{\partial z}=S_x \tag{4-34}$$

$$\frac{\partial M_x}{\partial z}=S_y \tag{4-35}$$

因此

$$\frac{\partial\sigma_z}{\partial z}=\frac{S_xI_x-S_yI_{xy}}{I_xI_y-I_{xy}^2}x+\frac{S_yI_y-S_xI_{xy}}{I_xI_y-I_{xy}^2}y \tag{4-36}$$

进而

$$\frac{\partial q}{\partial S}=-\left(\frac{S_xI_x-S_yI_{xy}}{I_xI_y-I_{xy}^2}\right)tx-\left(\frac{S_yI_y-S_xI_{xy}}{I_xI_y-I_{xy}^2}\right)ty \tag{4-37}$$

若 Cx 轴或 Cy 轴为对称轴

$$q=-\frac{S_x}{I_y}\int_0^S txdS-\frac{S_y}{I_x}\int_0^S tydS \tag{4-38}$$

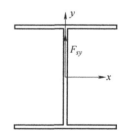

图 4-26　工字梁截面剪力分布

式中，$\int_0^S tydS$ 是从自由边到所求应力点处，承受正应力面积对 x 轴的静矩（m^3）；$\int_0^S txdS$ 是从自由边到所求应力点处，承受正应力面积对 y 轴的静矩（m^3）。

对于工字梁，截面上剪力为 F_{sy}，如图 4-26 所示。

由剪流与静矩之间的关系：

$$q_S=-\frac{F_{sy}}{I_x}S_y \tag{4-39}$$

可以得到工字梁截面上的剪流方向与剪流分布，如图 4-27 所示。箭头分别表示静矩积分路径和剪流方向，线分布表示静矩和剪流的大小。静矩有继承性，所以剪流有连续性，流向某点的总剪流和流出该点的剪流相同。

（2）闭剖面剪流计算　如图 4-28 所示闭剖面薄壁工程梁，由飞行器结构力学可知，单

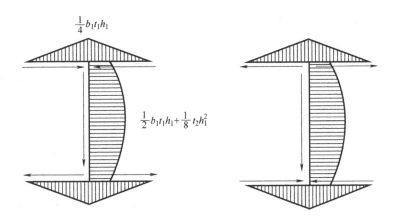

图 4-27　工字梁截面（左）静矩分布图（右）剪流分布图

闭室剖面的剪切 q_s 等于将单闭室剖面切开后的开剖面剪切 q_b 与切口处的剪切 $q_{s.o}$ 之和

$$q_s = -\left(\frac{S_x I_x - S_y I_{xy}}{I_x I_y - I_{xy}^2}\right)\int_0^s t_x \mathrm{d}S - \left(\frac{S_y I_y - S_x I_{xy}}{I_x I_y - I_{xy}^2}\right)\int_0^s t_y \mathrm{d}S + q_{s.o} = q_b + q_{s.o} \tag{4-40}$$

如图 4-29 所示，切口处的剪切由合力矩定理求出

$$S_x \eta_o - S_y \xi_o = \oint pq\mathrm{d}S = \oint pq_b\mathrm{d}S + q_{s.o}\oint p\mathrm{d}S \tag{4-41}$$

式中，η_o，ξ_o 是剪力至矩心点的距离（m）；q 是剪流（N·m^{-1}）；p 是矩心点至剪流方向的垂向距离（m）。

$$\mathrm{d}A = \frac{1}{2}p\mathrm{d}S \oint \mathrm{d}A = \frac{1}{2}\oint p\mathrm{d}S \oint p\mathrm{d}S = 2A \tag{4-42}$$

$$S_x \eta_o - S_y \xi_o = \oint pq_b\mathrm{d}S + 2Aq_{s.o} \tag{4-43}$$

式中，A 是截面图线围成的面积（m^2）。

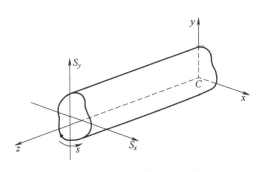

图 4-28　闭剖面薄壁工程梁

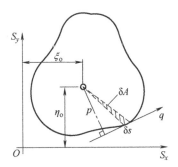

图 4-29　闭剖面剪力与剪流之间关系

　　由闭剖面剪流计算方法，矩形梁的剪流分布图如图 4-30 所示，圆管梁的剪流分布图如图 4-31 所示。

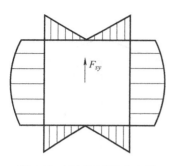

图 4-30　矩形梁剪流分布图

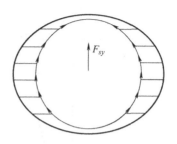

图 4-31　圆管梁剪流分布图

箱形梁截面上切应力分布规律与工字梁类似，最大切应力发生在腹板中点上。薄壁圆管梁上最大切应力为截面平均切应力的两倍

$$\tau_{\max} = \frac{2F_{sy}}{\pi Dt} = 2\frac{F_{sy}}{A} \tag{4-44}$$

5. 扭转与扭转切应力

纯扭转时三种梁横截面上切应力计算公式如下。

（1）圆管梁

$$\frac{\mathrm{d}\theta}{\mathrm{d}z} = \frac{T}{GJ} \tag{4-45}$$

$$J = \frac{4A^2}{\oint \mathrm{d}S/t} = \frac{\pi D^3 t}{4} \tag{4-46}$$

$$\frac{\mathrm{d}\theta}{\mathrm{d}z} = \frac{T}{GJ} = \frac{4T}{\pi D^3 tG} \tag{4-47}$$

圆管梁上扭转切应力为

$$\tau = \frac{T}{2At} = \frac{2T}{\pi D^2 t} \tag{4-48}$$

（2）箱形梁

$$J = \frac{4A^2}{\oint \mathrm{d}S/t} = \frac{2b_2^2 h_2^2}{\left(\dfrac{h_2}{t_5} + \dfrac{b_2}{t_4}\right)} \tag{4-49}$$

$$\frac{\mathrm{d}\theta}{\mathrm{d}z} = \frac{T}{GJ} = \frac{T\left(\dfrac{h_2}{t_5} + \dfrac{b_2}{t_4}\right)}{2b_2^2 h_2^2 G} \tag{4-50}$$

$$q = \frac{T}{2A} = \frac{T}{2b_2 h_2} \tag{4-51}$$

箱形梁上最大扭转切应力为

$$\tau_{\max} = \frac{q}{t_4} \text{或} \frac{q}{t_5} \tag{4-52}$$

（3）工字梁

$$\frac{\mathrm{d}\theta}{\mathrm{d}z}=\frac{T}{GJ} \tag{4-53}$$

$$J=\frac{2}{3}b_1t_1^3+\frac{1}{3}h_1t_2^3 \tag{4-54}$$

工字梁腹板中点最大切应力为

$$\tau_{\max}=\frac{T}{J}t_2 \tag{4-55}$$

6. 复合材料薄壁梁

目前太阳能无人机重量多为复合材料结构，如图 4-32 所示，假设复合材料薄壁梁由若干（N 个）单元组成，$i=1,2,3,\cdots,N$。

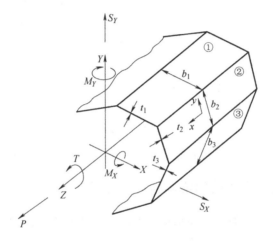

图 4-32　复合材料薄壁梁

可以根据复合材料单层板力学性能和层合板铺层方案计算处层合板 A、B、D 矩阵。进而根据 A 矩阵计算出工程常数

$$E_x=\frac{1}{t}\left(A_{11}+\frac{2A_{12}A_{16}A_{26}-A_{22}A_{16}^2-A_{12}^2A_{66}}{A_{22}A_{66}-A_{26}^2}\right) \tag{4-56}$$

$$G_{xy}=\frac{1}{t}\left(A_{66}+\frac{2A_{12}A_{16}A_{26}-A_{22}A_{16}^2-A_{11}^2A_{66}}{A_{11}A_{22}-A_{12}^2}\right) \tag{4-57}$$

（1）轴力　轴力下复合材料薄壁梁横截面上正应力为

$$\frac{F_{Ni}}{b_it_i}=\varepsilon_{zi}E_{zi} \tag{4-58}$$

$$F_{Ni}=b_it_i\varepsilon_{zi}E_{zi} \tag{4-59}$$

$$F_{Ni}=\varepsilon_{zi}b_it_iE_{zi} \tag{4-60}$$

$$F_{Ni}=\varepsilon_z\sum_{i=1}^{N}b_it_iE_{zi} \tag{4-61}$$

$$\varepsilon_z = \frac{F_N}{\sum_{i=1}^{N} b_i t_i E_{zi}} \tag{4-62}$$

（2）弯曲 弯矩下复合材料薄壁梁横截面上正应力为

$$\sigma_{zi} = E_{zi} \left[\left(\frac{M_y I_x - M_x I_{xy}}{I_x I_y - I_{xy}^2} \right) x + \left(\frac{M_x I_y - M_y I_{xy}}{I_x I_y - I_{xy}^2} \right) y \right] \tag{4-63}$$

（3）剪切 剪力作用下开剖面剪流计算公式变为

$$q_s = -E_{zi} \left[\left(\frac{S_x I_x - S_y I_y}{I_x I_y - I_{xy}^2} \right) \int_0^s t_i x \mathrm{d}S + \left(\frac{S_y I_y - S_x I_{xy}}{I_x I_y - I_{xy}^2} \right) \int_0^s t_i y \mathrm{d}S \right] \tag{4-64}$$

剪力作用下闭剖面剪流计算公式变为

$$q_s = -E_{zi} \left[\left(\frac{S_x I_x - S_y I_y}{I_x I_y - I_{xy}^2} \right) \int_0^s t_i x \mathrm{d}S + \left(\frac{S_y I_y - S_x I_{xy}}{I_x I_y - I_{xy}^2} \right) \int_0^s t_i y \mathrm{d}S \right] + q_{s0} \tag{4-65}$$

（4）扭转 纯扭转时闭剖面剪流计算公式同样适用于复合材料薄壁梁

$$q = \frac{T}{2A} \tag{4-66}$$

复合材料闭剖面薄壁梁单位刚度扭转角为

$$\frac{\mathrm{d}\theta}{\mathrm{d}z} = \frac{T}{4A^2} \oint \frac{\mathrm{d}S}{G_{XY,i} t_i} \tag{4-67}$$

纯扭转时开剖面复合材料薄壁梁扭转角与剪流计算与式（4-7）~（4-9）保持一致。

4.2.2 工字梁、圆管梁和箱形梁刚强度对比分析

上节给出了工字梁、圆管梁和箱形梁弯曲刚度、扭转刚度的计算方法，并给出了三种梁在承受不同载荷时的正应力、切应力计算方法。理论计算可用于太阳能无人机机翼/机身结构的方案设计阶段，快速设计、评估主梁构型及尺寸分布。

以圆管梁作为基准，假设其截面直径 $D = 100\mathrm{mm}$，壁厚 $t_3 = 3\mathrm{mm}$。在保证质量一致的情况下计算圆管梁和箱形梁的相关尺寸。工字梁高度 h_1 和箱形梁高度 h_2 与圆管梁高度保持一致，都为 $100\mathrm{mm}$。进而分别求解工字梁的上下缘条宽度 b_1，上下缘条板厚度 t_1，腹板厚度 t_2，以及箱形梁的宽度 b_2，缘条厚度 t_4 和腹板厚度 t_5，见表4-1和表4-2。

表4-1 工字梁参数

编号	参数设定	t_1/m	t_2/m	b_1/m	h_1/m
工字梁1	$t_1/t_2 = 2$，$b_1/h_1 = 1/2$	0.00628	0.00314	0.05	0.1
工字梁2	$t_1/t_2 = 3$，$b_1/h_1 = 1/2$	007065	0.002355	0.05	0.1
工字梁3	$t_1/t_2 = 4$，$b_1/h_1 = 1/2$	0.007536	0.001884	0.05	0.1
工字梁4	$t_1/t_2 = 2$，$b_1/h_1 = 1/4$	0.00942	0.00471	0.025	0.1
工字梁5	$t_1/t_2 = 3$，$b_1/h_1 = 1/4$	0.011304	0.003768	0.025	0.1
工字梁6	$t_1/t_2 = 4$，$b_1/h_1 = 1/4$	0.01256	0.00314	0.025	0.1

表 4-2   箱形梁参数

编号	参数设定	t_3/m	t_4/m	b_2/m	h_2/m
箱形梁 1	$t_3/t_4 = 2$，$b_2/h_2 = 1/2$	0.00471	0.002355	0.05	0.1
箱形梁 2	$t_3/t_4 = 3$，$b_2/h_2 = 1/2$	0.0057	0.0019	0.05	0.1
箱形梁 3	$t_3/t_4 = 4$，$b_2/h_2 = 1/2$	0.0063	0.0016	0.05	0.1
箱形梁 4	$t_3/t_4 = 2$，$b_2/h_2 = 1/4$	0.0063	0.0031	0.025	0.1
箱形梁 5	$t_3/t_4 = 3$，$b_2/h_2 = 1/4$	0.0081	0.0027	0.025	0.1
箱形梁 6	$t_3/t_4 = 4$，$b_2/h_2 = 1/4$	0.0094	0.0024	0.025	0.1

圆管梁弯曲惯性矩 I 计算参考式（4-2），扭转极惯性矩参考式（4-11），单位弯矩（1N·m）下弯曲正应力计算参考式（4-29），单位剪力（1N）下剪切应力计算参考式（4-44），单位扭矩（1N·m）下扭转切应力计算参考式（4-48）。

工字梁弯曲惯性矩 I 计算参考式（4-1），扭转极惯性矩参考式（4-10），单位弯矩（1N·m）下弯曲正应力计算参考式（4-29），单位剪力（1N）下剪切应力计算参考式（4-39），单位扭矩（1N·m）下扭转切应力计算参考式（4-54）。

箱形梁弯曲惯性矩 I 计算参考式（4-3），扭转极惯性矩参考式（4-12），单位弯矩（1N·m）下弯曲正应力计算参考式（4-29），单位剪力（1N）下剪切应力计算参考式（4-40），单位扭矩（1N·m）下扭转切应力计算参考式（4-51）。

计算结果见表 4-3。

表 4-3   计算结果对比

圆管梁	弯曲惯性矩 I/m⁴	扭转极惯性矩 J/m⁴	单位弯矩下弯曲正应力/Pa	单位剪力下剪切应力/Pa	单位扭矩下扭转切应力/Pa
圆管梁	1.18×10^{-6}	2.36×10^{-6}	4.25×10^{4}	2.12×10^{3}	2.12×10^{4}
工字梁 1	1.83×10^{-6}	9.29×10^{-9}	2.73×10^{4}	3.41×10^{3}	3.38×10^{5}
工字梁 2	1.96×10^{-6}	1.22×10^{-8}	2.55×10^{4}	4.46×10^{3}	1.93×10^{5}
工字梁 3	2.04×10^{-6}	1.45×10^{-8}	2.45×10^{4}	5.51×10^{3}	1.30×10^{5}
工字梁 4	1.57×10^{-6}	1.74×10^{-8}	3.18×10^{4}	2.39×10^{3}	2.70×10^{5}
工字梁 5	1.73×10^{-6}	2.59×10^{-8}	2.90×10^{4}	2.90×10^{3}	1.46×10^{5}
工字梁 6	1.83×10^{-6}	3.41×10^{-8}	2.73×10^{4}	3.41×10^{3}	9.22×10^{4}
箱形梁 1	1.57×10^{-6}	9.42×10^{-7}	3.18×10^{4}	2.39×10^{3}	4.25×10^{4}
箱形梁 2	1.73×10^{-6}	8.07×10^{-7}	2.90×10^{4}	2.90×10^{3}	5.31×10^{4}
箱形梁 3	1.83×10^{-6}	6.98×10^{-7}	2.73×10^{4}	3.41×10^{3}	6.37×10^{4}
箱形梁 4	1.31×10^{-6}	3.49×10^{-7}	3.82×10^{4}	1.91×10^{3}	6.37×10^{4}
箱形梁 5	1.46×10^{-6}	3.11×10^{-7}	3.43×10^{4}	2.14×10^{3}	7.43×10^{4}
箱形梁 6	1.57×10^{-6}	2.77×10^{-7}	3.18×10^{4}	2.39×10^{3}	8.49×10^{4}

从计算结果可以看出，在保证重量相等和承载高度相等的前提下：

1）几种工字梁方案弯曲刚度相对圆管梁提高 30%~80%，扭转刚度为圆管梁的 0.3%~1.4%。几种箱形梁方案弯曲刚度相对圆管梁提高 10%~60%，扭转刚度为圆管梁的 10%~40%。由此可得三种梁中工字梁抗弯刚度最好，圆管梁最差；圆管梁的抗弯刚度最好，工字梁最差，工字梁的抗扭刚度约为圆管梁的 1%。

2）在同等弯矩载荷作用下，几种工字梁方案截面上最大正应力为圆管梁截面上最大正应力的 60%~75%。几种箱形梁方案截面上最大正应力为圆管梁截面上最大正应力的 64%~90%。由此可得工字梁截面上正应力最小，圆管梁截面上正应力最大。

3）在同等剪力载荷作用下，几种工字梁方案截面上最大切应力相对圆管梁提高 10%~160%，几种箱形梁方案截面上最大切应力相对圆管梁截面提高-10%~60%。

4）在同等扭矩载荷作用下，几种工字梁方案截面上最大切应力是圆管梁截面上最大切应力的 4~16 倍，几种箱形梁方案截面上最大切应力为圆管梁截面上最大切应力的 2~4 倍。

4.2.3　太阳能无人机机翼主梁方案快速设计流程

1）典型工况下气动载荷分布和惯性载荷分布作为输入。其中惯性载荷可由过载系数、设备质量、初始结构质量分布给定初始值。

2）沿展向对主梁进行设计区域划定，总共划分为 M 个区域。

3）选取梁的形式（圆管梁或箱形梁）和每个展向区域中梁的尺寸初始值（如图 4-19 所示，圆管梁的尺寸为截面直径 D，圆管梁壁厚 t_3，箱形梁的尺寸为箱形梁的宽度 b_2 和高度 h_2，缘条厚度 t_4 和腹板厚度 t_5）。

4）根据复合材料典型铺层（$n_{\pm45}:n_0:n_{90}=3:6:1$ 或 $n_{\pm45}:n_0:n_{90}=4:5:1$），结合所选材料力学性能，根据式（4-56）和式（4-57）计算各设计区域复合材料层合板的工程常数 E_x 和 G_{xy}。

5）给定梁的弦向站位 $x\%$，梁的轴线位置即为刚轴位置。

6）依据各截面刚心位置为矩心点，采用截面法，积分计算各截面上的弯矩 M_x 和 M_y，扭矩 M_z，剪力 Q_x 和 Q_y。

7）依据式（4-2）和式（4-3）计算每个截面上的弯曲惯性矩 I，得到弯曲刚度曲线。

8）依据式（4-11）和式（4-12）计算每个截面上的扭转极惯性矩 J，得到扭转刚度曲线。

9）根据单位力法可以求出此时机翼主梁的最大挠度 z_{max} 和最大扭转角 θ_{max}。

10）根据截面上的弯曲惯性矩 I 及式（4-28）可以求出弯矩 M_x 和 M_y 作用下的最大正应力 σ_{max}；根据 $\varepsilon_{max}=\sigma_{max}/E_x$ 得到弯矩载荷作用下的纵向线应变。

11）根据式（4-40）求出剪力 Q_x 作用下截面上的最大切应力 τ_{max1}。

12）根据式（4-48）或式（4-52）求出剪力扭矩作用下截面上的最大切应力 τ_{max2}。

13）$\tau_{max}=\tau_{max1}+\tau_{max2}$ 为截面上的最大切应力；根据 $\gamma_{max}=\tau_{max}/G_{xy}$ 得到剪切应变。

14）将最大挠度 z_{max}、最大扭转角 θ_{max}、最大纵向线应变 ε_{max}、最大剪切应变 γ_{max} 与设计

许用值进行对比分析，校核是否满足需求。

15）对梁的尺寸、梁的弦向位置进行调整和迭代设计，可以得到满足弯曲刚度、扭转刚度和强度要求的复合材料主梁方案（见图 4-33）。在迭代计算中，根据结构尺寸分布更新惯性载荷，或者将梁的形式、梁的尺寸、梁的弦向位置作为设计变量，采用优化算法进行优化设计。因为设计变量类型不同，整个计算分析为纯数值计算，建议采用进化算法［遗传算法（GA）或粒子群优化算法（PSO）］进行优化设计。

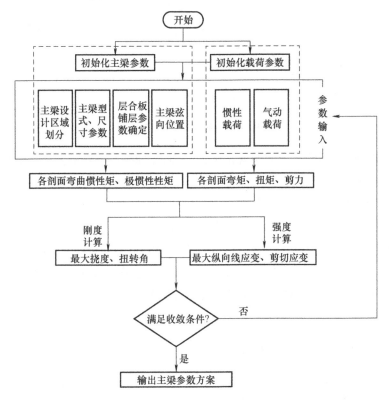

图 4-33　主梁方案快速设计流程

4.2.4　复合材料桁架梁结构分析方法

1. 桁架梁结构传力分析

桁架结构往往是空间高次超静定结构，整体刚度好，而复合材料桁架结构充分利用了复合材料轻质的特点和高效率承载构型的优点，目前已从卫星次承力结构扩大到主承力结构、飞艇骨架结构及太阳能无人机机身结构。

对于图 4-34 所示某太阳能无人机矩形截面桁架结构，4 根主梁是主承力结构，整个截面上的弯矩转换成主梁上的拉压轴力。对于截面上的剪力，主要由上下主梁之间的斜拉杆承担。扭矩由上下斜拉杆和前后斜拉杆共同承担。4 根主梁与上下斜拉杆构成了前梁与后梁，其本质与传统的腹板式工字梁类似。梁的上下两根主梁相当于传统工字梁的矩形缘条，上下斜拉杆相当于工字梁的腹板。与传统的腹板梁相比，梁缘条与腹板都是圆形截面，能很好地解决传统工字梁缘条和腹板失稳的问题；而且，从理论上来讲，同等惯性矩下圆管梁的重量要轻；此外，圆形截面本身具有较好的抗扭刚度。尤其是采用了复合材料圆管，可以最大限度地减轻结构本身的重量。

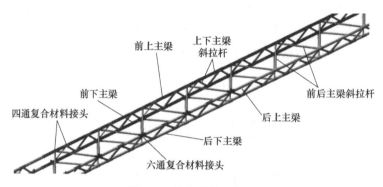

图 4-34　桁架结构示意图

　　然而，桁架结构面临的最大问题就是圆管与圆管之间的连接问题。影响复合材料桁架结构可靠性的是复合材料接头设计及成形工艺。金属桁架结构可以通过焊接在桥梁专业中应用广泛。关于复合材料桁架连接，目前一个较为可行的方法就是通过复合材料接头，通过胶接或胶铆混合连接实现桁架的整体构造。复合材料接头制备工艺目前主要有短纤维模塑、铺层模压、纤维缠绕、自动铺丝和编织预成形件+RTM（Resin Transfer Molding，树脂传递模塑），如图 4-35～图 4-38 所示。由于接头制备难度大，有时采用多个连接附件连接桁架杆件，图 4-39 和图 4-40 给出了采用复合材料节点板，以及通过胶接和胶铆混合接实现杆件连接的接头结构形式。

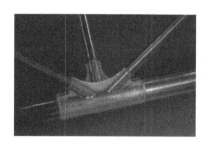

图 4-35　短纤维模塑成形

图 4-36　铺层模压成形

图 4-37　编制预成形接头

图 4-38　RTM 工艺成形接头

图 4-39　节点板胶接

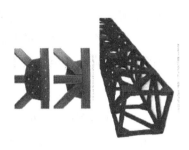

图 4-40　节点板胶铆混合连接

接头多为空间多向相贯的复杂构型，应力状态复杂。在轻量化指标的约束下，接头常为全复合材料桁架承载的关键环节。在计算复合材料桁架结构刚强度时，如果对所有的部件都采用精细化面/体单元进行模拟，对于整个桁架结构来说计算量太大，也不利于开展各元件尺寸对强度、刚度影响的灵敏度分析和规律研究。

主梁和拉杆之间是通过复合材料四通接头连接在一起的，在整体模型里面采用共节点的形式将主梁和拉杆连接，从而实现载荷的传递。考虑到桁架结构的传力路径与计算量，对于复合材料桁架结构一般采用如下设计思路：

1）首先基于等效梁/杆模型对桁架结构进行有限元模拟分析及构件参数优化设计。

2）提取受力桁架节点位移或内力，建立复合材料接头局部有限元分析模型。

3）以强度条件为约束，对接头长度和壁厚进行参数化优化计算，从而得到最优参数。

4）考虑胶层的影响，进行复合材料接头最终的强度校核。

2. 桁架结构有限元分析方法

（1）桁架梁单元有限元模型　无人机结构有限元建模总体原则是建立适合并且符合实际承载特点的有限元模型。其具体要求如下：

1）有限元模型应满足各项平衡条件。

2）有限元模型应满足变形协调条件。

3）有限元模型应满足边界条件。

4）有限元模型应满足刚度等价原则。

5）根据结构的传力特性选取元素。

6）根据结构特点、精度要求等划分网格。

7）几何上要尽可能地接近真实的结构体。

8）仔细地处理载荷模型，正确地生成节点力。

无人机结构有限元模型模型化的最基本原则是确保其力学模型能够模拟真实结构的力学状态。

针对图 4-34 所示的复合材料桁架梁结构，4 根主梁采用梁单元（cbar）进行模拟，上下拉杆和前后拉杆，采用梁单元（cbar）或杆单元（crod）进行模拟。有限元软件中梁单元截面上的内力可以为剪力、轴力、弯矩和扭矩，杆单元截面上的内力为轴力，相较于面单元（shell），网格数目较小，且可以较真实的模拟圆管的受力。翼肋也是一种复合材料桁架，翼肋上下缘条为 T 字形截面，上下缘条通过圆形拉杆胶接。翼肋刚度较小，上蒙皮铺设太阳能电池板，下蒙皮蒙上聚乙烯薄膜。对于整个机翼来说，翼肋对整体扭转刚度的影响很小，只是起到维形和将气动载荷传递至主梁上的作用，如图 4-41 所示。机翼的桁架梁单元有限元模型，如图 4-42 所示。

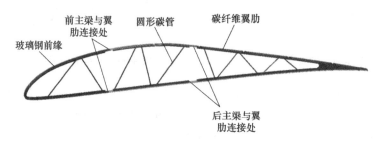

图 4-41　翼肋的桁架梁单元有限元模型

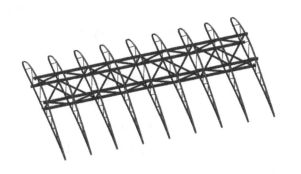

图 4-42　机翼的桁架梁单元有限元模型

（2）梁/杆单元等效模量计算　有限元模型中，梁单元和杆单元需要根据铺层情况计算当量模量。根据经典层合板理论，对称层合板当量模量的计算公式见式（4-56）和式（4-57）。进一步讲，均衡对称层合板为面内正交各向异性，式（4-56）和式（4-57）可简化为

$$E_x = \frac{1}{t}\left(A_{11} - \frac{A_{12}^2}{A_{22}} \right) \tag{4-68}$$

$$G_{xy} = \frac{1}{t}A_{66} \tag{4-69}$$

3. 复合材料接头性能分析

在桁架梁整体模型的基础之上，提取接头处节点的位移或者内力，可以建立复合材料接头性能分析的子模型。接头处采用的是胶接的方法进行连接，为了能够准确校核胶接的可靠性，需要基于 shell 单元与 solid 单元建立包含胶接属性的有限元模型，下面是某四通接头基于 shell 单元与 solid 单元建立的有限元模型，如图 4-43 所示。其中 shell 单元用于模拟主梁和拉杆，solid 单元用于模拟胶层。

需要根据复合材料接头的铺层角度，精确定义复合材料的单元坐标系和材料坐标系，如图 4-44 所示。

根据提取出来的内力条件，加载至主轴及拉杆两端，如图 4-45 所示。

图 4-43　接头精细化有限元模型

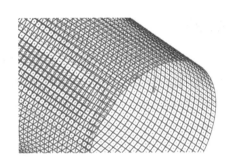

图 4-44　调整材料坐标系

图 4-45　定义边界条件

胶层单元使用实体单元建模，表 4-4 所示为胶层材料属性，用于校核胶层强度。

表 4-4　胶层材料属性

弹性模量	4.48GPa
泊松比	0.23
剪切强度	16.2MPa
剥离强度	$48N \cdot cm^{-1}$

采用上述精细化有限元模型可校核复合材料接头强度及胶层强度。对于接头和拉杆脱黏失效，可采用工程算法校核接头与拉杆的剪切强度，如图 4-46 所示。

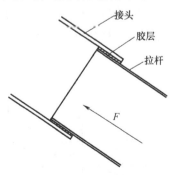

图 4-46　接头与拉杆连接示意图

$$\tau = \frac{N}{S} \leqslant \frac{[\tau]}{n} \tag{4-70}$$

式中，S 是拉杆与接头的连接处的剪切面面积（m^2）；N 是拉杆上轴力（N）；$[\tau]$ 是胶层剪切强度（$N \cdot m^{-2}$）；n 是安全系数。

4.3 考虑纤维连续性的太阳能无人机复合材料圆管梁铺层优化设计研究

4.3.1 复合材料结构铺层优化设计及纤维连续性模型

目前，复合材料结构铺层优化设计方面的文献很多，一些传统的或改进的复合材料结构优化设计方法及应用被不断地发展，以解决在工程中遇到的诸多问题，使复合材料结构优化设计理论和方法得以丰富并日趋成熟。现有的复合材料层合板结构优化方法，主要有两种思路，一种是研究较早且在工程中应用较多的分级优化策略；另外一种是基于进化算法（以遗传算法为主）的铺层顺序优化设计方法。

分级优化策略引入层组的概念，首先确定层合板总厚度和层组铺层比例，在此铺层基础上再进行铺层顺序人工调整（或采取一定的优化方法确定铺层顺序）以满足工艺要求。这种方法的本质是将铺层厚度和铺层顺序解耦，把一个大变量优化问题分解成两步。复合材料减重只在第一步厚度优化中得到体现，第二步只是进行铺层顺序的调整。引入层组的概念，使设计变量变得较少，且易于采用传统的梯度法进行铺层厚度寻优，算法移植方便，计算量较小。但忽略铺层顺序和铺层厚度之间的耦合关系，将影响全局最优结果。

考虑到工艺约束，如单层厚度固定，且铺层角度一般采用 0°、±45° 和 90°，层合板铺层结构的设计变量为离散变量，使使用传统的处理连续问题的数学规划方法求解存在一定困难。遗传算法由于其本身内在的离散性，使它在求解铺层顺序优化这类离散变量优化问题方面显示出独特的优越性。随着遗传算法研究的不断深入，国外许多研究者利用遗传算法开展了很多复合材料结构优化设计的工作。基于遗传算法的铺层顺序优化设计方法主要以单层角度作为设计变量，易于保证铺层工艺的满足，且通过恰当的编码可实现铺层厚度和铺层顺序的同步优化，易于保证全局最优解。然而复合材料众多的设计变量对优化方法本身及其工程应用都带来了巨大挑战。

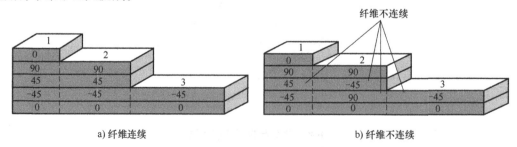

a) 纤维连续　　　　　　　　　　　b) 纤维不连续

图 4-47　纤维连续和纤维不连续

此外，对于多优化区域复合材料结构，针对各区域分别进行优化得到的铺层顺序可能会出现如图 4-47b 所示的铺层角度冲突的情况，即纤维不连续。纤维的不连续会导致区域连接处的应力集中，甚至会造成铺层工艺的不可行。

所以，国内外学者对大型复合材料结构多区域优化设计的纤维连续性优化进行了广泛的研究。Zabinsky 于 1994 年首次提出"blending"这一术语用于描述纤维连续性模型，其定义为：对于多优化区域复合材料进行铺层顺序设计，保证相邻区域间某些或全部的铺层角度保持连续，这一准则称为"blending"。总体来说，可以将对纤维连续性优化的研究方法归纳为两种：一种是在优化过程中直接将纤维连续性作为约束条件进行处理；另一种是引入某种连续性模型使纤维连续性可以自动得到满足。

这两种方法各有优缺点：第一种方法由于在原有问题（不考虑纤维连续性约束）中加入了新的约束，在约束函数或者优化过程中考虑工艺因素，增加了约束函数的数目或优化步骤，使优化问题复杂；而第二种方法通过在优化模型中引入新的模型（如限制设计变量取法），在设计变量的提炼上考虑工艺因素，虽然使复合材料结构优化设计的可行空间减小，但与第一种方法相比，不仅可以使优化结果的纤维连续性更好地得到保证，而且能够减少设计变量的个数。此外，如果采用合理的连续性模型，设计可行空间的减小将不会影响优化结果。

本节主要研究采用引入纤维连续模型的方法来实现大型复合材料结构的多区域铺层结构优化设计。纤维连续性模型编码方式如下：

沿机翼展向划分为若干个优化区域，通过引入各单层沿展向铺设区域的变量 L，可以实现如图 4-48 所示的沿展向（图 4-48 中沿展向划分为三个区域）铺层递减、厚度渐变的铺层方式；同时将各单层的铺层角度 θ（通常为 0°、±45° 和 90°）作为设计变量，实现铺层顺序的优化。如此通过单层的延伸区域变量 L 实现了各优化区域的铺层关联，避免了单个区域单独选择设计变量造成优化结果铺层冲突问题，使优化结果可满足铺层工艺要求；同时，这种模型可实现铺层厚度和铺层顺序的同步优化，更容易找到全局最优解。

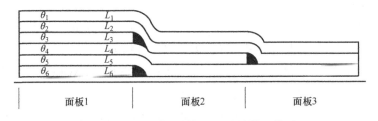

图 4-48 沿一维方向划分区域的铺层模型

如沿展向划分为 P 个区域，编码方式如下。

1）角度设计变量 θ：将离散角度当作实数处理，如将各单层角度设计变量的取值范围设为 $[-67.5, 112.5]$，在生成个体时将在该范围内产生一个随机数，如果该随机数的数值在 $[-67.5, -22.5]$ 之间时，角度设计变量的对应值为 -45°；当产生的随机数落在 $[-22.5, 22.5]$ 之间时，角度设计变量对应值为 0°；当产生的随机数落在 $[22.5, 67.5]$ 之间时，角度设计变量的对应值为45°；而当产生的随机数落在[67.5,112.5]之间时，角度设计变量的对应值为90°。

2）铺层区域设计变量 L：与角度设计变量处理方式类似，如存在 P 个优化区域，单层铺层区域设计变量的取值范围为[0,P+1]，如果生成的随机数在[i,i+1]范围内，则该单层铺设前 i 个区域。如随机数在[0,1]范围内，则该单层不存在；若在[1,2]范围内，该单层只铺设第1个区域（关键区域）；在[P,P+1]范围内，则铺设所有 P 个区域。

优化结果可以得到如图4-49所示的铺层方案。

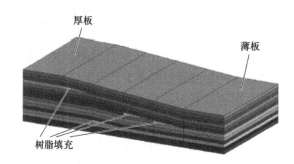

图4-49 考虑丢层和纤维连续性的复合材料层合板示意图

4.3.2 主从式并行遗传算法

本节对实数编码中的选择、交叉、变异等操作算子和最优保存策略的具体实现进行概述。为了减少工程优化问题的优化时间，构建了适用于工程优化问题的主从式并行遗传算法框架。

1. 编码方式

所谓实数编码方法，是指个体的每个基因值用某一范围内的一个实数来表示，个体的编码长度等于其决策变量的个数。例如 $X = x_1, x_2, \cdots, x_l$，$l$ 为设计变量个数，$x_1, x_2, \cdots, x_l$ 为设计变量。实数编码存在如下优点：

1）染色体的长度与解向量是一致的，一个基因对应一个分量。实数编码可以表达很大的域，增加域范围并不像二进制编码那样，需要以牺牲精度为代。

2）算法的搜索精度是可调整的，如 Michalewicz 指出 GENOCOP（实数编码）求解 Colville 函数的精度最高，且算法运行更快，结果更稳定。

3）不存在 Hamming 悬崖问题，且没有二进制遗传算法的编码和解码过程，节省了计算耗费。

2. 交叉算子

实数编码个体的交叉运算主要在两个基因的交界处进行。本书所采用的交叉算子为 Deb 于 1995 年提出来的模拟二进制交叉，具体如下：

父代1：$x_1 x_2 \cdots x_i \cdots x_l$；

父代2：$y_1 y_2 \cdots y_i \cdots y_l$；

设计变量的区间为 $[x_i^L, x_i^U]$，产生两个子代个体为：

子代 1：$x_1' x_2' \cdots x_i' \cdots x_l'$；

子代 2：$y_1' y_2' \cdots y_i' \cdots y_l'$；

产生新个体的方法如下：

1）产生一个随机数 $\mu \in [0,1]$。

2）计算参数

$$\bar{\beta} = \begin{cases} (\alpha\mu)^{\frac{1}{\eta_c+1}} & \mu \leq \alpha^{-1} \\ \left(\dfrac{1}{2-\alpha\mu}\right)^{\frac{1}{\eta_c+1}} & \mu > \alpha^{-1} \end{cases} \tag{4-71}$$

式中，$\alpha = 2 - \beta^{-(\eta_c+1)}$；$\beta = 1 + \dfrac{2}{y_i - x_i}\min[x_i - x_i^L, x_i^U - y_i]$；$\eta_c$ 是交叉分布指数，表示全局搜索与局部搜索之间的平衡情况。

当 η_c 较大时，偏重局部搜索；当 η_c 较小时，偏重全局搜索，且有 $x_i < y_i$。对应 $x_i \geq y_i$：

$$\beta = 1 + \dfrac{2}{x_i - y_i}\min[y_i - x_i^L, x_i^U - x_i] \tag{4-72}$$

3）生成两个新个体

$$\begin{aligned} x_i' &= 0.5[x_i + y_i - \bar{\beta}|y_i - x_i|] \\ y_i' &= 0.5[x_i + y_i + \bar{\beta}|y_i - x_i|] \end{aligned} \tag{4-73}$$

上式中的 +、- 随机确定。

3. 变异算子

常用实数编码的变异算子包括均匀变异算子、非均匀变异算子和高斯算子等，本书所用的变异算子是 Deb 于 1995 年提出的多项式变异。

对于多项式变异，假设父代个体的编码如下：

父代个体：$x_1 x_2 \cdots x_i \cdots x_l$

设计变量的区间为 $[x_i^L, x_i^U]$，产生子代个体：

子代个体：$x_1' x_2' \cdots x_i' \cdots x_l'$

产生新个体的规则如下：

1）产生一个随机数 $\mu \in [0,1]$。

2）计算参数

$$\bar{\delta} = \begin{cases} -1 + [2\mu + (1-2\mu)(1-\delta)]^{\frac{1}{\eta_m+1}} & \mu \leq 0.5 \\ 1 - [2(1-\mu) + 2(\mu-0.5)(1-\delta)^{\eta_m+1}]^{\frac{1}{\eta_m+1}} & \mu > 0.5 \end{cases} \tag{4-74}$$

式中，$\delta = \dfrac{\min[x_i - x_i^L, x_i^U - x_i]}{x_i^U - x_i^L}$；$\eta_m$ 是变异分布指数。

3）生成新个体，第 i 个分量为

$$x_i' = x_i + \bar{\delta}(x_i^U - x_i^L) \tag{4-75}$$

4. 选择算子

优胜劣汰称为选择。选择的目的是把优秀的个体直接遗传到下一代。选择操作是建立在群体中个体的适用度评价基础上的，目前常用的选择算子包括：适应度比例方法、最佳个体保存方法、期望值方法、锦标赛选择方法等。本算例中采用锦标赛选择方法，将经过交叉和变异后产生的子代群体和父代群体形成一个扩展种群，再从扩展种群中选择新个体。

5. 并行遗传算法

（1）并行遗传算法的分类　　目前并行遗传算法的实现大致可以分为四类：主从式模型、粗粒度模型、细粒度模型及混合式模型。

1）主从式模型是遗传算法并行化的一种最直接的方式。主从式并行遗传算法系统分为一个主处理器和若干个从处理器：主处理器监控整个染色体种群，并基于全局统计执行选择、交叉和变异操作；各个从处理器接受来自主处理器的个体进行适应度计算，再把结果传给主处理器。主从式并行遗传算法比较直观，针对适应度评价计算量大的问题，主从模式可以达到接近线性的加速比。

2）粗粒度模型又称分布式模型（distributed model）或孤岛模型（island-based model），适应性较强，应用也较广。粗粒度并行遗传算法将随机生成的初始种群根据处理器个数分割成若干个较大的子种群，各个子种群在不同的处理器上相互独立地并发执行遗传操作，每经过一定的进化代数，各子种群间再相互交换若干数量的个体，以实现各个子种群的共同进化。

3）细粒度模型是指对于每个染色体，选择操作和杂交操作都只在其所处的处理器及其附近领域中进行，这样的并行模型无需或只需很少的全局控制，能最大限度发挥遗传算法的并行潜力。由于该模型对处理器数量的要求很高，所以细粒度模型的应用范围不广。

4）混合式模型是近些年发展起来的模型结构，主要是通过把前面三种基本模型混合形成层次结构。目前混合模型组合关系主要有三种：粗粒度—细粒度、粗粒度—粗粒度和粗粒度—主从式。

选择有效的并行模式，需要对优化问题本身进行权衡，主要包括个体评价时间和进程通信时间。对于应用较为广泛的粗粒度并行模式和主从式并行模式，从实现方式上可以看出，合理的粗粒度并行模式一般可以改善遗传算法的进化能力，主从式并行模式不会改变原有算法的全局进化能力，但并行加速性能较好。然而对于现代结构优化设计，往往需要调用有限元代码进行分析，个体评价时间较长成为限制遗传算法在工程中应用的主要问题；且随着计算机硬件和软件的发展，进程间通信时间已经得到极大地缩短。所以，主从式并行遗传算法成为解决大型工程结构优化问题中优化时间较长这一问题的有效手段。

（2）主从式并行遗传算法的实现　　目前，国内外在高性能计算机系统中使用最广泛的并行编程环境是 MPI（Message-passing Interface），它也已成为国际上的一种并行程序的标准。MPI 是一种标准或规范的代表，也是一个库，可以被 Fortran、C/C++、Java 调用，同时它又是一种消息传递编程模型，其最终目标是服务于进程间通信。

MPI 只是一个并行编程语言标准，要编写基于 MPI 的并行程序，还必须借助某一 MPI 具体实现。MPI 有多种实现版本，其中 MPICH 是一种最重要的 MPI 实现，它的开发与 MPI 规范的制定时间同步，最能反映 MPI 的发展和变化，所以成为实现 MPI 的最成熟和最广泛使用的版本。MPICH2 具备严谨和合理的结构，可移植性和效率好，在程序设计语言上支持 C/C++和 Fortran。

在完成 MPICH2 的安装及与操作系统和编译环境的配置后，就可以进行并行遗传算法的编制和调试了。MPI 支持利用并行集群系统进行分布式计算，也支持对高性能计算机的单机进行多进程并行计算。图 4-50 所示为对一个简单的测试程序运行结果，以测试 MPICH2 配置的正确性。

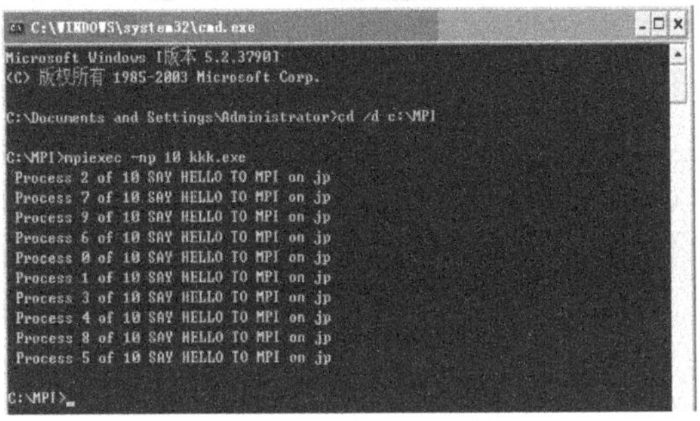

图 4-50　测试程序运行结果

采用 MPI 中的 MPI_Send 和 MPI_Recv 用来进行数据传递，即发送和分配子种群。数据传递顺序为：

1）主进程采用 MPI_Send 函数向从进程分配发送子种群。

2）从进程接收（MPI_Recv）子种群，对子种群中的个体进行评价，评价完成后向主进程发送（MPI_Send）子种群。

3）主进程接收（MPI_Recv）各从进程发送的子种群。

基于 MPI 实现的主从式并行遗传算法流程如图 4-51 所示。

4.3.3　优化程序与 Nastran 信息交互

优化程序与结构求解器需要进行数据交互，即需要编与接口程序。在优化过程中，每次迭代计算优化程序需要与 MSC.Nastran 进行两次文件交互，一次为修改 MSC.Nastran 的分析文件 *.bdf，另一次为读取计算结果文件 *.f06。具体交互过程如下：接口程序修改 bdf 文件中对应设计变量的单元属性卡片上的值，然后调用 Nastran，提交修改后的 bdf 文件，有限元计算完成后生成结果文件 f06，接口程序再读取结果数据进行约束处理，并进行优化搜索，修改设计变量，形成下次迭代的初始变量值。其流程如图 4-52 所示。

在具体实现时，采用中间接口程序将优化算法和问题分析分开，使两者相互独立。接口程序包含两方面的内容：

一是修改 bdf 文件。在接口程序读取修改 bdf 文件的过程中，根据 bdf 文件可自由拆分

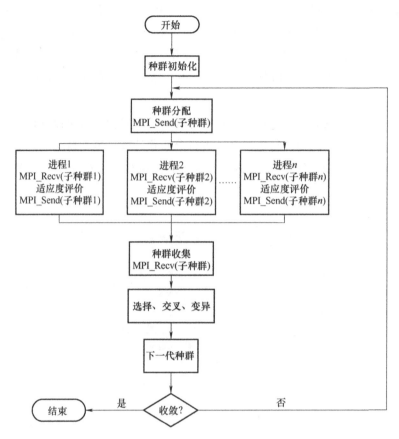

图 4-51 基于 MPI 实现的主从式并行遗传算法流程

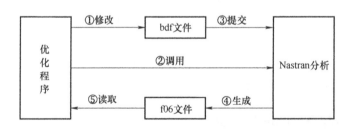

图 4-52 优化程序与分析软件之间的交互流程

的特点，将单元属性信息放进一个单独文件 PSHELL. txt 中，再将该文件用 include 命令包含进原 bdf 文件中。这样处理的好处是进行属性修改时只需要修改单元属性文件 PSHELL. txt，而不需要对整个 bdf 文件进行读取和修改，耗时较少。根据设计变量（厚度和几何因子）的值计算正则化刚度矩阵，并形成 PSHELL 卡片与相对应的 MAT2 卡片。

二是读取结果文件。f06 中包含了用户需要输出的结点各方向的位移和单元应力或应变，对于多工况计算结果，其输出以工况为单位进行，应力和应变输出按照单元类型划区块输出。例如所有设置输出的单元先输出工况 1 下的应力或应变，再输出工况 2 下的应力或应变，依次类推，直到所有工况都输出，结点位移的输出与应力输出一样。在读取时按工况搜寻相应的关键字，结点位移在读取时只需找出各工况三个方向位移最大值及其对应的结点值并存储。

4.3.4　太阳能无人机机翼结构简介

某太阳能无人机机翼主承力结构为复合材料圆管梁，翼肋为桁架式结构形式。翼肋间距600mm，上翼面铺设太阳能电池，下翼面铺设聚酯复合膜，如图4-53所示。

图 4-53　机翼模型

某太阳能无人机机翼展长约10m，根弦长2726mm，梢弦长1034mm。在机翼展向布置有3根翼梁和4根欧米伽帽型筋。主梁为管梁，按弦向占比25%布置。中梁和后梁为C型梁，其中中梁按弦向占比50%，后梁平行于副翼转轴布置。共布置20个肋，肋平行布置。4根欧米伽帽型筋平行于外翼前缘布置，用于铺设太阳能电池，下翼面铺设聚酯复合膜。

主梁长度为10m，根部最大外径为280mm，尖部最小外径为82mm，如图4-54所示。

图 4-54　主梁结构示意图

本节不考虑翼肋与其余部件的刚强度问题，主要对复合材料圆管梁进行铺层优化研究。考虑2.5g稳定俯仰工况，结构安全系数取1.25。

复合材料主梁刚强度要求如下：

1）在极限载荷下，结构不破坏，不发生结构总体失稳，结构工作应力或应变不超过设计许用值。

2）在限制载荷下，结构无残余变形，结构不发生局部屈曲现象。

3）在极限载荷下受拉结构工作应力/应变小于拉伸许用值，受压结构压缩承载能力小于设计许用值，受剪结构剪切强度小于剪切许用值。

4）极限载荷下机翼翼尖扭转变形不允许超过1.5°。

5）极限载荷下机翼翼尖变形≤半翼展5%。

4.3.5 机翼有限元模型

1. 有限元网格

机翼有限元模型中包含机翼主梁、翼肋及部分蒙皮。在对机翼结构进行有限元分析建模时，主要采用 Quad4 单元进行网格划分，其中梁缘条与肋缘条也用 Quad4 单元建立。对蒙皮、梁等几何形状规则、结构尺寸较大的部件选用 20mm 为网格基础尺寸，对连接件等有显著几何特征同时尺寸较小的部件选用 10mm 或 5mm 为网格基础尺寸，如图 4-55 所示。

图 4-55 机翼有限元模型

2. 材料属性

太阳能无人机主梁结构选用 M46J 碳纤维复合材料，材料性能见表 4-5。复合材料失效判据采用最大应变准则，最大许用拉伸应变 $4000\mu\varepsilon$（$\mu\varepsilon$ 指应变为 10^{-6}），最大许用压缩应变 $-3000\mu\varepsilon$，最大许用剪切应变 $4000\mu\varepsilon$。金属材料则通过 VonMises 应力进行判断，要求极限载荷不大于材料拉伸极限应力。

表 4-5 主梁复合材料属性

方向	力学性能	M46J 许用值
0°	拉伸强度/MPa	2160.0
	压缩强度/MPa	980.0
90°	拉伸强度/MPa	45.0
	压缩强度/MPa	157.0
	面内剪切强度/MPa	59.0
0°	拉伸模量/GPa	245.0
	压缩模量/GPa	225.0
90°	拉伸模量/GPa	6.66
	压缩模量/GPa	7.76
	剪切模量/GPa	3.0
	泊松比	0.3
	密度/kg·m^{-3}	1550.0
	单层厚度/mm	0.1

3. 气动载荷施加方法

气动载荷施加：利用多点挑的方法将气动分布载荷加载在机翼上表面翼肋缘条节点及机身隔框缘条节点上。

气动载荷采用静力等效的方法转化到有限元节点上，保证载荷的总力和总矩不变。根据载荷处理原则，编制多点挑载荷转换程序，将气动载荷加载到有限元模型表面节点上。多点挑方案，本质上是使离气动力点近的结构点多分配一点，而远的结构点分配少一点。

现假设所有结构点和气动点之间存在一根虚拟梁元，如图 4-56 所示，它们都是气动力点一端为固支的悬臂梁，其自由端的结构点分配到载荷 P_i 时变形能为

$$u_i = \frac{1}{6EJ} P_i^2 l_i^3 \tag{4-76}$$

式中，EJ 是虚拟梁元的抗弯刚度（$N \cdot m^2$）。

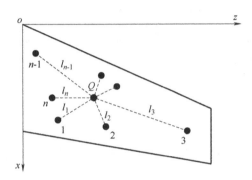

图 4-56 结构点和气动点 Q 构成的假想梁系

于是整个系统的变形能为

$$U = \sum_{i=1}^{n} u_i \quad i = 1, 2, \cdots, n \tag{4-77}$$

分配到结构点上的载荷，应使系统的变形能最小且满足静力等效条件，即

$$\left. \begin{array}{l} \sum_{i=1}^{n} P_i = P_Q \\[2mm] \sum_{i=1}^{n} P_i X_i = P_Q X_Q \\[2mm] \sum_{i=1}^{n} P_i Z_i = P_Q Z_Q \end{array} \right\} \tag{4-78}$$

式中，X_i、Z_i 分别是节点 i 的 x 和 z 坐标。

现用 Lagrange 乘子法建立 Lagrange 函数

$$F(\lambda, \lambda_x, \lambda_z) = \sum_{i=1}^{n} \left(\frac{1}{6EJ} P_i^2 l_i^3 - \lambda P_i - \lambda_x P_i \overline{X}_i - \lambda_z P_i \overline{Z}_i + P_Q/n \right) \tag{4-79}$$

$$\frac{\partial}{\partial P_i}F(\lambda,\lambda_x,\lambda_z)=0, \quad i=1,2,\cdots,n \tag{4-80}$$

式中，λ、λ_x、λ_z 是 Lagrange 乘子；$\overline{X}_i=X_i-X_Q$；$\overline{Z}_i=Z_i-Z_Q$。

令 $3EJ=1$，即得

$$P_i l_i^3 = \lambda + \lambda_x \overline{X}_i + \lambda_z \overline{Z}_i \quad i=1,2,\cdots,n \tag{4-81}$$

将式（4-81）代入式（4-78），得：

$$\begin{bmatrix} \sum_{i=1}^{n}l_i^{-3} & \sum_{i=1}^{n}\overline{X}_i l_i^{-3} & \sum_{i=1}^{n}\overline{Z}_i l_i^{-3} \\ \sum_{i=1}^{n}\overline{X}_i l_i^{-3} & \sum_{i=1}^{n}\overline{X}_i^2 l_i^{-3} & \sum_{i=1}^{n}\overline{X}_i\overline{Z}_i l_i^{-3} \\ \sum_{i=1}^{n}\overline{Z}_i l_i^{-3} & \sum_{i=1}^{n}\overline{X}_i\overline{Z}_i l_i^{-3} & \sum_{i=1}^{n}\overline{Z}_i^2 l_i^{-3} \end{bmatrix}\begin{bmatrix}\lambda\\\lambda_x\\\lambda_z\end{bmatrix}=\begin{bmatrix}P_Q\\P_Q X_Q\\P_Q Z_Q\end{bmatrix} \tag{4-82}$$

由式（4-82）解得 λ、λ_x、λ_z 后，回代到式（4-81），即可得到各结构点分配的载荷 P_i。整个气动网点群上的每一个气动力点载荷，均按上述方法分配到结构点群上，就得到了节点气动力载荷列阵。

4.3.6 圆管梁优化模型

优化模型定义包括目标函数的选取、设计变量的定义、约束条件的选择及其处理方式和选用的优化算法等。

1. 目标函数

取全机重量为目标函数，即以全机结构重量最小为目标。目标函数可用式（4-83）表示

$$W = W_0 + \sum_{j=1}^{n}\rho_j t_j S_j \tag{4-83}$$

式中，W_0 是不参与优化设计的结构重量（kg），如舵面、前后缘、用于模拟接头的三角板元等；第二项为板元结构重量，ρ_j 是第 j 板的密度（$kg\cdot m^{-3}$），t_j 是该板元的厚度（m），S_j 是该板元的面积（m^2）。

2. 设计变量

首先将主梁划分为 5 个设计区域（见图 4-57），各个设计区域内单元参数相同，即采用同一套设计变量。一个设计区域内包含 60 个设计变量——30 个单层厚度沿展向的长度变量和 30 个单层的角度变量，这样该区域上蒙皮的最大厚度为 59 个单层的厚度。这里采用最厚

图 4-57 主梁优化分区

总层数为奇数层，即对称面可能位于某一层的中面，若该层不存在，则对称面又成为位于两个单层的交接边界。根据铺层工艺的要求，采用了如图 4-58 所示的铺层模型。

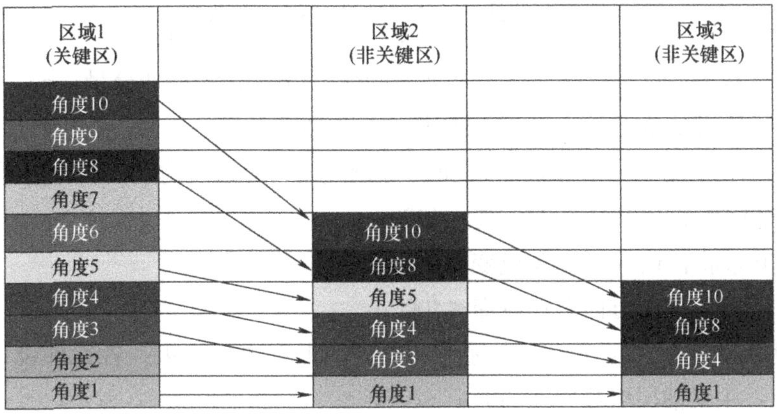

区域1
(关键区)
区域2
(非关键区)
区域3
(非关键区)
角度10
角度9
角度8
角度7
角度6
角度5
角度4
角度3
角度2
角度1
角度10
角度8
角度5
角度4
角度3
角度1
角度10
角度8
角度4
角度1

图 4-58　铺层模型

3. 约束条件

全机结构优化约束条件主要包括刚度约束、强度约束及最小尺寸工艺约束。

（1）位移约束　位移约束主要限制机翼在巡航工况下沿垂直翼面方向的变形。在该结构的优化中，翼尖垂向（Z 向）的变形量不超过 600mm。

（2）扭转变形约束　机翼结构应保证有一定的扭转刚度，典型翼剖面扭转变形应不超过给定值，如 4°。

（3）应变约束　层压板的应变分布与应力分布件如图 4-59 所示，应变计算公式见式（4-84）。

迭层板应变
z
h/2
k
O
ε
铺层应变
迭层板应变
z
O
σ
铺层应力

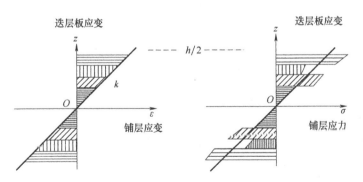

图 4-59　层合板应力应变分布

$$\begin{Bmatrix} \varepsilon_x \\ \varepsilon_y \\ \gamma_{xy} \end{Bmatrix} = \begin{Bmatrix} \varepsilon_{ox} \\ \varepsilon_{oy} \\ \gamma_{oxy} \end{Bmatrix} \pm \frac{T}{2} \begin{Bmatrix} \phi_x \\ \phi_y \\ \phi_{xy} \end{Bmatrix} \tag{4-84}$$

由此式，得工作应变 $\varepsilon_{工作}$、$\gamma_{工作}$ 为

$$\left|\varepsilon_{\text{工作}}\right| = \max\left\{\left|\varepsilon_{ox} + \frac{T}{2}\phi_x\right|, \left|\varepsilon_{ox} - \frac{T}{2}\phi_x\right|, \left|\varepsilon_{oy} + \frac{T}{2}\phi_y\right|, \left|\varepsilon_{oy} - \frac{T}{2}\phi_y\right|\right\} \quad (4\text{-}85)$$

$$\gamma_{\text{工作}} = \max\left\{\left|\gamma_{oxy} + \frac{T}{2}\phi_{xy}\right|, \left|\gamma_{oxy} - \frac{T}{2}\phi_{xy}\right|\right\} \quad (4\text{-}86)$$

式中，T 是层压板厚度（m）；ε_x、ε_y、γ_{xy} 是层压板上下表面的应变分量；ε_{0x}、ε_{0y}、γ_{0xy} 是层压板中面的应变分量；ϕ_x、ϕ_y、ϕ_{xy} 是层压板中面的曲率分量。

复合材料单元采用单元坐标系下 z_1 和 z_2 处的应变作为强度约束，具体包括：

1）单元坐标系下 x、y 方向拉应变 $\leq 4000\mu\varepsilon$。

2）单元坐标系下 x、y 方向压应变 $\geq -3000\mu\varepsilon$。

3）单元坐标系下 xy 方向剪切应变 $\leq 4000\mu\varepsilon$。

（4）最小尺寸约束　尺寸约束也称设计变量的上下边界约束。各元件设计变量的最小尺寸约束如下：主梁铺层层数为 4~40。

（5）铺层工艺约束　铺层工艺要求：采用标准铺层，即各单层的铺层角度限制为 0°、±45°、90°；为了减少层间应力，同一铺层角度的单层不宜过多地集中在一起，不要超过 4 层。尽可能保证相邻优化区域之间的纤维连续性。

4. 约束处理方式

（1）应变约束的处理　在全机结构优化中，本项目采用如下方式处理应变约束：对每一个设计变量，找到该设计变量区域对应的所有单元，对每一个单元，选择三个工况每个方向相应应变的最大值，与许用应变相比计算单元应变比，从而得到每个设计变量区域的最大应变比，进而得到每个设计变量区域的正则化应变约束为

$$g_j = \begin{cases} \dfrac{\sigma_\eta}{X_t} - 1, & \sigma_\eta > 0 \\[2mm] -\dfrac{\sigma_\eta}{X_c} - 1, & \sigma_\eta < 0 \end{cases} \quad (4\text{-}87)$$

式中，X_t、X_c 分别是单元的许用拉伸和压缩应变；σ_η 是单元正应力，大于 0 表示拉伸，小于 0 表示压缩。该式也适用于剪切应变约束。

应力约束与应变约束处理方式类似。

（2）位移约束的处理　读取每个节点的最大位移，最终得到 z 向最大位移 $w_{\max}$，并与许用位移 $w_{\text{许用}}$ 相比，得到正则化位移约束

$$g_j = \frac{w_{\max}}{w_{\text{许用}}} - 1 \quad (4\text{-}88)$$

（3）扭转变形约束的处理　在该结构优化中，典型翼剖面扭转变形应不超过一定的角度。读取典型翼剖面前后缘两个节点的位移量，结合节点初始坐标，得到最大扭转角 $\theta_{\max}$，并与许用扭转角 $\theta_{\text{许用}}$ 相比，得到正则化扭转角约束

$$g_j = \frac{\theta_{\max}}{\theta_{\text{许用}}} - 1 \quad (4\text{-}89)$$

（4）尺寸约束的处理　尺寸约束直接对设计变量进行限制，是整个优化设计过程中始终需要满足的约束。当变量被修改后，需要用尺寸约束对变量进行调整，若变量值超出相应尺寸的约束边界，用约束相应边界替换变量值即可，这种方法简单有效。

4.3.7　圆管梁优化结果及分析

机翼最优质量为 28.5kg，且机翼均满足应变、位移、扭转角、铺层工艺等约束，见表 4-6。2.5g 稳定俯仰工况下机翼最大翼尖变形 599mm（见图 4-60 和图 4-61），小于约束条件给定的 600mm，典型翼剖面扭转角分布曲线见图 4-62，最大扭转角 3°，满足约束条件中给定的 2°。材料坐标系下主梁 x 方向拉压应变、y 方向拉压应变、xy 方向剪切应变云图见图 4-63~图 4-65，强度满足优化约束限定的拉应变小于 4000$\mu\varepsilon$，压应变小于 3000$\mu\varepsilon$，剪应变小于 4000$\mu\varepsilon$ 的要求。

表 4-6　最优解约束统计

应变/$\mu\varepsilon$					位移/mm	扭转角/(°)
X 方向		Y 方向		XY 方向	Z 方向	
最大拉应变	最大压应变	最大拉应变	最大拉应变	剪切应变		
1880	−1880	2130	−2250	865	599	1.15

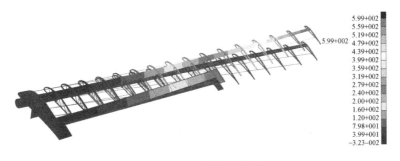

图 4-60　机翼位移云图

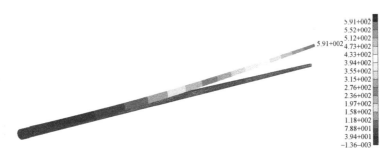

图 4-61　主梁位移云图

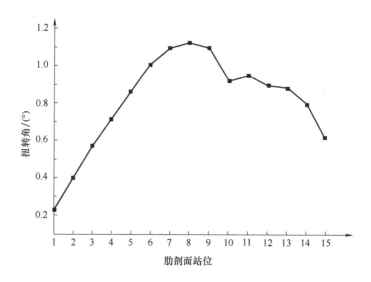

图 4-62   扭转角分布曲线

图 4-63   主梁 *x* 方向拉压应变（材料坐标系）

图 4-64   主梁 *y* 方向拉压应变（材料坐标系）

图 4-65　**主梁 *xy* 方向剪切应变**（材料坐标系）

表 4-7　**各优化区铺层方案**

优化区域	铺层方案
1	$[90_2/0_2/90/0_3/-45/90_2/45]_S$
2	$[90/0_2/90/0_3/-45/90/45]_S$
3	$[90\quad/90/0_3/-45/90/45]_S$
4	$[90\quad/90/0/-45/90/45]_S$
5	$[90\qquad/0\quad]_S$

从表 4-7 各优化分区铺层方案可以看出，机翼主梁从翼根到翼尖逐渐变薄，这是由于机翼的受力从翼根到翼尖逐渐变小。部件各优化区域间的铺层情况为：较厚区域的部分纤维在连接处断掉，即较薄区域的所有铺层都与较厚区域相连续，可以最大限度地保证纤维的连续性和工艺要求。

4.3.8　小结

本节针对某太阳能复合材料圆管梁进行铺层优化设计研究。首先介绍了纤维连续性模型，保证了纤维的连续性而不需要引入额外的约束条件，并结合实数编码并行遗传算法构建了大型复合材料结构的纤维连续性优化设计框架。针对复合材料圆管梁进行强度、刚度、尺寸、铺层工艺约束的铺层优化设计。优化结果满足位移约束、扭转角约束、复合材料许用应变约束及铺层递减工艺要求。

参考文献

[1] 马东立，张良，杨穆清，等．超长航时太阳能无人机关键技术综述［J］．航空学报，2020，41（3）：623418.

[2] 石文，贾永清，李广佳，等．高空超长航时太阳能无人机主要技术问题分析［J］．飞航导弹，2021

（6）：63-66.

[3] 张健，王江三，耿延升，等．高空长航时太阳能无人机的技术挑战 [J]．航空科学技术，2020，31
（4）：14-20.

[4] 张健，张德虎．高空长航时太阳能无人机关键技术 [J]．国际航空，2015（7）：3.

[5] 祝彬，陈笑南，范桃英．国外超高空长航时无人机发展分析 [J]．中国航天，2013（11）：28-32.

[6] WOEHRLE T G, COSTERUS B W, LEE C L. Modal analysis of PATHFINDER unmanned air vehicle [R].
Lawrence Livermore National Lab.（LLNL），Livermore，CA（United States），1994.

[7] RION J, LETERRIER Y, MÅNSON J A E, et al. Ultra-light asymmetric photovoltaic sandwich structures
[J]. Composites Part A：Applied Science and Manufacturing, 2009, 40（8）：1167-1173.

[8] RION J. Ultra-light photovoltaic composite sandwich structures [D]. Lausanne：École Polytechnique Fédérale
de Lausanne, 2008.

[9] RAPINETT A. Zephyr：A high altitude long endurance unmanned air vehicle [D]. Surrey：University of Sur-
rey, 2009.

[10] CAREY P G, ACEVES R C, COLELLA N J, et al. A solar module fabrication process for hale solar electric
UAVs [C] //Proceedings of 1994 IEEE 1st World Conference on Photovoltaic Energy Conversion-WCPEC
（A Joint Conference of PVSC, PVSEC and PSEC）. IEEE, 1994, 2：1963-1969.

[11] 张利国，张健．太阳能飞机关键技术及发展情况分析 [J]．机械工程师，2018（4）：1-4, 7.

[12] MIURA R, MARUYAMA M, SUZUKI M, et al. Experiment of telecom/broadcasting mission using a high-
altitude solar-powered aerial vehicle Pathfinder Plus [C] //The 5th International Symposium on Wireless
Personal Multimedia Communications. IEEE, 2002, 2：469-473.

[13] 柳兆伟．临近空间太阳能飞行器气动-结构-飞行动力学耦合问题研究 [D]．长沙：国防科技大
学，2018.

[14] CENTURION--reaching the new century on solar power：FS-1998-10-056 DFRC [R]. Edwards, California：
Dryden Flight Research Center, 1998.

[15] 尹成越，高普云，郭健，等．"微风"（Zephyr7）无人机机翼力学性能分析 [J]．强度与环境，
2012, 39（3）：19-25.

[16] 黄宛宁，李智斌，张钊，等．2019 年临近空间科学技术热点回眸 [J]．科技导报，2020，38（1）：
38-46.

[17] 黄春芳．复合材料机翼主梁结构高刚度和高强度设计 [D]．长沙：国防科技大学，2018.

[18] 黄春芳，曾竞成，江大志，等．先进复合材料在无人机和太阳能飞机上的应用 [J]．材料保护，
2013, S2：133-136.

[19] 史治宇，丁锡洪．飞行器结构力学 [M]．北京：国防工业出版社，2013.

[20] 徐芝纶．弹性力学简明教程：第四版 [M]．北京：高等教育出版社，2013.

[21] MEGSON T H G. Aircraft structures for engineering students [M]. 6th ed. Oxford：Butterworth-
Heinemann, 2017.

[22] KRISTINSDOTTIR B P, ZABINSKY Z B. Including manufacturing tolerances in composite design [C] //
35th Structures, Structural Dynamics, and Materials Conference. 1994：1495.

[23] KRISTINSDOTTIR B P, ZABINSKY Z B, TUTTLE M E, et al. Optimum design of large composite panels
with varying Loads [J]. Composite Structures, 2001, 51（1）：93-102.

［24］ VAN CAMPEN J，KASSAPOGLOU C，ABDALLA M，et al. Blended design for composite plates with two concentric lay-ups under compression ［C］//Proceedings of ICCM-17，17th International Conference on Composite Materials，Edinburgh，UK. 2009：27.

［25］ VAN CAMPEN J，SERESTA O，ABDALLA M，et al. General blending definition for stacking sequence design of composite laminate structures ［C］//Proceedings of the 49th AIAA/ASME/ASCE/AHS/ASC Structures，Structural Dynamics and Materials Conference，Schaumburg，IL，USA，2008：1798.

［26］ LIU B，HAFTKA R. Composite wing structural design optimization with continuity constraints ［C］//19th AIAA applied aerodynamics conference，Seattle，WA，2001：1205.

［27］ TOROPOV V V，Jones R，Willment T，et al. Weight and manufacturability optimization of composite aircraft components based on a genetic algorithm ［C］//Proceedings of 6th World Congress of SMO，Brazil. 2005.

［28］ SOREMEKUN G，GÜRDAL Z，Kassapoglou C，et al. stacking sequence blending of multiple composite laminates using genetic algorithms ［J］. Composite structures，2002，56（1）：53-62.

［29］ ADAMS D B，WATSON L T，GÜRDAL Z. Optimization and blending of composite laminates using genetic Algorithms with Migration ［J］. Mechanics of Advanced Materials and Structures，2003，10（3）：183-203.

［30］ ADAMS D B，WATSON L T，GÜRDAL Z，et al. Genetic algorithm optimization and blending of composite laminates by locally reducing laminate thickness ［J］. Advances in Engineering Software，2004，35（1）：35-45.

［31］ LIU W，BUTLER R. Optimum buckling design for composite wing cover panels with manufacturing constraints ［C］//48th AIAA/ASME/ASCE/AHS/ASC Structures，Structural Dynamics，and Materials Conference，Honolulu，Hawaii，2007：2215.

［32］ LIU D，TOROPOROV V V，QUERIN O M，et al. Bilevel optimization of blended composite wing panels ［J］. Journal of aircraft，2011，48（1）：107-118.

［33］ DONNA D. Spread-tow technology takes off ［EB/OL］. http://www.compositesworld.com/articles/spread-tow-technology-takes-off，2014-11-01/2018/8/20

［34］ 熊波. 全碳纤维复合材料桁架制备与可靠性分析方法研究 ［D］. 哈尔滨：哈尔滨工业大学，2017.

［35］ UOZUMI T，KITO A. Carbon fibre-reinforced plastic truss structures for satellite using braiding/resin transfer moulding process ［J］. Proceedings of International Mechanical Engineering，Part L：Journal of Materials：Design and Application，2007，221：93-101.

［36］ SCHUTZE R. Lightweight carbon fiber rods and truss structures ［J］. Material and Design，1997，4（6）：231-238.

［37］ 南波. 半硬式平流层飞艇骨架精细化分析与轻量化设计 ［D］. 哈尔滨：哈尔滨工业大学，2015.

第5章
太阳能无人机动力
学与风场建模方法

扫描二维码可见本章部分彩图

空气动力学和结构动力学是飞行器气动弹性分析的重要理论基础。对于太阳能无人机，结构柔性的增加使结构动力学与飞行动力学之间的耦合作用难以忽略。此时依赖于各个学科相互分离的传统分析思想已经难以捕捉到该类飞行器的动力学特性，需要综合考虑气动、结构及刚体动力学等多个学科之间的耦合关系。相比传统的气动弹性问题，无论从建模方法上还是从物理现象上而言，考虑刚弹耦合效应的柔性飞行器动力学问题要复杂得多。

考虑到物理问题的复杂性，本章从几种简单的气动力模型和结构模型出发，通过耦合刚体动力学，建立了太阳能无人机的刚弹耦合动力学模型。依赖于该动力学模型，可以方便地开展太阳能无人机的颤振稳定性、飞行品质、载荷重新分布、舵面效能等多个性能的分析工作。

另外，将本章的动力学模型与控制系统、伺服系统相结合，可构建完备的气动伺服弹性动力学模型。气动伺服弹性模型主要用来进行太阳能无人机的气动伺服弹性稳定性分析，且可作为太阳能无人机阵风减缓及主动颤振抑制技术的理论验证基础模型。

5.1 非定常气动力模型

非定常气动力模型是太阳能无人机气动弹性分析的重要基础。为了较为准确地评估太阳能无人机的颤振临界特性，并开展动力学响应和阵风减缓等分析工作，必须研究太阳能无人机在非定常运动下的气动力计算方法。本节主要介绍了几种较为常用的非定常气动力模型，在随后的气动弹性分析章节中，将直接应用部分理论结果。

5.1.1 Theodorsen 理论

在早期工程的颤振分析计算中，由于流动的三维效应较弱，对于大展弦比机翼的颤振分析，常采用二元非定常气动力，本书首先介绍较为经典的 Theodorsen 气动力模型。

由薄翼理论可知，机翼可以用一连续分布的旋涡来代替，如图 5-1 所示。当机翼振动时，升力和附着涡的强度都会随着时间变化。根据空气动力学原理：在无黏流动中，包围所有奇点周界内的总环量为零。因此，附着涡会持续地从翼型后缘脱落，并随着自由来流向下游不断运动，形成尾涡流动，如图 5-2 所示。

图 5-1　用连续分布的旋涡代替静止机翼

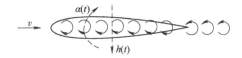

图 5-2　用连续分布的旋涡代替运动机翼

在亚音速流动中，流场任意区域的扰动都会对机翼的气动特性产生影响。因此在研究时，需要同时考虑附着涡和尾涡对机翼的诱导作用。

考虑到机翼的颤振运动一般具有周期性，Theodorsen 采用简谐运动假设给出了机翼非定常气动力在频域内的表达。如图 5-3 所示的二维机翼，假设它以频率 ω 作简谐振动，则沉浮位移 h 和俯仰位移 α 的表达式为

$$h = h_0 e^{i\omega t}$$
$$\alpha = \alpha_0 e^{i\omega t}$$

(5-1)

式中，i 是虚数单位；h_0 和 α_0 分别是沉浮和俯仰运动的复数幅值，因此可以体现沉浮和俯仰运动的相位差。

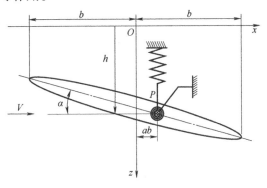

图 5-3　典型两自由度的二维机翼

机翼的非定常气动力及相对于刚心 P 的非定常气动力矩可以表示为

$$L = -\pi\rho b^2 \left(V\dot{\alpha} + \ddot{h} - ab\ddot{\alpha} \right) - 2\pi\rho V b C(k) \left[V\alpha + \dot{h} + \left(\frac{1}{2} - \alpha \right) b\dot{\alpha} \right]$$

$$M = \pi\rho b^2 \left[ab \left(V\dot{\alpha} + \ddot{h} - ab\ddot{\alpha} \right) - \frac{1}{2} V b\dot{\alpha} - \frac{1}{8} b^2 \ddot{\alpha} \right] + 2\pi\rho V b^2 \left(\frac{1}{2} + \alpha \right) C(k) \left[V\alpha + \dot{h} + \left(\frac{1}{2} - \alpha \right) b\dot{\alpha} \right]$$

(5-2)

式中，ρ 是自由来流的密度（$kg \cdot m^{-3}$）；b 是翼型的半弦长（m）；V 是自由来流的速度（$m \cdot s^{-1}$）；a 是刚心的无量纲相对距离；k 是无量纲量减缩频率，$C(k)$ 是缩减频率 k 的复函数。

$$C(k) = F(k) + iG(k) \quad (i = \sqrt{-1})$$

(5-3)

其中，$F(k)$ 和 $G(k)$ 的表达为

$$F(k) = \frac{J_1(J_1 + Y_0) + Y_1(Y_1 - J_0)}{(J_1 + Y_0)^2 + (Y_1 - J_0)^2}$$

$$G(k) = \frac{J_1(J_1+Y_0) + Y_1(Y_1-J_0)}{(J_1+Y_0)^2 + (Y_1-J_0)^2} \tag{5-4}$$

式中，J_0 是第一类零阶标准 Bessel 函数；Y_0 是第二类零阶标准 Bessel 函数；J_1 是第一类一阶标准 Bessel 函数；Y_1 是第二类一阶标准 Bessel 函数。

Theodorsen 函数 $C(k)$ 的实部 F 和虚部 G 随减缩频率 k 的变化曲线如图 5-4 所示，且有 $F(\infty) = 0.5$，$G(\infty) = 0$。

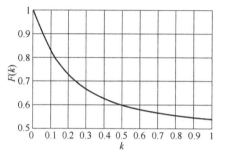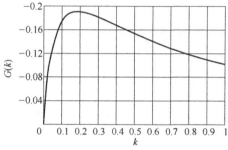

图 5-4 Theodorsen 函数图像

在实际计算时，直接采用式（5-2）并不方便。注意到在式（5-1）中，h_0 和 α_0 代表简谐运动的幅值，并且可以为复数，以体现沉浮运动和俯仰运动的相位差。将式（5-1）带入式（5-2）中，经过整理可以得到

$$L = \pi\rho b^3 \omega^2 \left\{ L_h \frac{h}{b} + \left[L_\alpha - \left(\frac{1}{2} + a \right) L_h \right] \alpha \right\}$$

$$M = \pi\rho b^4 \omega^2 \left\{ \left[M_h - \left(\frac{1}{2} + a \right) L_h \right] \frac{h}{b} + \left[M_\alpha - \left(\frac{1}{2} + a \right)(L_\alpha + M_h) + \left(\frac{1}{2} + a \right)^2 L_h \right] \alpha \right\} \tag{5-5}$$

式中

$$L_h = 1 - i\frac{2}{k}[F(k) + iG(k)]$$

$$L_\alpha = \frac{1}{2} - i\frac{1}{k}[1 + 2F(k) + iG(k)] - \frac{2}{k^2}[F(k) + iG(k)]$$

$$M_h = \frac{1}{2} \tag{5-6}$$

$$M_\alpha = \frac{3}{8} - i\frac{1}{k}$$

5.1.2 有限状态理论

基于 Theodorsen 理论可以较为方便地获得二维机翼的非定常气动力，然而表达仅限于频域范围，这给气动弹性时域分析工作带来不便，此后大量学者投身于将频域气动力转化为时域气动力的方法研究中。其中以 Peters 等研究人员为代表所发展的，基于有限状态理论的时域气动力近似方法受到众多气动弹性研究者的推广和应用。在 Peters 有限状态理论中，假定了无黏、无旋、不可压缩等流动条件，其非定常气动力的推导基于速势方程，可以较为清晰

地描述任意二维薄翼型的非定常气动特性，比较适用于亚音速流动。

依然参考图 5-3，展示了一个同时具有沉浮自由度 h 和俯仰自由度 θ 的二维翼型，其中 h 向下为正，θ 抬头为正。剖面刚心 P 在翼型弦长中点后 ab 处，其中 a 为无量纲长度，b 为半弦长。根据 Peters 有限状态理论，该二维翼型结构所受到的非定常气动载荷可以表达为如下形式

$$
L = \pi\rho b^2\left(\ddot{h} + V\dot{\alpha} - ba\ddot{\alpha}\right) + 2\pi\rho Ub\left[\dot{h} + V\alpha + b\left(\frac{1}{2} - a\right)\dot{\alpha} - \lambda_0\right]
$$
$$
M_{c/4} = -\pi\rho b^3\left[\frac{1}{2}\ddot{h} + V\dot{\alpha} + b\left(\frac{1}{8} - \frac{a}{2}\right)\ddot{\alpha}\right] \tag{5-7}
$$

式中，U 是来流速度（$\mathrm{m\cdot s^{-1}}$）；λ_0 是由翼型自由涡产生的诱导速度（$\mathrm{m\cdot s^{-1}}$）。在升力控制方程中，右手第一项为非环量升力，表示由于翼型运动而产生的空气对翼型的作用力；第二项为环量升力，表示翼型的自由涡诱导速度对升力载荷的影响。

由于 λ_0 的存在，气动力控制方程并不闭合，因此还需要基于入流理论（Induced-Flow Theory）构建额外的控制方程。Sears 指出，在有限的时间内，翼型的尾涡只会运动到有限空间，并在有限空间域内提出了尾涡有限时间运动方程。Johnson 提出，可以将 λ_0 表示为指数函数的积分形式。基于以上两人的研究成果，Peters 将平均入流诱导速度 λ_0 表示为有限个入流状态 $\lambda_0, \lambda_1, \cdots, \lambda_N$ 的加权形式

$$
\lambda_0 \approx \frac{1}{2}\sum_{i=1}^{N} b_i\lambda_i \tag{5-8}
$$

将入流状态项写作向量形式 $\boldsymbol{\lambda} = [\lambda_1, \lambda_2, \cdots, \lambda_N]^{\mathrm{T}}$，并记 $\boldsymbol{b} = [b_1, b_2, \cdots, b_N]^{\mathrm{T}}$，则 λ_0 可以进一步表示为

$$
\lambda_0 \approx \frac{1}{2}\boldsymbol{b}^{\mathrm{T}}\boldsymbol{\lambda} \tag{5-9}
$$

其中，$\boldsymbol{\lambda}$ 满足如下入流控制方程

$$
\boldsymbol{A}\dot{\boldsymbol{\lambda}} + \frac{U}{b}\boldsymbol{\lambda} = \boldsymbol{c}\left[\ddot{h} + U\theta + b\left(\frac{1}{2} - a\right)\ddot{\theta}\right] \tag{5-10}
$$

未知矩阵 $\boldsymbol{A}$ 和向量 $\boldsymbol{c}$ 满足

$$
\boldsymbol{A} = \boldsymbol{D} + \boldsymbol{d}\boldsymbol{b}^{\mathrm{T}} + \boldsymbol{c}\boldsymbol{d}^{\mathrm{T}} + \frac{1}{2}\boldsymbol{c}\boldsymbol{b}^{\mathrm{T}} \tag{5-11}
$$

其中，

$$
\boldsymbol{D}_{ij} = \begin{cases} \dfrac{1}{2}i & i = j+1 \\[2mm] -\dfrac{1}{2}i & i = j-1 \\[2mm] 0 & i \neq j\pm 1 \end{cases}, \qquad \boldsymbol{d}_i = \begin{cases} \dfrac{1}{2} & i = 1 \\[2mm] 0 & i \neq 1 \end{cases}, \qquad \boldsymbol{c}_i = \frac{2}{i} \tag{5-12}
$$

在向量 $\boldsymbol{b}$ 的选择上，Peters 提供了一种较为通用的公式

$$\begin{cases} b_n = (-1)^{n-1} \dfrac{(N+n-1)!}{(N-n-1)!} \dfrac{1}{(n!)^2}, & 1 < n < N-1 \\ b_N = (.-1)^{N+1} \end{cases} \tag{5-13}$$

注意：式（5-13）的变量 N 应与入流状态的数目保持一致。为了保证计算精度，应选择较为合理的入流状态数目，当入流状态数目选取过少时，时域气动力近似精度不足；当入流状态数目选取过多时，会带来附加的数值不稳定问题。Peters 等人的研究结果显示，有限状态项数目应在 4~8 个。孙智伟等人建议有限状态项取 6 个较为合理。在实际应用时，可根据具体问题进行计算评估，选择较为合理的有限状态数目。

5.1.3 ONEAR 失速气动力模型

对于大展弦比太阳能无人机而言，即使在巡航状态下机翼也具有较大的弹性变形量。较大的弹性扭转变形将使机翼在靠近翼稍位置的局部攻角处于失速区，这将诱发机翼的失速颤振和极限环振荡等一系列复杂问题，此时线性气动力假设已经不再适用。为了较为准确地捕捉气动力的非线性特性，一般采用动态失速模型进行气动力修正。当前研究领域常用的动态失速模型有 Φye 模型、RisΦ 模型、ONERA 模型、Beddoes-Leishman 模型和 Boeing-Vertol 模型。相比于其余四种模型，ONERA 动态失速模型所涉及的经验拟合参数较少，既适用于附着流状态，又适用于分离流状态，可以较为清晰地捕捉气动力在线性和非线性区域的非定常特性。

按照 ONERA 失速模型相关理论，由于动态失速而引起的气动环量损失 Γ_L 和力矩环量损失 Γ_M 表示为如下二阶常微分方程形式，其中力矩参考点在四分之一弦长位置。

$$\begin{cases} \ddot{\Gamma}_L + \xi_L \dfrac{U}{b} \dot{\Gamma}_L + \left(\dfrac{U}{b}\right)^2 \omega_L^2 \Gamma_L = -\dfrac{\omega_L^2 U^3 \Delta C_L}{b} - \omega_L^2 \eta_L U^2 \dfrac{\mathrm{d}\Delta C_L}{\mathrm{d}t} \\ \ddot{\Gamma}_M + \xi_M \dfrac{U}{b} \dot{\Gamma}_M + \left(\dfrac{U}{b}\right)^2 \omega_M^2 \Gamma_M = -\dfrac{\omega_M^2 U^3 \Delta C_M}{b} - \omega_M^2 \eta_L U^2 \dfrac{\mathrm{d}\Delta C_M}{\mathrm{d}t} \end{cases} \tag{5-14}$$

式中，气动力的非线性特性可以通过输入值 $\Delta C_n (n = L, M)$ 得到，其定义为线性区域气动力的线性延长线与静态气动力之差，如图 5-5 所示。

半经验参数 ξ_n、ω_n、$\eta_n (n = L, M)$ 分别反映了气动力的阻尼特性、频率特性和时滞特性，可以表示为如下形式

$$\begin{cases} \xi_n = \xi_0 + \xi_2 (\Delta C_n)^2 \\ \omega_n = \omega_0 + \omega_2 (\Delta C_n)^2 \quad (n = L, M) \\ \eta_n = \eta_0 + \eta_2 (\Delta C_n)^2 \end{cases} \tag{5-15}$$

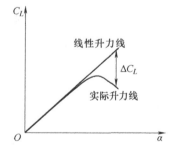

图 5-5 关于变量 ΔC_L 定义的示意图

为了得到方程中系数 ξ_0、ξ_2、ω_0、ω_2、η_0、η_2 的典型值，应基于某种特定翼型的静气动力数据和做强迫振荡时的气动力数据进行参数辨识，气动数据可以来源于实验结果，也可

以来源于计算流体动力学（CFD）结果。Jeremy 等人认为，根据升力数据辨识得到的参数可以用于力矩的预测，表 5-1 给出了部分翼型的 ONERA 非线性参数典型值。

表 5-1　ONERA 非线性参数的典型值

翼型(流动状态)	ξ_0	ξ_2	ω_0	ω_2	η_0	η_2
0A9($Ma=0$)	0.20	0.80	0.10	0.64	3.3	-1.6
0A9($Ma=0.35$)	0.20	0.80	0.10	0.64	3.3	-3.4
0A9($Ma=0.90$)	0.15	0.65	0.10	0.42	3.3	-1.3
0A212($Ma=0.35$)	0.10	0.15	0.10	0.20	5.3	-7.6
VR7($Ma=0$)	0.60	1.8	0.35	0.65	3.3	-0.8
NACA0012($Ma=0$)	0.25	0.10	0.20	0.10	3.3	-0.3

考虑到 ONERA 失速模型后，非线性气动载荷可以表示为

$$L_{non} = \rho U \Gamma_L$$
$$M_{non} = 2\rho U b \Gamma_M$$

$$(5\text{-}16)$$

式中，升力向上为正，力矩抬头为正，参考点为四分之一弦长位置。

5.1.4　偶极子网格法

在实际工程问题中，大多数是三维非定常流动问题。在三维非定常流动中，即使从小扰动速度势方程出发也难以找到对应的解析。在 20 世纪 70 年代到 80 年代间，格林函数方法被逐渐发展起来，该方法通过在物体表面分布源汇和偶极子基本模型，可以模拟升力面的厚度。然而，该方法需要对尾涡面进行处理，需要大量的额外计算。此外，在数值计算时尾涡不可能取到下游无穷远处，需要进行人工截断，这是从速势方程出发求解气动力所需要面临的普遍性问题。

为了避免速势方程求解方法中的若干不足，从 20 世纪 60 年代后期开始，人们基于加速度势的概念发展出偶极子网格法。本节主要介绍偶极子网格法的主要思路和关键控制方程，详细理论推导可参见文献［10］。

在这里引入加速度势的概念。已知流场中的加速度是一个矢量，根据流场无旋条件，如果加速度满足无旋条件，则相应的会存在一个可称作加速度势的势函数。可以证明，在势流假设所支配的流场中，不仅存在速度势函数，也存在加速度势函数，且加速度势函数 ψ 与速度势函数 ϕ 的关系如下

$$\psi = \frac{\partial \phi}{\partial t} + \frac{1}{2}\left[\left(\frac{\partial \phi}{\partial x}\right)^2 + \left(\frac{\partial \phi}{\partial y}\right)^2 + \left(\frac{\partial \phi}{\partial z}\right)^2\right]$$

$$(5\text{-}17)$$

采用小扰动假设将方程线性化，则加速度势函数可以等价为来流加速度势 ψ_∞ 和扰动加速度势 $\hat{\psi}$ 之和。若取 $\psi_\infty = \frac{1}{2}U_\infty^2$，则扰动加速度势满足

$$(1-M_\infty^2)\frac{\partial^2 \hat{\psi}}{\partial x^2} + \frac{\partial^2 \hat{\psi}}{\partial y^2} + \frac{\partial^2 \hat{\psi}}{\partial z^2} - 2\frac{M_\infty}{a_\infty}\frac{\partial^2 \hat{\psi}}{\partial x \partial t} - \frac{1}{a_\infty^2}\frac{\partial^2 \hat{\psi}}{\partial t^2} = 0$$

$$(5\text{-}18)$$

式（5-18）称小扰动加速度势方程，其中 M_∞ 和 a_∞ 分别表示来流马赫数及声速（m·s^{-1}）。

引入加速度势和扰动加速度势函数后，需要考察压力系数与扰动加速度势之间的关系，根据小扰动假设下的压力系数关系式，可以推得

$$\frac{p-p_\infty}{\rho_\infty} = -\hat{\psi} \tag{5-19}$$

式中，p 是当地压强（Pa）；p_∞ 和 ρ_∞ 是来流压强（Pa）和密度（kg·m^{-3}）。

可见，如果求解出扰动加速度势函数，就能直接获得压力系数。下面将直接给出偶极子网格法的一般求解思路。

采用偶极子网格法计算非定常气动力时，首先要将升力面划分为 n 个有限网格单元。空气动力坐标系定义为：原点位于升力面前缘，x 轴顺气流方向，y 轴沿展向指向右侧机翼，z 轴由右手定则确定。在气动网格划分时必须遵循一定的规则，即网格的侧缘应平行于来流方向，且前后网格的侧缘必须在同一直线上。若翼面的前后缘有不连续情况（如图 5-6 所示的 P_1，P_2 点），则弯折位置必须是网格的角点。如果翼面上布置有控制面（如图 5-6 所示的灰色单元），则控制面边缘必须同网格边缘一致，且同一个网格不能跨越控制面。在气动单元内：中剖面与四分之一弦线的交点称压力点，该点被认为是每小块上空气动力的作用点；中剖面与四分之三弦线的交点称控制点，物面无穿透边界条件在该点满足。实践证明，这样可以使机翼后缘的库塔（kutta）条件自动满足。

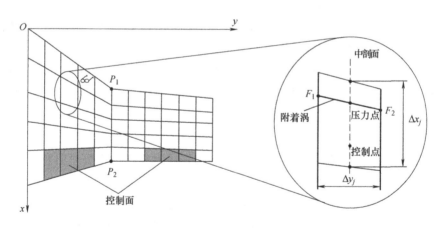

图 5-6　气动网格划分示意图

翼面经过离散化后，经过理论推导可以得到在每个网格的下洗控制点所满足的基本控制方程

$$\omega_i = \frac{1}{8\pi} \sum_{j=1}^{n} \Delta c_{p_j} \Delta x_j \cos\varphi_j \int_{l_j} K_{ij} \mathrm{d}l_j \quad (i=1,2,\cdots,n; j=1,2,\cdots,n) \tag{5-20}$$

式中，ω_i 是第 i 个气动网格控制点处的下洗速度（m·s^{-1}）；Δc_{pj} 是第 j 个气动网格的压力系数，定义为 $\Delta c_{p_j} = \dfrac{2\Delta p_j}{\rho V^2}$；$\Delta x_j$ 是第 j 个气动网格的中剖面长度（m）；l_j 是第 j 个气动网格的展长（m）（见图 5-6 中的 $\overline{F_1 F_2}$）；φ_j 是第 j 个气动网格的后掠角（见图 5-6 中 $\overline{F_1 F_2}$ 的后掠角）；

K_{ij} 是核函数。

式（5-20）是偶极子网格法计算时所依赖的基本方程。值得注意的是，在式（5-20）中，积分区域只包含太阳能无人机的翼面，这是因为在尾涡面上压力差为零，这也是引入加速度势函数的根本目的。式（5-20）可以进一步写成矩阵形式

$$\Delta p = \frac{1}{2}\rho V^2 \boldsymbol{D}^{-1}\boldsymbol{w} \tag{5-21}$$

式中，Δp 是压力点处的压力分布列阵；$\boldsymbol{w}$ 是下洗控制点的下洗速度列阵；$\boldsymbol{D}$ 是气动力影响系数矩阵。

对于薄翼面，各个气动网格控制点的下洗速度和振动模态有关系式

$$\boldsymbol{w} = \left(\frac{\partial \boldsymbol{F}}{\partial x} + \frac{ik}{b}\boldsymbol{F}\right)\boldsymbol{q} \tag{5-22}$$

式中，$\boldsymbol{q}$ 是广义坐标向量；$\boldsymbol{F}$ 是控制点处的 z 向振动位移所对应的模态矩阵；b 是参考半弦长；k 是减缩频率。

当结构振动方程已知时，通过流固耦合插值可以获得气动网格控制点的运动规律，进而应用式（5-22）和式（5-23）可解得气动网格的压力分布，进一步计算得到太阳能无人机的非定常气动力。另外，也可以通过有理函数近似等方法将非定常气动力从频域转换到时域，具体理论公式此处不予以介绍，感兴趣的读者可查阅相关文献。

5.1.5　非定常涡格法

非定常涡格法建立在定常涡格法的理论基础之上，是另一种有效的非定常气动力计算方法。非定常涡格法的理论基础是势流理论，其基本控制方程为 Laplace 方程。与偶极子网格法所不同的是，非定常涡格法的理论公式表达在离散时间域内，故需要耦合离散形式的结构动力学方程，以得到完备的气动弹性方程（离散时间域）。相比于偶极子网格法，非定常涡格法有其独特的优势：

1）非定常涡格法能够较为准确地捕捉尾迹运动及结构变形导致的流场变化。

2）非定常涡格法的非定常效应来源于几何变形导致的非定常边界条件及尾迹的非定常脱落运动，此时物面运动已经不受限于"面外"方向的约束，故适用于研究太阳能无人机的横航向运动及 T 尾颤振问题。

鉴于目前出版物对非定常涡格法的内容涉及较少，本节对该方法的基本理论进行较为详细地阐述。

1. 具有运动边界的不可压势流理论

如图 5-7 所示，展示了环绕物体的整个流场域。在该流域中，除了物面边界和尾涡区域，其他地方的流动均被假设成是无黏、无旋及不可压的，该假设也是 Laplace 方程的基本适用条件。

由空气动力学基本原理可知，在无黏、无旋及不可压的条件下，连续性方程可以用关于扰动速度势函数 Φ 的 Laplace 方程来表示

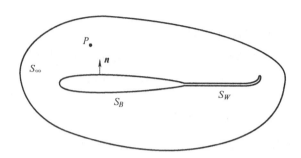

图 5-7　势流问题的二维描述示意图

$$\nabla^2 \Phi = 0 \tag{5-23}$$

在数学方程分类中，Laplace 方程属于二阶线性椭圆形偏微分方程，求解时需要两种边界条件。第一种边界条件是关于物面 S_B 的无穿透边界条件，可以表示为

$$(\nabla \Phi + v) \cdot n = 0 \tag{5-24}$$

式中，v 是物面的运动速度（$m \cdot s^{-1}$）；n 是物面的法向矢量，其表征了气流相对于物面的合速度在物面法向的投影为零。

另外注意到，Laplace 方程（5-23）中没有时间项，所以流动的非定常效应是通过边界条件（5-24）所体现的。

第二种边界条件为无限远场边界条件，要求物面对流场的扰动在远离物面时，逐渐衰减为 0，即流动逐渐接近自由来流，可表示为

$$\lim_{r \to \infty} |\nabla \Phi| = 0 \tag{5-25}$$

式中，r 是空间中任一点 P 到物面的距离（m）。

基于格林函数理论，通过在物面和尾迹上布置一定的面偶极子和面源，即可以获得 Laplace 方程的一般解形式

$$\Phi(P) = \frac{1}{4\pi} \int_{S_B + S_W} \mu \frac{\partial}{\partial n}\left(\frac{1}{r}\right) dS - \frac{1}{4\pi} \int_{S_B} \sigma \left(\frac{1}{r}\right) dS \tag{5-26}$$

式中，S_B 和 S_W 分别是物面和尾涡的积分面积；μ 和 σ 分别是偶极子强度和面源强度。

可以看出，方程将一个全流场域的三维求解问题转化为一个寻找物面上流动解的二维问题。在非定常涡格法的基本模型元素中，面偶极子提供产生升力的环量；面源无法产生环量，其物理含义主要体现在可以表征物面运动及翼面厚度等。另外注意到，面偶极子基本流动和面源基本流动均满足在无穷远处扰动为零的特征，即第二种边界条件自动满足，故不需要增添额外的方程。

在 Laplace 方程及物面边界条件的基础上，为了使方程封闭，需要进行尾涡模型的构建。尾迹的强度可以通过二维库塔条件得到，即要求流动能够沿着后缘光滑地离开升力面

$$\gamma_{TE} = 0 \tag{5-27}$$

式中，γ_{TE} 是后缘位置单位展长的环量大小。

除此而外，开尔文环量定律可以用于计算尾迹环量，其表征了流场域总环量 Γ 的时不变

特性，其表达为：

$$\frac{\mathrm{d}\varGamma}{\mathrm{d}t}=0 \tag{5-28}$$

2. 非定常涡格法的时间推进方程

考虑到面偶极子和涡环的等效关系，在非定常涡格法建模时常采用涡环作为基本元素。对于已经网格离散化的升力面，涡环大小与网格大小保持一致，且布置在网格向后偏移四分之一网格弦长的位置。因此，涡环前缘位于网格的四分之一弦线位置，无穿透边界条件的控制点位于网格的四分之三弦长且在展向的中点（也即涡环中心），如图 5-8 所示。

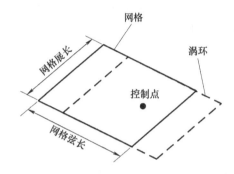

图 5-8　非定常涡格法的气动网格和涡环位置关系图

每一个瞬时，在控制点处应用无穿透边界条件，可以得到涡环的强度分布。在第 $n+1$ 个时间步上，离散时间形式的边界条件控制方程表示为

$$\boldsymbol{A}_{cb}\boldsymbol{\varGamma}_b^{n+1}+\boldsymbol{A}_{cw}\boldsymbol{\varGamma}_w^{n+1}+w^{n+1}=0 \tag{5-29}$$

式中，$\boldsymbol{\varGamma}_b$ 是升力面的涡强向量；$\boldsymbol{\varGamma}_w$ 是尾迹的涡强向量；$\boldsymbol{A}_{cb}$ 是升力面涡环对升力面控制点的气动影响系数矩阵；$\boldsymbol{A}_{cw}$ 是尾迹涡环对升力面控制点的气动影响系数矩阵；w 是升力面控制点处，由于升力面刚体运动、弹性运动、舵面偏转及阵风扰动而引起的法向速度分量。

根据 Biot-Savart 定律，得到涡环 l 在控制点 k 处的诱导速度表达

$$\boldsymbol{q}_{kl}=\oint_{C_l}\frac{\mathrm{d}\boldsymbol{s}_l\times\boldsymbol{r}_{kl}}{4\pi\,|\,\boldsymbol{r}_{kl}\,|^3} \tag{5-30}$$

式中，$\boldsymbol{q}_{kl}$ 是诱导速度矢量；$\mathrm{d}\boldsymbol{s}_l$ 是涡环微元；C_l 是封闭的线积分路径；$\boldsymbol{r}_{kl}$ 是从控制点 k 指到涡环微元 $\mathrm{d}\boldsymbol{s}_l$ 的矢量。在求解时，采用式得到涡环 l 的涡强与控制点 k 的法向诱导速度分量的关系，并将影响系数组装到式中的 A_{cb} 和 A_{cw} 矩阵中。

另外，由于升力面的刚体运动、弹性运动、舵面偏转及阵风扰动等因素而引起的法向速度分量 w 表述为

$$w^{n+1}=\boldsymbol{W}_b\cdot\left(\dot{\boldsymbol{\zeta}}_b^{n+1}+v_d^{n+1}\right) \tag{5-31}$$

式中，v_d 是阵风扰动速度（$\mathrm{m}\cdot\mathrm{s}^{-1}$）；$\dot{\boldsymbol{\zeta}}_b$ 是升力面的运动速度（$\mathrm{m}\cdot\mathrm{s}^{-1}$）；$\boldsymbol{W}_b$ 是转换矩阵。

3. 尾迹动力学建模

在非定常情况下，升力面的环量会发生变化，根据开尔文环量定律，一系列新的涡环将

从机翼后缘脱落，并随着当地流动速度向下游运动，其中物面气动网格坐标ζ_b和尾涡面气动网格坐标ζ_w有如下时域推进关系

$$\zeta_w^{n+1} = C_{\zeta b}\zeta_b^{n+1} + C_{\zeta w}\zeta_w^n + \int_{t^n}^{t^{n+1}} V(t)\,\mathrm{d}t \tag{5-32}$$

式中，$C_{\zeta b}$，$C_{\zeta w}$是稀疏常数对流矩阵，用于更新尾迹的位置，$C_{\zeta b}$用于增添新拖出来的尾迹以满足库塔条件，$C_{\zeta w}$用于保证上一步的尾迹不发生变化；V是尾迹网格的诱导速度（m·s^{-1}）。如果采用描述尾涡（prescribed wake）方法，需要将式中的积分项略去；如果采用自由涡（free wake）方法，应保留积分项以确定卷起的尾涡在每一时刻的位置。在计算积分项时，可以采用显式 Euler 方法，也可以采用四阶 Runge-Kutta 方法或者基于线性多步法的 Adams 公式，以提高计算的精度和稳定性。

尾迹网格的速度V可以进一步表示为

$$V = A_{vb}\Gamma_b + A_{vw}\Gamma_w + v_d \tag{5-33}$$

式中，A_{vb}和A_{vw}分别是升力面和尾涡面的诱导速度关系矩阵，v_d是外部阵风等扰动。

尾迹涡强Γ_w可以进一步写成离散的时间推进方程形式

$$\Gamma_w^{n+1} = C_{\Gamma b}\Gamma_b^n + C_{\Gamma w}\Gamma_w^n \tag{5-34}$$

式中，$C_{\Gamma b}$和$C_{\Gamma w}$是涡强从上一步到当前步的过渡矩阵。

实际上，当尾迹距离升力面足够远时，可以认为这部分尾迹对升力面的影响很小从而进行"截断"处理。然而，对于不同的构型和飞行工况，究竟在距离机翼后缘多远处进行尾迹截断并没有确定性的理论依据，目前大多采用试算的方式，以降低计算量。

4. 气动力计算

当求解出各个涡环上的涡强时，就可以获得太阳能无人机的气动载荷分布。注意到，每个涡环上的气动力取决于涡环的法向矢量n_k和控制点的瞬时无旋速度$v_{nc,k}$，其中无旋速度来源于升力面的刚体运动、弹性变形及阵风扰动等因素，与之相对应的是由其余涡环诱导出来的有旋速度。若将某个涡环上的无旋速度和有旋速度叠加起来，根据无穿透边界条件可知，其合速度应与涡环平面相切。如图 5-9 所示，展示了涡环上气动的方向定义及局部气动坐标定义示意图。

为了得到升力面上的压力，可以采用如下形式的非定常伯努利方程

$$\frac{p_\infty - p}{\rho_\infty} = \frac{(\nabla\Phi)^2}{2} + \frac{\partial\Phi}{\partial t} \tag{5-35}$$

式中，Φ是速度势；p是压力；下标∞表示无穷远均匀来流。

然而，基于伯努利方程得到的升力较为合理，但诱导阻力偏高。其主要原因在于，当使用非定常涡格法对升力面进行建模时，采用了薄翼理论思想，没有考虑升力面的厚度，因此无法考虑前缘吸力的影响。为此，Katz 和 Plotkin 提出了一种诱导阻力的近似计算方法：升力通过非定常伯努利方程获得，但只保留垂直于无旋速度的分量L_k，诱导阻力D_k与无旋速度保持在一条直线上但方向相反，如图 5-9 所示。

在第n个时间步上，面元的升力L^n和诱导阻力D^n表示为

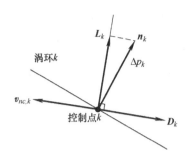

图 5-9　非定常涡格法网格划分示意图

$$L^n = \rho_\infty \boldsymbol{G}_c \big[(\boldsymbol{U}_c \boldsymbol{\Lambda}_c + \boldsymbol{U}_s \boldsymbol{\Lambda}_s) \Gamma_b^n + \dot{\Gamma}_b^n \big]$$
$$D^n = \rho_\infty (-\hat{\boldsymbol{U}} \boldsymbol{\Lambda}_c \Gamma_b^n + \boldsymbol{G}_s \dot{\Gamma}_b^n) \tag{5-36}$$

式中，ρ_∞ 是流体的密度（m·s^{-1}）；$\boldsymbol{\Lambda}_{c(s)}$ 是包含 1 和 -1 元素的矩阵，用来考虑邻近的面元板块；$\boldsymbol{G}_{c(s)}$ 是对角矩阵，是面元几何外形和局部攻角的函数；$\boldsymbol{U}_c$、$\boldsymbol{U}_s$、$\hat{\boldsymbol{U}}$ 是与面元几何外形、和涡强有关的对角矩阵；Γ_b 和 $\dot{\Gamma}_b$ 分别是升力面上的涡强和涡强变化率。

5.1.6　气动模型对比算例

考虑到 Theodorsen 理论和有限状态理论适用于二维气动力建模，偶极子网格法和非定常涡格法适用于三维气动力建模，本节将分别从二维气动力模型和三维气动力模型出发，基于二维翼型和三维机翼分析各个气动力模型的特点。

1. 二维气动力模型对比

理论上，有限状态理论是 Theodorsen 气动力（频域）的时域表达方法，其出发点和假设与 Theodorsen 气动力是相同的。这里考虑一个做简谐强迫振动的二维翼型，其俯仰角 θ 的复数表达为

$$\theta = 5 e^{ikU_\infty t} \tag{5-37}$$

式中，k 是无量纲减缩频率；U_∞ 是无穷远来流速度（m·s^{-1}）；i 是复数单位；t 是时间（s）。

假设翼型在海平面高度处，飞行马赫数 $Ma = 0.2$，所考察的减缩频率 k 为 0.01，0.1，0.5，1.0，采用 Theodorsen 和 Peters 有限状态理论进行非定常气动力的计算对比，另外还考虑了 Grossman 准定常气动结果。关于 Grossman 准定常气动理论此处不赘述，感兴趣的读者请参考相关文献。

通过理论计算所得到的气动力系数如图 5-10~图 5-13 所示。其中升力系数 C_L 定义上为正，力矩系数 C_M 定义抬头为正，参考点位于翼型的刚心位置。当 $k = 0.01$ 时，几种气动力计算方法得到的气动力系数基本重合；当 k 增加时，基于有限状态理论和 Theodorsen 理论得到的非定常气动力相较于基于 Grossman 理论得到的准定常气动力结果出现了时间延迟现象，即体现了气动力的非定常迟滞效应。此外，气动力的响应幅值也有所降低。

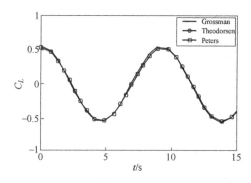 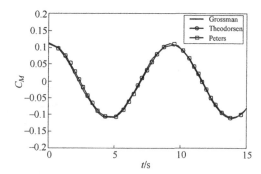

图 5-10 $k = 0.01$，气动力计算方法对比

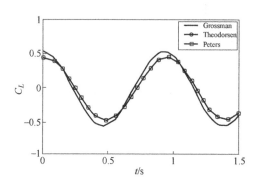 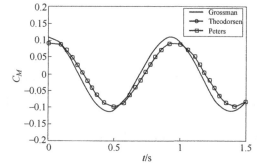

图 5-11 $k = 0.10$，气动力计算方法对比

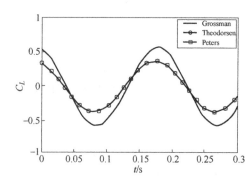 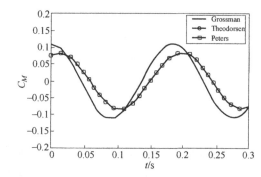

图 5-12 $k = 0.50$，气动力计算方法对比

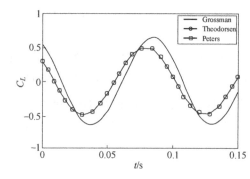 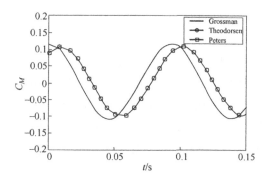

图 5-13 $k = 1.00$，气动力计算方法对比

2. 三维气动力模型对比

本节选取做沉浮运动的三维翼型，用于分析非定常气动力的计算结果，其中机翼的弦长为 1m，展长为 10m。假设三维机翼的沉浮位移 h 满足

$$h = 0.1\sin(40kt) \tag{5-38}$$

式中，k 是无量纲减缩频率；t 是时间（s）。

在本算例中，考虑 $k=0.2$、0.6、1.0 的情况。值得注意的是，k 值越大，表时翼型振动得越快，而更高的减缩频率 k 需要更密的网格来保证计算精度。为了兼顾计算精度和效率，机翼网格划分的弦向网格点数将随着 k 的大小进行自适应的变化，此处设定展向网格数为 12，弦向网格数为 $[56k]$，其中 $[\cdot]$ 表示高斯取整函数。

计算结果如图 5-14 所示，展示了在不同减缩频率 k 下，基于非定常涡格法（UVLM）和偶极子网格法（DLM）理论计算得到的非定常升力系数，横坐标为无量纲沉浮位移 h/c，纵坐标为升力系数。

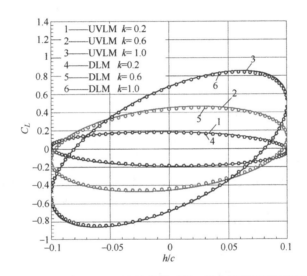

图 5-14　不同减缩频率下 UVLM 和 DLM 理论计算得到的三维机翼做沉浮简谐运动时的升力系数对比

由图 5-14 的升力系数结果可以看出，非定常涡格法计算得到的升力系数的变化轨迹与 DLM 的结果吻合得很好。升力系数随无量纲沉浮运动位移的轨迹为一个中心对称的圆环。当减缩频率较小（$k=0.2$）时，升力系数最大或最小点位于简谐运动的平衡点；当减缩频率逐渐增大时，升力系数的最大或最小点逐渐偏离平衡点。其原因在于：当减缩频率较小时，机翼的沉浮振动相对来流运动较缓慢，非定常现象较弱，机翼在通过简谐运动的平衡点时，有着最大的运动速度，因此相对来流的等效迎角也是最大（最小），所以有着最大（最小）的升力系数；当减缩频率较大时，机翼的沉浮运动相对较快，非定常现象更为明显，尾迹的变化对机翼的气动力产生了明显的印象，所以升力系数最大（最小）点不是迎角最大（最小）点。

3. 二维与三维气动力模型对比

为了进一步说明二维和三维气动力模型的差异，本节对一个矩形机翼进行非定常气动力

分析，计算方法分别基于偶极子网格法理论和 Theodorsen 理论。矩形机翼示意图如图 5-15 所示，半展长为 6m，弦长为 2m，机翼展现比 $AR = 6$，无量纲距离 $a = -0.15$，参考半弦长 $b_{ref} = 1m$，非定常气动力计算状态见表 5-2。

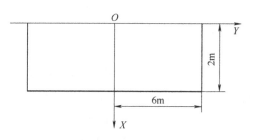

图 5-15   矩形机翼示意图

表 5-2   非定常气动力计算状态

参数	马赫数 Ma	减缩频率 k	俯仰幅值 $\alpha/(°)$	沉浮幅值 h/m
案例 1	0.4	0.36	5	0
案例 2	0.5	0.25	0	0.6
案例 3	0.6	0.125	2.5	0.4

　　基于 Theodorsen 理论及 DLM 理论，对机翼的非定常气动升力进行预测，矩形机翼非定常气动升力 C_L 结果见表 5-3。可以看出，基于 DLM 理论得到的升力系数幅值普遍低于 Theodorsen 理论得的升力系数幅值，主要的原因是 DLM 考虑到了三维机翼的下洗作用，使得升力系数相比于简单的二维片条气动有所损失。此外，三维下洗作用也使得气动力相对于广义位移的延迟相位加大。而减缩频率 k 值越大，升力系数幅值误差越小。主要原因是在减缩频率 k 较大时，翼面的气动力幅值主要受到翼面非定常效应的影响，而受到翼稍局部下洗作用影响已经很小。

表 5-3   矩形机翼非定常气动升力 C_L 结果（复数值 S，幅值 A 及辐角）

参数	案例 1($k=0.36$)			案例 2($k=0.25$)			案例 3($k=0.125$)		
	S	A	辐角/(°)	S	A	辐角/(°)	S	A	辐角/(°)
DLM	0.33+0.10i	0.35	16.93	0.01+0.60i	0.60	88.61	0.22+0.23i	0.32	46.12
Theodorsen	0.38+0.09i	0.39	13.95	0.07+0.75i	0.76	85.03	0.32+0.30i	0.44	42.59

5.2　结构动力学模型

　　结构动力学建模是太阳能无人机气动弹性分析的又一大理论基础。一般情况下，太阳能无人机的结构呈现出在展向的尺度远远大于其他两个方向的特点。另外，当考虑到柔性机翼的大变形情况时，太阳能无人机结构又会呈现出几何非线性的特征。鉴于此，本节将介绍以等效梁为代表的线性结构模型及以本征梁为代表的几何非线性结构模型。

5.2.1　线性等效梁模型

对于太阳能无人机结构来说，诸如机翼和机身等部件都可以视为薄壁结构。对于此类结构，基于 Euler-Bernoulli 理论进行等效梁有限元建模。Kuttenkeuler 等人认为，对柔性机翼进行等效梁建模时，应满足假设：

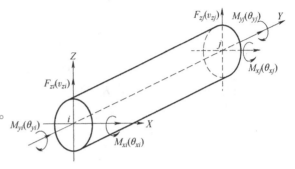

1) 机翼的刚轴近似为直线。

2) 机翼翼根固支处的连接刚度足够大。

空间等效梁有限元示意图如图 5-16 所示。

图 5-16　空间等效梁有限元示意图

为了便于后续理论推导，定义 l 是梁单元长度（m）；EI_x 是绕 X 轴弯曲刚度（N·m²）；GJ_y 是绕 Y 轴扭转刚度（N·m·rad）；v_z 是 Z 轴方向的弯曲挠度变形（m）；θ_x 是绕 X 轴的弯曲转角变形（rad）；α_y 是绕 Y 轴的扭转转角变形（rad）。下面将基于分析力学中的 Lagrange 方程，建立梁单元的结构动力学方程。

1. 梁的动能表达

将图 5-16 中的空间梁用垂直于 Y 轴的平面横切，得到图 5-17 所示的机翼结构剖面，其中 E 为弹性轴，C 为质心轴

考虑机翼结构剖面绕弹性轴 E 的沉浮自由度 h（沿 Z 轴正向）和俯仰自由度 α（抬头为正），整个梁单元的功能 T_e 表示为

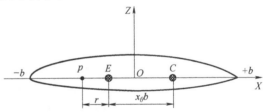

图 5-17　机翼结构剖面示意图

$$T_e = \frac{1}{2}\int (\mu \dot{h}^2 - 2\mu x_\theta b \dot{h}\dot{\alpha} + I_e \dot{\alpha}^2)\,\mathrm{d}y \tag{5-39}$$

式中，μ 是梁单元沿 Y 方向的线密度（kg·m⁻¹）；x_θ 是剖面质心到刚心的无量纲距离（向后为正）；b 是剖面半弦长（m）；I_e 是剖面关于刚心的转动惯量（kg·m²）。

定义有限元结点位移向量 $\boldsymbol{\delta}_{ij}$ 及结点力向量 $\boldsymbol{F}_{ij}$，则沉浮自由度 h 和俯仰自由度 α 表示为

$$h = N_b \boldsymbol{\delta}_{ij}, \quad \alpha = N_t \boldsymbol{\delta}_{ij} \tag{5-40}$$

将式（5-40）带入式（5-39）得到

$$T_e = \frac{1}{2}\dot{\boldsymbol{\delta}}_{ij}^{\mathrm{T}}\left[\mu \int N_b^{\mathrm{T}} N_b \,\mathrm{d}y - \mu x_\theta b\int (N_b^{\mathrm{T}} N_t + N_t^{\mathrm{T}} N_b)\,\mathrm{d}y + I_e\int N_t^{\mathrm{T}} N_t \,\mathrm{d}y\right]\dot{\boldsymbol{\delta}}_{ij} \tag{5-41}$$

2. 梁的势能表达

为了得到梁单元的弹性势能表达，应考虑单元的弹性应变能

$$U_e = \frac{1}{2}\int \boldsymbol{\varepsilon}^{\mathrm{T}}\boldsymbol{\sigma}\,\mathrm{d}V = \frac{1}{2}\int \boldsymbol{\varepsilon}^{\mathrm{T}}\boldsymbol{D}\boldsymbol{\varepsilon}\,\mathrm{d}V = \frac{1}{2}\boldsymbol{\delta}_{ij}^{\mathrm{T}}\left(\int_V \boldsymbol{B}^{\mathrm{T}}\boldsymbol{D}\boldsymbol{B}\,\mathrm{d}V\right)\boldsymbol{\delta}_{ij} \tag{5-42}$$

式中，ε 是梁单元的应变；σ 是梁单元的应力（$N \cdot m^{-2}$）；D 是梁单元的弹性矩阵；B 是梁单元的几何矩阵。关于矩阵 D 和 B 的具体形式可参考结构有限元理论。

3. 结构动力学方程

考虑等效梁的第二类 Lagrange 方程

$$\frac{\mathrm{d}}{\mathrm{d}t}\left[\frac{\partial(T_e - U_e)}{\partial \dot{\boldsymbol{\delta}}_{ij}}\right] - \frac{\partial(T_e - U_e)}{\partial \boldsymbol{\delta}_{ij}} = \boldsymbol{Q}_{ij} \tag{5-43}$$

将式（5-41）和（5-42）代入方程（5-43）得到

$$\boldsymbol{M}_e \ddot{\boldsymbol{\delta}}_{ij} + \boldsymbol{K}_e \boldsymbol{\delta}_{ij} = \boldsymbol{Q}_{ij} \tag{5-44}$$

其中，质量矩阵 $\boldsymbol{M}_e$ 和刚度矩阵 $\boldsymbol{K}_e$ 的表达式为

$$\boldsymbol{M}_e = \begin{bmatrix} \dfrac{13\mu l}{35} & \dfrac{11\mu l^2}{210} & -\dfrac{7\mu x_\theta bl}{20} & \dfrac{9\mu l}{70} & \dfrac{13\mu l^2}{420} & -\dfrac{3\mu x_\theta bl}{20} \\[2mm] \dfrac{11\mu l^2}{210} & \dfrac{\mu l^3}{105} & -\dfrac{\mu x_\theta bl^2}{20} & \dfrac{13\mu l^2}{420} & -\dfrac{\mu l^3}{140} & -\dfrac{\mu x_\theta bl^2}{30} \\[2mm] -\dfrac{7\mu x_\theta bl}{20} & -\dfrac{\mu x_\theta bl^2}{20} & \dfrac{I_e l}{3} & -\dfrac{3\mu x_\theta bl}{20} & \dfrac{\mu x_\theta bl^2}{30} & \dfrac{I_e l}{6} \\[2mm] \dfrac{9\mu l}{70} & \dfrac{13\mu l^2}{420} & -\dfrac{3\mu x_\theta bl}{20} & \dfrac{13\mu l}{35} & -\dfrac{11\mu l^2}{210} & -\dfrac{7\mu x_\theta bl}{20} \\[2mm] \dfrac{13\mu l^2}{420} & -\dfrac{\mu l^3}{140} & \dfrac{\mu x_\theta bl^2}{30} & -\dfrac{11\mu l^2}{210} & \dfrac{\mu l^3}{105} & \dfrac{\mu x_\theta bl^2}{20} \\[2mm] -\dfrac{3\mu x_\theta bl}{20} & -\dfrac{\mu x_\theta bl^2}{30} & \dfrac{I_e l}{6} & -\dfrac{7\mu x_\theta bl}{20} & \dfrac{\mu x_\theta bl^2}{20} & \dfrac{I_e l}{3} \end{bmatrix} \tag{5-45}$$

$$\boldsymbol{K}_e = \begin{bmatrix} \dfrac{12EI_x}{l^3} & \dfrac{6EI_x}{l^2} & 0 & -\dfrac{12EI_x}{l^3} & \dfrac{6EI_x}{l^2} & 0 \\[2mm] \dfrac{6EI_x}{l^2} & \dfrac{4EI_x}{l} & 0 & -\dfrac{6EI_x}{l^2} & \dfrac{2EI_x}{l} & 0 \\[2mm] 0 & 0 & \dfrac{GJ_y}{l} & 0 & 0 & -\dfrac{GJ_y}{l} \\[2mm] -\dfrac{12EI_x}{l^3} & -\dfrac{6EI_x}{l^2} & 0 & \dfrac{12EI_x}{l^3} & -\dfrac{6EI_x}{l^2} & 0 \\[2mm] \dfrac{6EI_x}{l^2} & \dfrac{2EI_x}{l} & 0 & -\dfrac{6EI_x}{l^2} & \dfrac{4EI_x}{l} & 0 \\[2mm] 0 & 0 & -\dfrac{GJ_y}{l} & 0 & 0 & \dfrac{GJ_y}{l} \end{bmatrix} \tag{5-46}$$

另外，等效结点力 $\boldsymbol{Q}_{ij}$ 可根据功能互等定理得到，具体理论此处不予以阐述。

5.2.2 几何非线性梁模型

在 Euler-Bernoulli 梁的基本理论中，采用了如下假设条件：

1）忽略剪切变形及转动惯量对梁动力学的影响。

2）变形前垂直于梁轴线的横截面，在变形后仍保持平面且与变形后的轴线垂直。

一般情况下，Euler-Bernoulli 梁理论对于细长梁较为合理，但对于几何大变形梁而言将使用受限。基于该问题，佐治亚理工大学的学者 Hodges 提出了几何精确本征梁模型。该理论适用于具有初始弯曲和扭转变形的各向异性运动梁，能够考虑任意的平移、转动和横向剪切变形。关于几何精确本征梁有以下假设。

1）梁剖面为刚性，只发生平移和转动。

2）剖面内的几何、质量、惯性参数不变。

3）梁的剪切刚度较大，其剪切变形量小。

考虑到具体理论的复杂性，本节首先不加推导地直接给出几何精确本征梁的基本控制方程，然后介绍相关的方程空间离散方法。感兴趣的读者可查阅相关文献进一步了解具体理论。

1. 几何精确本征梁方程

在梁模型建立的过程中主要涉及四种坐标系：分别为惯性系 I（在图 5-18 中未表示出）、未变形梁截面坐标系 b、变形梁截面坐标系 B 及梁随体坐标系 A。根据方程求解策略的不同，分为三种梁运动方程，即基于位移的梁模型（d-beams）、基于应变的梁模型（s-beams）和基于本征量的梁模型（i-beams）。最后一种又被称为几何非线性本征梁模型，也是本节将主要介绍采用的梁模型。该模型的动力学方程和运动学方程均为一阶微分方程，方程中不含有三角函数和有理函数等高阶非线性项，并且质量矩阵为常数矩阵，数值求解效率较高。

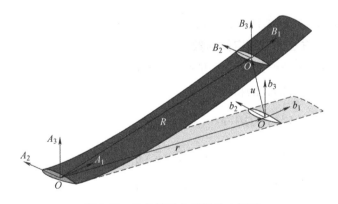

图 5-18　几何精确本征梁的坐标系

考虑到局部小应变、全局大变形的情况，几何精确本征梁的基本控制方程为

$$F'+(\tilde{k}+\tilde{\kappa})F+f=\dot{P}+\tilde{\Omega}P$$

$$M'+(\tilde{k}+\tilde{\kappa})M+(\tilde{e}_1+\tilde{\gamma})F+m=\dot{H}+\tilde{\Omega}H+\tilde{V}P \tag{5-47}$$

$$V'+(\tilde{k}+\tilde{\kappa})V+(\tilde{e}_1+\tilde{\gamma})\Omega=\dot{\gamma}$$

$$\Omega'+(\tilde{k}+\tilde{\kappa})\Omega=\dot{\kappa} \tag{5-48}$$

式中，( )′是自变量对变形前梁参考线弧坐标 x_1 的偏导数；(·)是自变量对时间 t 的偏导数；F 是几何精确本征梁的内力（N）；M 是几何精确本征梁的内力矩（N·m）；k 是几何精确本征梁的预扭（弯）曲率；e_1 是三维常数向量，$e_1 = [0,0,1]^T$；γ 是几何精确本征梁的力应变；κ 是几何精确本征梁的力矩应变；P 是几何精确本征梁的惯性线动量（kg·m·s^{-1}）；H 是几何精确本征梁的惯性角动量（kg·m^2·s^{-1}）；V 是几何精确本征梁的惯性线速度（m·s^{-1}）；Ω 是几何精确本征梁的惯性角速度（rad·s^{-1}）；f 是几何精确本征梁的外力（N）；m 是几何精确本征梁的外力矩（N·m）。其中，k、γ、κ 和 e_1 表达在未变形的坐标系中，F、M、P、H、V、Ω、f、m 表达在变形后的坐标系中。

另外，假设几何精确本征梁满足如下线性本构关系（linear constitutive law）

$$\begin{Bmatrix} P \\ H \end{Bmatrix} = \begin{pmatrix} G & K \\ K^T & I \end{pmatrix} \begin{Bmatrix} V \\ \Omega \end{Bmatrix} \qquad \begin{Bmatrix} \gamma \\ \kappa \end{Bmatrix} = \begin{pmatrix} R & S \\ S^T & T \end{pmatrix} \begin{Bmatrix} F \\ M \end{Bmatrix}, \tag{5-49}$$

式中，矩阵 G、K、I 与惯性参数有关；矩阵 R、S、T 与刚度参数有关。

为了求解方程，还应该已知几何精确本征梁的边界条件。考虑长度为 L 的悬臂梁情况，可以在根部施加速度边界条件，在稍部施加力边界条件

$$\begin{aligned} V(0,t) &= V^0 \\ \Omega(0,t) &= \Omega^0 \\ F(L,t) &= F^L \\ M(L,t) &= M^L \end{aligned} \tag{5-50}$$

Patil 和 Althoff 认为，该条件具有普适性，可以适用于所有一般性的边界情况。

2. 基于 Galerkin 方法的方程空间离散

综合考虑几何精确本征梁的运动学方程式（5-47）、动力学方程式（5-48）及边界条件式（5-50），得到如下加权形式的积分方程

$$\begin{aligned} \int_0^L &\{ V^T[\dot{P} + \tilde{\Omega}P - F' - (\tilde{k} + \tilde{\kappa})F - f] + \\ &\Omega^T[\dot{H} + \tilde{\Omega}H + \tilde{V}P - M' - (\tilde{k} + \tilde{\kappa})M - (\tilde{e}_1 + \tilde{\gamma})F - m] + \\ &F^T[\dot{\gamma} - V' - (\tilde{k} + \tilde{\kappa})V - (\tilde{e}_1 + \tilde{\gamma})\Omega] + \\ &M^T[\dot{\kappa} - \Omega' - (\tilde{k} + \tilde{\kappa})\Omega]\} \, dx - \\ &F(0,t)^T[V(0,t) - V^0] - M(0,t)^T[\Omega(0,t) - \Omega^0] + \\ &V(L,t)^T[F(L,t) - F^L] + \Omega(L,t)^T[M(L,t) - M^L] = 0 \end{aligned} \tag{5-51}$$

根据文献［17］中的理论推导可知，该方程具有明确的物理含义，其表征了一种能量平衡关系，即机械能的变化率等于外力的功率。

按照 Galerkin 方法的相关理论，试探函数（trial function）和测试函数（test function）应该选取同一组基函数。在采用 Galerkin 方法进行方程离散时，首先将自变量 F、M、V、Ω 投影到一致的形函数空间中，将其表示为广义坐标 v、w、f、m 的线性叠加

$$V(x,t) = \sum_{i=1}^{n} \boldsymbol{\Phi}^i(x) v^i(t), \quad \Omega(x,t) = \sum_{i=1}^{n} \boldsymbol{\Phi}^i(x) \omega^i(t)$$

$$F(x,t) = \sum_{i=1}^{n} \boldsymbol{\Phi}^i(x) f^i(t), \quad M(x,t) = \sum_{i=1}^{n} \boldsymbol{\Phi}^i(x) m^i(t)$$

(5-52)

其中，形函数矩阵 $\boldsymbol{\Phi}$ 与 Shifted Legendre 形函数 ϕ 有如下关系

$$\boldsymbol{\Phi}^i(\bar{x}) = p^{i-1}(\bar{x}) \Delta_{3 \times 3} = \phi^i(\bar{x}) \Delta_{3 \times 3} \quad \left(\bar{x} = \frac{x}{L}, 0 \leqslant \bar{x} \leqslant 1 \right)$$

(5-53)

式中，$\Delta_{3 \times 3}$ 是 3 阶单位矩阵。

根据 Einstein 求和约定，式（5-52）可以简写为

$$V = \boldsymbol{\Phi}^i v^i, \quad \Omega = \boldsymbol{\Phi}^i \omega^i, \quad F = \boldsymbol{\Phi}^i f^i, \quad M = \boldsymbol{\Phi}^i m^i$$

(5-54)

另外，定义关于 $\phi^i(\bar{x})$ 的三个重要积分

$$A^{ji} = L \int_0^1 \phi^j(\bar{x}) \phi^i(\bar{x}) \, \mathrm{d}\bar{x}$$

$$B^{ji} = \int_0^1 \phi^j(\bar{x}) \frac{\mathrm{d}\phi^i(\bar{x})}{\mathrm{d}\bar{x}} \mathrm{d}\bar{x}$$

(5-55)

$$C^{jik} = L \int_0^1 \phi^j(\bar{x}) \phi^i(\bar{x}) \phi^k(\bar{x}) \, \mathrm{d}\bar{x}$$

考虑到本构关系式（5-49）后，积分方程式（5-51）可以表达为

$$A^{ji}(G\dot{v}^i + K\dot{\omega}^i) + C^{jik}\widetilde{\boldsymbol{\omega}^k}(Gv^i + K\omega^i) - B^{ji}f^i - A^{ji}\widetilde{k}f^i - C^{jik}(\widetilde{S^T f^k + Tm^k})f^i$$
$$- \int_0^L \phi^j f_{ext} \mathrm{d}x + \phi^j(L)\left[\phi^i(L)f^i - F^L \right] = 0$$

$$A^{ji}(K^T \dot{v}^i + I\dot{\omega}^i) + C^{jik}\widetilde{\boldsymbol{\omega}^k}(K^T v^i + I\omega^i) + C^{jik}\widetilde{\boldsymbol{v}^k}(Gv^i + K\omega^i) - B^{ji}m^i - A^{ji}\widetilde{k}m^i$$

$$- C^{jik}(\widetilde{S^T f^k + Tm^k})m^i - A^{ji}\widetilde{e}_1 f^i - C^{jik}(\widetilde{Rf^k + Sm^k})f^i$$

$$- \int_0^L \phi^j m_{ext} \mathrm{d}x + \phi^j(L)\left[\phi^i(L)m^i - M^L \right] = 0$$

$$A^{ji}(R\dot{f}^i + S\dot{m}^i) - B^{ji}v^i - A^{ji}\widetilde{k}v^i - C^{jik}(\widetilde{S^T f^k + Tm^k})v^i - A^{ji}\widetilde{e}_1 \omega^i - C^{jik}(\widetilde{Rf^k + Sm^k})\omega^i$$
$$- \phi^j(0)\left[\phi^i(0)v^i - V^0 \right] = 0$$

$$A^{ji}(S^T \dot{f}^i + T\dot{m}^i) - B^{ji}\omega^i - A^{ji}\widetilde{k}\omega^i - C^{jik}(\widetilde{S^T f^k + Tm^k})\omega^i - \phi^j(0)\left[\phi^i(0)\omega^i - \Omega^0 \right] = 0 \quad (5\text{-}56)$$

将方程写成如下矩阵形式

$$\boldsymbol{M}^{ji}\dot{\boldsymbol{q}}^i + \left[\boldsymbol{R}_1^{ji}(\boldsymbol{q}^i) + \boldsymbol{R}_2^{ji} \right] \boldsymbol{q}^i + \boldsymbol{C}^j = \boldsymbol{D}^j$$

(5-57)

式中，$\boldsymbol{M}^{ji}$ 是广义质量矩阵；$\boldsymbol{R}_1^{ji}$ 和 $\boldsymbol{R}_2^{ji}$ 是广义刚度矩阵；$\boldsymbol{C}^j$ 是边界条件矩阵；$\boldsymbol{D}^j$ 是外载荷矩阵；$\boldsymbol{q}^i$ 是结构的广义坐标。各个矩阵和变量的具体形式如下

$$\boldsymbol{q}_S^i(t) = \begin{bmatrix} v^i(t) \\ \omega^i(t) \\ f^i(t) \\ m^i(t) \end{bmatrix}$$

(5-58)

$$M_S^{ji} = A^{ji} \begin{bmatrix} G & K & & \\ K^T & I & & 0_{6\times6} \\ & & R & S \\ 0_{6\times6} & & S^T & T \end{bmatrix} \tag{5-59}$$

$$R_{S1}^{ji} = C^{jik} \begin{bmatrix} \widetilde{\boldsymbol{\omega}}^k G & \widetilde{\boldsymbol{\omega}}^k K & \overline{-(S^T f^k + T m^k)} & 0_{3\times3} \\ \widetilde{\boldsymbol{\omega}}^k K^T + \widetilde{v}^k G & \widetilde{\boldsymbol{\omega}}^k I + \widetilde{v}^k K & \overline{-(R f^k + S m^k)} & \overline{-(S^T f^k + T m^k)} \\ \overline{-(S^T f^k + T m^k)} & \overline{-(R f^k + S m^k)} & & \\ 0_{3\times3} & \overline{-(S^T f^k + T m^k)} & & 0_{6\times6} \end{bmatrix} \tag{5-60}$$

$$R_{S2}^{ji} = \begin{bmatrix} & & R_{S2(2)}^{ji} & 0_{3\times3} \\ 0_{6\times6} & & -A^{ji}\widetilde{e}_1 & R_{S2(2)}^{ji} \\ R_{S2(1)}^{ji} & -A^{ji}\widetilde{e}_1 & & \\ 0_{3\times3} & R_{S2(1)}^{ji} & & 0_{6\times6} \end{bmatrix} \tag{5-61}$$

$$C_S^j = \begin{bmatrix} -\boldsymbol{\phi}^j(L) F^L \\ -\boldsymbol{\phi}^j(L) M^L \\ \boldsymbol{\phi}^j(0) V^0 \\ \boldsymbol{\phi}^j(0) \Omega^0 \end{bmatrix} \tag{5-62}$$

$$D^j = \begin{bmatrix} \int_0^L \boldsymbol{\phi}^j f \mathrm{d}x \\ \int_0^L \boldsymbol{\phi}^j m \mathrm{d}x \\ 0_{3\times1} \\ 0_{3\times1} \end{bmatrix} \tag{5-63}$$

在矩阵 R_{S2}^{ji} 的表达式中

$$\begin{aligned} R_{S2(1)}^{ji} &= -B^{ji} - A^{ji}\widetilde{k} - \boldsymbol{\phi}^j(0)\boldsymbol{\phi}^i(0) \\ R_{S2(2)}^{ji} &= -B^{ji} - A^{ji}\widetilde{k} + \boldsymbol{\phi}^j(L)\boldsymbol{\phi}^i(L) \end{aligned} \tag{5-64}$$

5.2.3 结构模型对比算例

在本节中，将基于线性等效梁理论和几何非线性梁理论，对梁模型的响应特性进行对比分析工作，以评估不同结构模型的响应差异。在响应分析时，选用没有初始弯曲和扭转的均匀悬臂梁（见图 5-19）作为研究对象，仿真时选用 8 阶 shifted Legendre 函数，梁的几何参数和结构参数见表 5-4。

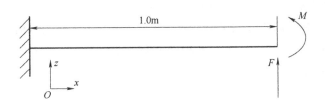

图 5-19　shifted Legendre 多项式函数图像

表 5-4　悬臂梁几何和结构参数

参数	量值	单位
长度	1.0	m
单位长度质量	0.1	kg·m^{-1}
单位长度扭转质量惯性矩	1.30×10^{-4}	kg·m
单位长度质量惯性矩 i_{yy}	5.00×10^{-6}	kg·m
单位长度质量惯性矩 i_{zz}	1.25×10^{-4}	kg·m
拉伸刚度	1.00×10^{6}	N
扭转刚度	80	N·m^2
弯曲刚度 EI_y	50	N·m^2
弯曲刚度 EI_z	1250	N·m^2

为了分析梁的静力学特性，在梁的自由端加载集中力矩 M，分别采用线性等效梁模型和几何非线性梁模型进行不同外载荷下的静变形数值模拟，如图 5-19 所示。

从图 5-20 可以看出：线性等效梁模型无法考虑 x 方向的位移，其模拟结果与几何非线性结构模型的差异很大，无法捕捉结构的大变形特性。

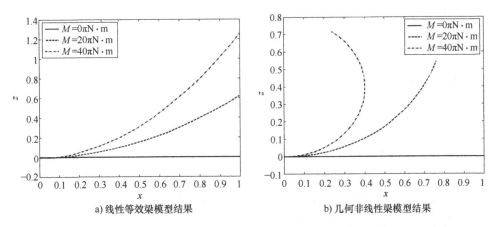

a) 线性等效梁模型结果　　　b) 几何非线性梁模型结果

图 5-20　梁自由端作用不同大小的集中弯矩的变形曲线

接下来，在梁的自由端加载定向集中力 F，如图 5-19 所示。集中力大小由 0N 增加至

150N，自由端 z 方向的位移随着载荷的变化曲线如图 5-21 所示。可以看出，基于几何非线性梁理论所建立的结构模型与文献 [18] 的预测结果基本一致。另外，当集中外载荷较低时，线性等效梁模型和几何非线性梁模型的预测结果差异不大；当载荷逐渐增加时，差异将显著增加，显然线性等效梁模型高估了结构变形的发展。因此，在实际工程应用时，可根据实际需要选用不同精度的模型。

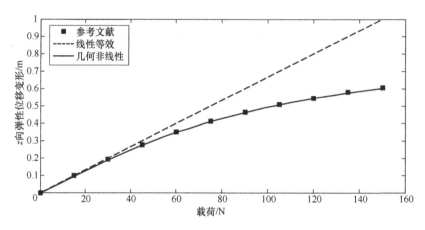

图 5-21 梁自由端作用定向集中力时自由端 z 方向的位移随载荷的变化曲线

5.3 刚弹耦合建模方法

对于太阳能无人机而言，结构动力学与飞行动力学模态之间的耦合作用难以忽略，采用各个学科相互分离，进行独立建模的思想已不再合理，故需要综合考虑气动力、弹性变形、刚体运动甚至控制系统之间的综合影响。本节主要介绍两种较为常用的太阳能无人机刚弹耦合动力学建模方法，并阐述各个方法的基本思路和特点。

5.3.1 平均轴系法

Waszak 和 Schmidt 于 1988 年提出了平均轴系法（mean-axis）假设思想，并基于 Lagrange 方程和虚功原理，在平均轴系下得到了一种表达形式简单的柔性太阳能无人机动力学方程。在平均轴系方程的理论推导中，主要涉及以下六个假设条件：

1）结构变形足够小，以满足线弹性理论。

2）需采用无阻尼、无约束的结构振动模态，以满足平均轴系的一阶约束条件。

3）每个质量单元被视为点质量，即结构可以视为质点系。

4）结构变形位移和变形速度共线。

5）每个单元的质量密度是常数。

6）太阳能无人机的惯性张量是常数。

在平均轴系假设下，所有质量单元运动时所产生的相对线动量和相对角动量为零

$$\int_V \frac{\delta \boldsymbol{p}}{\delta t} \rho \mathrm{d}V = 0, \quad \int_V \boldsymbol{p} \times \frac{\delta \boldsymbol{p}}{\delta t} \rho \mathrm{d}V = 0 \tag{5-65}$$

式中，ρ 是密度（$\mathrm{kg \cdot m^{-3}}$）；$\boldsymbol{p}$ 是质量单元在平均轴系中的相对位矢；$\delta \boldsymbol{p}/\delta t$ 是质量单元在平均轴系中的相对矢导数；V 是积分域。

一般而言，多体动力学问题必然涉及科氏惯性力和陀螺力矩。如果在体轴坐标系下描述运动，应该引入惯性力，并将惯性力作为有势力加入 Lagrange 方程中。然而，式（5-65）的力学含义实质是将科氏惯性力和陀螺力矩强制置零，从而消除惯性耦合作用，下面展开一些讨论以说明这一点。

考虑科氏惯性力 $\boldsymbol{F}_c$ 和陀螺惯矩 $\boldsymbol{M}_c$ 的定义式

$$\boldsymbol{F}_c = -2m\boldsymbol{\omega} \times \boldsymbol{v}_r, \quad \boldsymbol{M}_c = -\boldsymbol{\omega} \times \boldsymbol{L}_r \tag{5-66}$$

式中，m 是质点系质量（kg）；$\boldsymbol{v}_r$ 是质点系相对于体轴坐标系的相对速度（$\mathrm{m \cdot s^{-1}}$），即 $\delta \boldsymbol{p}/\delta t$；$\boldsymbol{\omega}$ 是体轴坐标系相对于惯性基准坐标系的转动角速度（$\mathrm{rad \cdot s^{-1}}$）；$\boldsymbol{L}_r$ 是刚体在体轴坐标系中的角动量（$\mathrm{kg \cdot m^2 \cdot s^{-1}}$）。

将式（5-66）进行变形可得

$$\boldsymbol{F}_c = -2m\boldsymbol{\omega} \times \boldsymbol{v}_r = -2\boldsymbol{\omega} \times (m\boldsymbol{v}_r) = -2\boldsymbol{\omega} \times \int_V \frac{\delta \boldsymbol{p}}{\delta t} \rho \mathrm{d}V$$

$$\boldsymbol{M}_c = -\boldsymbol{\omega} \times \boldsymbol{L}_r = \boldsymbol{\omega} \times (\boldsymbol{r}_r \times m\boldsymbol{v}_r) = -\boldsymbol{\omega} \times \int_V \boldsymbol{p} \times \frac{\delta \boldsymbol{p}}{\delta t} \rho \mathrm{d}V \tag{5-67}$$

将式（5-65）代入式（5-67），得到

$$\boldsymbol{F}_c = 0, \quad \boldsymbol{M}_c = 0 \tag{5-68}$$

即说明了科氏惯性力和陀螺力矩被强制置零。

为了满足约束方程式（5-65），平均轴系相对于未变形太阳能无人机是一个不断运动的坐标系。坐标原点的不断运动使相对线动量为零，坐标轴朝向的不断改变使相对角动量为零，从而简化平均轴系方程的表达形式。换言之，平均轴系方程的惯性耦合项为零，只保留了气动力的耦合作用。

平均轴系法的基本控制方程如下，其中，式（5-69）和式（5-70）分别描述了太阳能无人机的刚体平动和转动，式（5-71）描述了太阳能无人机的弹性体动力学特性。

$$m(\dot{u} - rv + qw + g\sin\theta) = X$$
$$m(\dot{v} - pw + ru - g\sin\phi\cos\theta) = Y \tag{5-69}$$
$$m(\dot{w} - qu + pv - g\cos\phi\cos\theta) = Z$$

$$I_{xx}\dot{p} - (I_{xy}\dot{q} + I_{xz}\dot{r}) + (I_{zz} - I_{yy})qr + (I_{xy}r - I_{xz}q)p + (r^2 - q^2)I_{yz} = L$$

$$I_{yy}\dot{q} - (I_{xy}\dot{p} + I_{yz}\dot{r}) + (I_{xx} - I_{zz})pr + (I_{yz}p - I_{xy}r)q + (p^2 - r^2)I_{xz} = M \tag{5-70}$$

$$I_{zz}\dot{r} - (I_{xz}\dot{p} + I_{yz}\dot{q}) + (I_{yy} - I_{zz})qp + (I_{xz}q - I_{yz}p)r + (q^2 - p^2)I_{xy} = N$$

$$M_k[\ddot{\eta}_k + \omega_k^2 \eta_k] = Q_k \quad (k = 1, 2, \cdots, n) \tag{5-71}$$

式中，m 是全机总质量（kg）；g 是重力加速度常数（m·s^{-2}）；θ 是俯仰角；ϕ 是滚转角；M_k 是广义模态质量；ω_k 是模态频率；η_k 是广义模态坐标；Q_k 是广义力；u、v、w 是太阳能无人机的线速度在平均轴系下的投影（m·s^{-1}）；p、q、r 是太阳能无人机的角速度在平均轴系下的投影（rad·s^{-1}）；I_{xx}、I_{yy}、I_{zz} 是太阳能无人机对平均轴系的惯性矩（kg·m^2）。I_{xy}、I_{xz}、I_{yz} 是太阳能无人机对平均轴系的惯性积（m^4）；X、Y、Z 是太阳能无人机所受外力在平均轴系下的投影（N）；L、M、N 是太阳能无人机所受外力矩在平均轴系下的投影（N·m）；

　　虽然从形式上看，平均轴系方程是惯性解耦的，但刚弹耦合动力学问题本质上一定含有惯性耦合效应。如果在方程形式上无法体现惯性耦合效应，那么必定隐含在别处。对于平均轴系法而言，惯性耦合效应隐含在平均轴的位置和朝向随弹性变形的时变性中。然而，坐标系的这种变化规律是难以描述的；此外，由于坐标系的方向难以确定，故难以实现广义力在平均轴系中的精确投影。

　　在多数学者的研究中，为了简化问题，一般假设太阳能无人机的惯性张量不变，并假设平均轴系的方向和体轴坐标系一致，将平均轴系原点固定在未变形太阳能无人机的质心位置，而对于如何确定平均轴系的位置和朝向却讨论极少。实质上，在大多数研究工作中平均轴系的约束条件并没有得到精确满足，不过在太阳能无人机刚度较大且变形较小时，该方法具有一定的适用性。

5.3.2　准坐标系法

　　考虑到平均轴系法的局限性，Meirovitch 在准坐标系（Quasi Coordinates）下建立了柔性太阳能无人机的 Lagrange 方程，为柔性太阳能无人机的刚弹耦合动力学建模提供了一种新的思路。为了对柔性太阳能无人机进行动力学建模，首先应明确坐标系的定义方式。在本节对太阳能无人机的动力学描述中，主要涉及三种坐标系：惯性基准坐标系 XYZ、准坐标系 $X_f Y_f Z_f$ 和弹性部件坐标系 $X_i Y_i Z_i$，如图 5-22 所示。

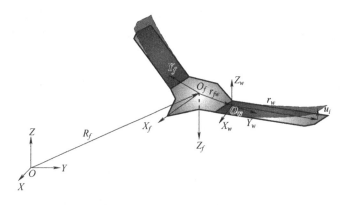

图 5-22　柔性太阳能无人机及坐标系示意图

　　惯性基准坐标系原点与地面任意一点固连，OX 轴在水平面内指向某一方向，OZ 轴垂直于水平面且指向上，OY 轴按右手法则定义；准坐标系原点固连于太阳能无人机未变形前质心处，OX_f 轴位于太阳能无人机纵向对称平面内且指向机头，OY_f 轴垂直于对称平面且指向机身右侧，OZ_f 轴垂直于 OX_f 轴且指向机身下方；弹性部件坐标系的原点和方向可自行定义。

1. 准坐标系下的 Lagrange 方程

太阳能无人机在空间的运动可以采用如下描述方法：太阳能无人机的刚体运动基于准坐标系相对于惯性基准坐标系的平动和转动自由度，采用准坐标形式的 Lagrange 方程进行描述；太阳能无人机的弹性运动基于弹性单元相对于准坐标系的自由度，采用常规形式的 Lagrange 方程进行描述。假设柔性太阳能无人机的 Lagrange 量为 $L=T-E$，其中 T，E 分别表示全机的动能和势能。考虑到刚体自由度和弹性自由度后，太阳能无人机在准坐标系下的 Lagrange 方程可以表示为

$$\frac{\mathrm{d}}{\mathrm{d}t}\left(\frac{\partial L}{\partial \boldsymbol{V}_f}\right)+\widetilde{\boldsymbol{\omega}}_f\frac{\partial L}{\partial \boldsymbol{V}_f}-C_f\frac{\partial L}{\partial \boldsymbol{R}_f}=\boldsymbol{F}$$

$$\frac{\mathrm{d}}{\mathrm{d}t}\left(\frac{\partial L}{\partial \boldsymbol{\omega}_f}\right)+\widetilde{\boldsymbol{V}}_f\frac{\partial L}{\partial \boldsymbol{V}_f}+\widetilde{\boldsymbol{\omega}}_f\frac{\partial L}{\partial \boldsymbol{\omega}_f}-(\boldsymbol{E}_f^{\mathrm{T}})^{-1}\frac{\partial L}{\partial \boldsymbol{\theta}_f}=\boldsymbol{M}$$

$$\frac{\partial}{\partial t}\left(\frac{\partial \hat{L}_i}{\partial \boldsymbol{v}_i}\right)-\frac{\partial \hat{L}_i}{\partial \boldsymbol{u}_i}+\frac{\partial \hat{F}_{ui}}{\partial \dot{\boldsymbol{u}}_i}+L_{ui}\boldsymbol{u}_i=\hat{\boldsymbol{U}}_i$$

$$\frac{\partial}{\partial t}\left(\frac{\partial \hat{L}_i}{\partial \boldsymbol{\alpha}_i}\right)+\frac{\partial \hat{F}_{\psi i}}{\partial \dot{\boldsymbol{\psi}}_i}+L_{\psi i}\boldsymbol{\psi}_i=\hat{\boldsymbol{\Psi}}_i$$

$$(5\text{-}72)$$

式中，$\boldsymbol{V}_f$ 是太阳能无人机在准坐标系下的平动速度（$\mathrm{m\cdot s^{-1}}$）；$\boldsymbol{\omega}_f$ 是太阳能无人机在准坐标系下的转动速度（$\mathrm{rad\cdot s^{-1}}$）；$\boldsymbol{R}_f$ 是准坐标系原点在惯性基准坐标系中的位移（m）；$\boldsymbol{\theta}_f$ 是准坐标系和惯性基准坐标系之间的欧拉角；C_f 是惯性基准坐标系到准坐标系的坐标转换矩阵；$\boldsymbol{E}_f^{\mathrm{T}}$ 是欧拉角速度到准角速度的转换矩阵；$\boldsymbol{u}_i$，$\boldsymbol{v}_i$ 分别是弹性体质量单元的平动位移矢量和平动速度矢量；$\boldsymbol{\psi}_i$，$\boldsymbol{\alpha}_i$ 分别是弹性体质量单元的转动角位移矢量和转动角速度矢量；$\hat{L}_i$ 是弹性体质量单元的 Lagrange 量密度；$\hat{F}_{ui}$，$\hat{F}_{\psi i}$ 是弹性体质量单元的瑞利耗散函数；L_{ui}，$L_{\psi i}$ 是弹性体刚度矩阵的微分算子；$\boldsymbol{F}$，$\boldsymbol{M}$ 是太阳能无人机的广义力在准坐标系下的投影；$\hat{\boldsymbol{U}}_i$，$\hat{\boldsymbol{\Psi}}_i$ 是弹性体质量单元的广义力密度。

假设太阳能无人机的滚转角为 ϕ，俯仰角为 θ，偏航角为 ψ，则矩阵 C_f 和 E_f 可以表示为

$$\boldsymbol{C}_f=\boldsymbol{C}_\phi\boldsymbol{C}_\theta\boldsymbol{C}_\psi=\begin{bmatrix}1&0&0\\0&\cos\phi&\sin\phi\\0&-\sin\phi&\cos\phi\end{bmatrix}\begin{bmatrix}\cos\theta&0&-\sin\theta\\0&1&0\\\sin\theta&0&\cos\theta\end{bmatrix}\begin{bmatrix}\cos\psi&\sin\psi&0\\-\sin\psi&\cos\psi&0\\0&0&1\end{bmatrix}$$

$$=\begin{bmatrix}\cos\psi\cos\theta&\sin\psi\cos\theta&-\sin\theta\\\cos\psi\sin\theta\sin\phi-\sin\psi\cos\phi&\sin\psi\sin\theta\sin\phi+\cos\psi\cos\phi&\cos\theta\sin\phi\\\cos\psi\sin\theta\cos\phi+\sin\psi\sin\phi&\sin\psi\sin\theta\cos\phi-\cos\psi\sin\phi&\cos\theta\cos\phi\end{bmatrix}$$

$$(5\text{-}73)$$

$$\boldsymbol{E}_f=\begin{bmatrix}1&0&-\sin\theta\\0&\cos\phi&\cos\theta\sin\phi\\0&-\sin\phi&\cos\theta\cos\phi\end{bmatrix}\qquad(5\text{-}74)$$

2. 太阳能无人机的动能和势能

为了建立太阳能无人机的动能表达形式，首先考虑机身上任意一个质量微元，其位矢在惯性基准坐标系下的表达为

$$\overline{R}_f = R_f + r_f + u_f \tag{5-75}$$

式中，R_f 是准坐标系原点在惯性基准坐标系的位矢（m）；r_f 是未变形前质量微元在准坐标系中的相对位矢（m）；u_f 是质量微元在准坐标系中的变形矢量（m）。

该质量微元相对于惯性基准坐标系的速度矢量在准坐标系下的投影为

$$\begin{aligned}
\overline{V}_f(r_f, t) &= V_f(t) + [\tilde{r}_f + \tilde{u}_f(r_f, t)]^{\mathrm{T}}[\omega_f(t) + \alpha_f(r_f, t)] + v_f(r_f, t) \\
&\cong V_f + (\tilde{r}_f + \tilde{u}_f)^{\mathrm{T}}\omega_f + \tilde{r}_f^{\mathrm{T}}\alpha_f + v_f
\end{aligned} \tag{5-76}$$

式中，v_f 是由于弹性线变形引起的机身质量微元在准坐标系的平动速度（m·s⁻¹）；α_f 是由于弹性角变形引起的机身质量微元在准坐标系的转动速度（rad·s⁻¹）。

对于机翼上任意一个质量微元，其位矢在惯性系下表达为

$$\overline{R}_w = R_f + r_{fw} + r_w + u_w \tag{5-77}$$

式中，R_f 是准坐标系原点在惯性基准坐标系的位矢（m）；r_{fw} 是机翼坐标系原点在准坐标系的位矢（m）；r_w 是未变形前质量微元在机翼坐标系的位矢（m）；u_w 是质量微元在机翼坐标系中的变形矢量（m）。

定义准坐标系到机翼坐标系的坐标转换矩阵为 C_w，则该质量微元相对于惯性基准坐标系的速度矢量在机翼坐标系下的投影为

$$\begin{aligned}
\overline{V}_w(r_w, t) &= C_w \overline{V}_f(r_{fw}, t) + [\tilde{r}_w + \tilde{u}_w(r_w, t)]^{\mathrm{T}} C_w [\omega_f(t) + \Omega_f(r_{fw}, t) + \alpha_f(r_{fw}, t)] + \\
&\quad [\tilde{r}_w + \tilde{u}_w(r_w, t)]^{\mathrm{T}} \alpha_w(r_w, t) + v_w(r_w, t) \\
&\cong C_w V_f + [C_w(\tilde{r}_{fw} + \tilde{u}_{fw})^{\mathrm{T}} + (\tilde{r}_w + \tilde{u}_w)^{\mathrm{T}} C_w]\omega_f + \tilde{r}_w^{\mathrm{T}} C_w(\Omega_{fw} + \alpha_{fw}) + \\
&\quad C_w[v_{fw} + \tilde{r}_{fw}^{\mathrm{T}}\alpha_{fw}] + \tilde{r}_w^{\mathrm{T}}\alpha_w + v_w
\end{aligned} \tag{5-78}$$

式中，v_w 是由于弹性线变形引起的机翼质量微元在机翼坐标系的平动速度（m·s⁻¹）；α_w 是由于弹性角变形引起的机翼质量微元在机翼坐标系中的转动速度（rad·s⁻¹）；Ω_{fw} 是由于机身的弹性弯曲变形引起的机身在 r_{fw} 处的附加角速度（rad·s⁻¹）；α_{fw} 是由于机身的弹性扭转变形引起的机身在 r_{fw} 处的附加角速度（rad·s⁻¹）；v_{fw} 是由于机身的弹性变形引起的机翼坐标系原点在准坐标系中的附加速度（m·s⁻¹）；u_{fw} 是由于机身的弹性变形引起的机翼坐标系原点在准坐标系中的附加位移（m）。

对于尾翼而言，可以采用类似的思路建立质量微元的速度表达式，此处不再赘述。

实际上，机身结构的刚度一般比机翼要大得多。在某些情况下，可以将机身简化为刚体，忽略机身的弹性变形，则机身和机翼质量微元的速度表达可以简化为

$$\overline{V}_f = V_f + \tilde{r}_f^{\mathrm{T}}\omega_f \tag{5-79}$$

$$\overline{V}_w = C_w V_f + [C_w \tilde{r}_{fw}^{\mathrm{T}} + (\tilde{r}_w + \tilde{u}_w)^{\mathrm{T}} C_w]\omega_f + \dot{u}_w \quad (\dot{u}_w = \tilde{r}_w^{\mathrm{T}}\alpha_w + v_w) \tag{5-80}$$

式中，$\dot{u}_w$ 是由于弹性线变形和角变形带来的附加合速度（m·s^{-1}）。

综合考虑机身和机翼部件的贡献，全机的动能可以表示为

$$T = \frac{1}{2}\int \overline{V}_f^{\mathrm{T}}\overline{V}_f \mathrm{d}m_f + \frac{1}{2}\int \overline{V}_w^{\mathrm{T}}\overline{V}_w \mathrm{d}m_w \tag{5-81}$$

式中，$\mathrm{d}m_f$ 和 $\mathrm{d}m_w$ 分别是机身和机翼质量微元。

在系统势能方面，仅考虑由于结构弹性变形而带来的弹性应变能，其余势能贡献等效为系统的广义力。以机翼结构为例，假设一个质量微元的变形量为 $\overline{d}(x,y,z,t)$，根据达朗贝尔原理，弹性应变能 E_e 可以表示为

$$E_e = -\frac{1}{2}\int_V \frac{\delta^2 \overline{d}}{\delta t^2}\,\overline{d}\,\rho\,\mathrm{d}V \tag{5-82}$$

式中，V 是弹性体的积分域；ρ 是弹性体的密度（kg·m^{-3}）；$\delta^2/\delta t^2$ 是机翼坐标系中的二阶导数算子。

3. 方程的空间离散

在柔性太阳能无人机动力学建模时，常常对太阳能无人机结构进行有限元离散化处理，将原本具有无限维自由度的系统用一个有限维自由度的系统来代替。通过用已知形函数进行空间离散化，系统的控制方程转化为关于时间的常微分方程，不仅降低了系统的复杂程度，而且适合于数值的求解。

考虑一般性的情况：对于机翼上任意一个质量点，变量 u_w，$\dot{u}_w$ 和 α_w 可以表示为

$$u_w = N_w q_e, \quad \dot{u}_w = N_w \dot{q}_e, \quad \alpha_w = N_T \dot{q}_e \tag{5-83}$$

式中，N_w、N_T 是有限元形函数；q_e 是有限元广义坐标；$\dot{q}_e$ 是有限元广义速度。

考虑空间离散后，系统的总动能和总势能表示为

$$T = \omega_f^{\mathrm{T}}\left\{\int\left[\tilde{r}_{fw}C_w^{\mathrm{T}} + C_w^{\mathrm{T}}(\tilde{r}_w + \widetilde{N_w q_e})\right]N_w \mathrm{d}m_w\right\}\dot{q} + V_f^{\mathrm{T}}\left(\int C_w^{\mathrm{T}}N_w \mathrm{d}m_w\right)\dot{q} + \frac{1}{2}\dot{q}^{\mathrm{T}}\left(\int N_w^{\mathrm{T}}N_w \mathrm{d}m_w\right)\dot{q} +$$

$$\frac{1}{2}\omega_f^{\mathrm{T}}\left\{\int\left[\tilde{r}_{fw} + C_w^{\mathrm{T}}(\tilde{r}_w + \widetilde{N_w q_e})C_w\right]\left[\tilde{r}_{fw}^{\mathrm{T}} + C_w^{\mathrm{T}}(\tilde{r}_w + \widetilde{N_w q_e})^{\mathrm{T}}C_w\right]\mathrm{d}m_w + \int \tilde{r}_f\,\tilde{r}_f^{\mathrm{T}}\mathrm{d}m_f\right\}\omega_f +$$

$$\frac{1}{2}m_{total}V_f^{\mathrm{T}}V_f + V_f^{\mathrm{T}}\underbrace{\left[\int \tilde{r}_f^{\mathrm{T}}\mathrm{d}m_f + \int(\tilde{r}_{fw}^{\mathrm{T}} + C_w^{\mathrm{T}}\tilde{r}_w^{\mathrm{T}}C_w)\mathrm{d}m_w\right]}_{S} + \int C_w^{\mathrm{T}}(\widetilde{N_w q_e})^{\mathrm{T}}C_w \mathrm{d}m_w\right]\omega_f \tag{5-84}$$

$$E_e = \frac{1}{2}q^{\mathrm{T}}K_e q \tag{5-85}$$

式中，m_{total} 是全机的总质量（kg）；K_e 是结构总体刚度矩阵。

在式（5-84）中，S 项表示未变形太阳能无人机在准坐标系中的质量静矩。为简化起见，将准坐标系的原点与太阳能无人机未变形前的质心固连，并令准坐标系指向主惯性轴方向，可使得 S 项恒为零。

为了得到动力学方程的形式，推导 $\dfrac{\partial T}{\partial V_f}$，$\dfrac{\partial T}{\partial \omega_f}$，$\dfrac{\partial T}{\partial \dot{q}}$ 和 $\dfrac{\partial T}{\partial q}$ 的具体表达

$$\frac{\partial T}{\partial V_f} = m_{total}V_f + \left[\int C_w^{\mathrm{T}}(\widetilde{N_w q_e})^{\mathrm{T}}C_w \mathrm{d}m_w\right]\omega_f + \left(\int C_w^{\mathrm{T}}N_w \mathrm{d}m_w\right)\dot{q}$$

$$\frac{\partial T}{\partial \boldsymbol{\omega}_f} = \left\{ \int \tilde{\boldsymbol{r}}_f \, \tilde{\boldsymbol{r}}_f^{\mathrm{T}} \mathrm{d}m_f + \int \left[\tilde{\boldsymbol{r}}_{fw} + \boldsymbol{C}_w^{\mathrm{T}} (\tilde{\boldsymbol{r}}_w + \widetilde{\boldsymbol{N}_w \boldsymbol{q}_e}) \boldsymbol{C}_w \right] \left[\tilde{\boldsymbol{r}}_{fw}^{\mathrm{T}} + \boldsymbol{C}_w^{\mathrm{T}} (\tilde{\boldsymbol{r}}_w + \widetilde{\boldsymbol{N}_w \boldsymbol{q}_e})^{\mathrm{T}} \boldsymbol{C}_w \right] \mathrm{d}m_w \right\} \boldsymbol{\omega}_f +$$

$$\left[\int \boldsymbol{C}_w^{\mathrm{T}} (\widetilde{\boldsymbol{N}_w \boldsymbol{q}_e}) \boldsymbol{C}_w \mathrm{d}m_w \right] \boldsymbol{V}_f + \left\{ \int \left[\tilde{\boldsymbol{r}}_{fw} \boldsymbol{C}_w^{\mathrm{T}} + \boldsymbol{C}_w^{\mathrm{T}} (\tilde{\boldsymbol{r}}_w + \widetilde{\boldsymbol{N}_w \boldsymbol{q}_e}) \right] \boldsymbol{N}_w \mathrm{d}m_w \right\} \dot{\boldsymbol{q}}$$

$$\frac{\partial T}{\partial \dot{\boldsymbol{q}}} = \left(\int \boldsymbol{N}_w^{\mathrm{T}} \boldsymbol{C}_w \mathrm{d}m_w \right) \boldsymbol{V}_f + \left\{ \int \boldsymbol{N}_w^{\mathrm{T}} \left[\boldsymbol{C}_w \tilde{\boldsymbol{r}}_{fw}^{\mathrm{T}} + (\tilde{\boldsymbol{r}}_w + \widetilde{\boldsymbol{N}_w \boldsymbol{q}_e})^{\mathrm{T}} \boldsymbol{C}_w \right] \mathrm{d}m_w \right\} \boldsymbol{\omega}_f + \left(\int \boldsymbol{N}_w^{\mathrm{T}} \boldsymbol{N}_w \mathrm{d}m_w \right) \dot{\boldsymbol{q}}$$

$$\frac{\partial T}{\partial \boldsymbol{q}} = - \left[\int \boldsymbol{N}_w^{\mathrm{T}} (\widetilde{\boldsymbol{C}_w \boldsymbol{\omega}_f}) \boldsymbol{C}_w \mathrm{d}m_w \right] \boldsymbol{V}_f - \left[\int \boldsymbol{N}_w^{\mathrm{T}} (\widetilde{\boldsymbol{C}_w \boldsymbol{\omega}_f}) (\boldsymbol{C}_w \tilde{\boldsymbol{r}}_{fw}^{\mathrm{T}} + \tilde{\boldsymbol{r}}_w^{\mathrm{T}} \boldsymbol{C}_w) \mathrm{d}m_w \right] \boldsymbol{\omega}_f -$$

$$\left[\int \boldsymbol{N}_w^{\mathrm{T}} (\widetilde{\boldsymbol{C}_w \boldsymbol{\omega}_f}) \boldsymbol{N}_w \mathrm{d}m_w \right] \dot{\boldsymbol{q}} - \left[\int \boldsymbol{N}_w^{\mathrm{T}} (\widetilde{\boldsymbol{C}_w \boldsymbol{\omega}_f}) (\widetilde{\boldsymbol{C}_w \boldsymbol{\omega}_f}) \boldsymbol{N}_w \mathrm{d}m_w \right] \boldsymbol{q} \tag{5-86}$$

将表达式（5-86）带入方程（5-72），整理得到

$$\begin{bmatrix} m_{total} \boldsymbol{I}_{3 \times 3} & \boldsymbol{X}_1^{\mathrm{T}} & \boldsymbol{S}_1 \\ \boldsymbol{X}_1 & \boldsymbol{J} & \boldsymbol{S}_2 + \boldsymbol{X}_2 \\ \boldsymbol{S}_1^{\mathrm{T}} & \boldsymbol{S}_2^{\mathrm{T}} + \boldsymbol{X}_2^{\mathrm{T}} & \boldsymbol{M}_e \end{bmatrix} \begin{Bmatrix} \dot{\boldsymbol{V}}_f \\ \dot{\boldsymbol{\omega}}_f \\ \ddot{\boldsymbol{q}} \end{Bmatrix} + \begin{bmatrix} m_{total} \tilde{\boldsymbol{\omega}}_f & \tilde{\boldsymbol{\omega}}_f \boldsymbol{X}_1^{\mathrm{T}} & 2 \tilde{\boldsymbol{\omega}}_f \boldsymbol{S}_1 \\ \tilde{\boldsymbol{\omega}}_f \boldsymbol{X}_1 & \tilde{\boldsymbol{\omega}}_f \boldsymbol{J} + \dot{\boldsymbol{J}} + \tilde{\boldsymbol{V}}_f \boldsymbol{X}_1^{\mathrm{T}} & \tilde{\boldsymbol{\omega}}_f (\boldsymbol{S}_2 + \boldsymbol{X}_2) \\ -\boldsymbol{S}_1^{\mathrm{T}} \tilde{\boldsymbol{\omega}}_f^{\mathrm{T}} & \boldsymbol{Q} & 2 \boldsymbol{C}_{ee} \end{bmatrix} \begin{Bmatrix} \boldsymbol{V}_f \\ \boldsymbol{\omega}_f \\ \dot{\boldsymbol{q}} \end{Bmatrix} +$$

$$\begin{bmatrix} \boldsymbol{0}_{3 \times 3} & \boldsymbol{0}_{3 \times 3} & \boldsymbol{0}_{3 \times n} \\ \boldsymbol{0}_{3 \times 3} & \boldsymbol{0}_{3 \times 3} & \boldsymbol{0}_{3 \times n} \\ \boldsymbol{0}_{n \times 3} & \boldsymbol{0}_{n \times 3} & \boldsymbol{K}_e + \boldsymbol{K}_{ee} \end{bmatrix} \begin{Bmatrix} \boldsymbol{R}_f \\ \boldsymbol{\theta}_f \\ \boldsymbol{q} \end{Bmatrix} = \begin{bmatrix} m_{total} \boldsymbol{I}_{3 \times 3} \\ \boldsymbol{X}_1 \\ \boldsymbol{S}_1^{\mathrm{T}} \end{bmatrix} \boldsymbol{C}_f \{ \boldsymbol{g} \} + \begin{Bmatrix} \boldsymbol{F} \\ \boldsymbol{M} \\ \boldsymbol{f} \end{Bmatrix} \tag{5-87}$$

式中，$\boldsymbol{g}$ 是重力加速度矢量在惯性系中的投影。

式（5-87）即为矩阵形式的刚弹耦合动力学控制方程，方程等号的左端各项依次代表了系统的广义惯性力、广义阻尼力和广义弹性力；等号右端的第一项代表了重力的贡献，第二项代表了气动力及推进力等非有势力的贡献。

在系统的广义质量矩阵中，$\boldsymbol{X}_1$ 表示由于弹性变形而引起全机的静矩增量，$\boldsymbol{J}$ 表示在考虑弹性变形后全机的转动惯量，$\boldsymbol{M}_e$ 表示结构的质量矩阵；在系统的广义阻尼矩阵中，$\boldsymbol{C}_{ee}$ 表示由于刚体角速度和弹性变形的耦合作用而引起的结构反对称阻尼矩阵，其不会影响结构模态响应的衰减特性，但将使结构模态相位发生改变；在系统的广义刚度矩阵中，$\boldsymbol{K}_e$ 表示结构的刚度矩阵，$\boldsymbol{K}_{ee}$ 表示由于刚体角速度和弹性变形的耦合作用而引起几何刚化作用。在全机的结构模态和质量分布确定的情况下，$\boldsymbol{S}_1$ 和 $\boldsymbol{S}_2$ 是常量，而 $\boldsymbol{X}_1$，$\boldsymbol{X}_2$ 和 $\boldsymbol{J}$ 是依赖于结构变形的时变量。对于大展弦比太阳能无人机而言，随着结构柔性的增加，结构的变形将加大，从而 $\boldsymbol{X}_1$，$\boldsymbol{X}_2$ 和 $\boldsymbol{J}$ 项的相对幅值不断增加，其本质上表征着太阳能无人机刚体动力学和弹性体动力学耦合作用的增强。此外，重力表达式中的 $\boldsymbol{X}_1 \boldsymbol{C}_f \boldsymbol{g}$ 项表示了重力在体轴系中产生的力矩，考虑到 $\boldsymbol{X}_1$ 依赖于全机的弹性变形，故 $\boldsymbol{X}_1 \boldsymbol{C}_f \boldsymbol{g}$ 项本质上反映了由于弹性变形引起全机质心位置偏移后，重力所产生的附加力矩。另外，$\boldsymbol{I}_3$ 为三阶单为矩阵；$\boldsymbol{Q}$ 是与形函数有关的常数矩阵。

5.4　复杂风场建模方法

随着航空事业的迅猛发展，由于大气现象所引起的复杂飞机气动力效应和动力学效应，

尤其是涉及飞行操纵和飞行安全的低空飞行环境问题，愈来愈受到研究者们的关注。

大气运动的各种现象属于天气现象。最初关注天气的主要原因是，天气影响了乘坐舒适性和安全性。风是人们最为熟悉且耐人寻味的一种大气运动形式。飞机在大气中飞行，必然受到风的影响。无论是飞机起飞、着陆和巡航性能计算，还是飞机稳定性设计、导航分析和载荷设计等都必须考虑风的影响。

风场模拟模型主要有以实测数据为基础的模型、工程简化模型、融合大气动力学与微分物理方程的模型几类，其优缺点与典型模型详见表 5-5。以实测数据为基础的模型是利用机场多普勒气象雷达，通过长时间观测建立完整的风切变场的数据库，将其以网格形式存储的模型；工程简化模型是以风切变场的物理特性为基础，通过数学拟合或利用流体力学基本解叠加获得的模型；融合大气动力学与物理方程的模型多用于中小尺度环境模拟，近几年出现了将 WRF 模式与 FLUENT 耦合建立模型的方法。

表 5-5　风场模拟模型

模型	典型模型	优点	缺点
以实测数据为基础的模型	JAWS 计划模型；NIMROD 模型	模型符合实际情况；可靠性好	耗费时间、财力巨大；对机场周围环境要求高；未能完全反应风切变场的特征；所需存储空间大；对设备要求较高
工程简化模型	涡环模型；Dryden 模型；偶极子模型	运算量低；实时性好；易于实现	仅能做到刻画风切变场的部分特征
融合大气动力学与物理方程的模型	TASS 模型；APRS 模型	能与实测数据的高度一致性；能较全面地反映风切变场的特征	对计算机要求高；难以进行工程实现

在研究风对飞机运动的影响时，复杂的大气动力学方程很难用于研究大气环境对飞行的影响规律，因而工程简化模型仍被广泛使用，它能够直接地描述出风切变场主要基本物理参数间的关联，从而略去其中相对次要的影响因素。工程简化模型一般是对大气运动现象的长期观测统计，模型方便灵活，通过调整参数，可以最大可能来表征真实的扰动现象，其主要关注风切变的量级、风速变化率、风切变尺度、风切变的非对称性等主要特征。

5.4.1　低空飞行环境风场模拟

在气象学中，通常将 1000m 以下的空间称为低空。在航空飞行领域，低空一般指100~1000m 的飞行高度。随着低空空域的逐步开放，低空空域真实高度将提升至 3000m。

在低空空域，天气现象多样，几乎能包括如雾、露、霜、霾、雨、雪、雹、飑、雷暴和龙卷风等各种物理现象，且天气变化极为复杂。事故统计资料显示，许多事故与低空气象有关。低空不仅会出现复杂的天气现象，而且还要受到地面环境条件的影响，如山地、高原、沙漠、高层建筑等。这些低空环境对其上空的低空风场都有着严重的影响。

大量民用飞机事故统计发现，事故的直接原因主要是在云中飞行时由于偏航或盲目下降高度造成飞机撞击、综合复杂天气（低云、低能见度和降水）、飞机积冰、误入雷暴云中、低空风切变和遭遇大风、大侧风等。上述原因所造成的风切变现象有不同的时空特征，对于飞机飞行的影响程度也有所不同。表 5-6 所示为低空风切变的时空尺度特征值及危害程度。

表 5-6 低空风切变的时空尺度特征值及危害程度

风切变类型	空间（水平尺度）	时间尺度	危害程度
微下冲气流	<4km	几至十几分钟	强
宏下冲气流	>4km	几十分钟	强
雷暴型	几十千米	几小时	强
锋面型	几百千米	几十小时	中
逆温型	几百米至几千米	几小时	中
地形环境型	几百米至几十千米	几小时	中
水陆界面风切变	几至几十千米	几小时	小
障碍物风切变	几百米至十几千米	几分钟至几小时	小

低空风切变是在一定的天气背景或地理环境下形成的，而且其尺度和强度与天气系统的结构和强度密切相关。一般来说，风切变主要由雷暴/对流天气、锋面（冷暖空气的交界面）、逆温层和复杂地形效应等因素引起。

1. 雷暴

伴随雷暴出现的低空风切变，主要是指雷暴前沿的冷性外流及雷暴云中的垂直气流所形成的强风切变。由雷暴所形成的低空风切变是影响飞行危险性的重要天气条件。在不同的区域，雷暴的下降气流可造成两种类型的风切变：一种是发生在雷暴单体下面，由下击暴流引起的风切变，其特点是范围小、寿命短、强度大；另一种是雷雨中的下冲气流到达地面后，向四处传播而产生的强烈冷性气流，可传到距离雷暴云单体 20km 处，由于它离开雷暴主体，并且通常不会伴随其他可见的天气现象，所以往往不易发现，故对飞行会造成极大的威胁。

（1）基本现象 雷暴天气最容易生成下击暴流，当飞机穿越下击暴流时，会经历从逆风状态到顺风状态的迅速变化或从上升气流到下降气流的剧烈变化，在飞机的起飞和降落阶段尤其危险，严重者甚至会导致飞行事故。

雷暴的演变过程是能量从输运、交换、扩散到耗散的过程。在实际动态演示中，雷暴的演变是通过不同时间点的各项指示项直观地反映出来的。雷暴的演变过程大致可分为如下三个阶段，即发展阶段（积云阶段）、成熟阶段、消散阶段。由于自身空间尺度的不同，其演变过程持续的时间也会有所差异，从几分钟到几十分钟不等。图 5-23 所示雷暴在各个演变阶段的基本现象。在发展阶段，成熟的雷暴引起的气流以下冲气流为主，通常在低空会伴有大雨；在成熟期的早期，雷暴开始消散，在低空会出现涡状的气流，造成较小的区域范围内速度大小和风场发生剧烈的变化；在成熟期的后期，涡状气流距离逐渐消散的雷暴越来越远，在此阶段，雷暴所有的危害达到最大；在消散期，雷暴消失，只在近地区域出现逐渐消散的向外气流。

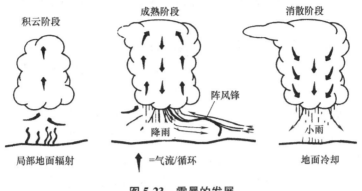

图 5-23　雷暴的发展

在各阶段中气流的主要表现形式见表 5-7。

表 5-7　雷暴演变时间阶段划分

时期段	时间段	主要表现形式
成长阶段	$0 \sim T_1$	下冲气流为主
成熟阶段	$T_1 \sim T_2$	出现水平外流，达到最大出流速度
消散阶段	$T_2 \sim T_3$	衰减至周期结束

在雷暴的整个发展过程中，强烈的垂直气流始终存在，特别在成熟阶段，既有强上升气流，又有强下降气流。这种强垂直切变，使飞行高度会产生几十米甚至几百米的变化。在雷暴中飞行会遭遇强烈的飞机颠簸，发展阶段和消散阶段颠簸的强度会相应弱些。

（2）数值模拟方法　下击暴流模型的工程数值模拟方法有两种：偶极子面元法、折线涡环法。二维情况下，偶极子面元模型与折线涡环模型的函数相似，三维情况下，涡环与偶极子等效。这里用涡环模拟雷暴天气引起的下冲气流。

雷暴的生命周期表现形式可以理解为，流场压力梯度及其变化所引起的运动、涡环形状变化所诱导的自身运动、受边界条件的阻碍作用所限制的运动，三个过程。流场压力梯度、涡环形状变化和边界条件都会对涡环的下移速度产生一定的影响，虽然这几种因素对涡环运动速度的影响方式不尽然一致，但有相同的趋势，即随着涡环运动越接近地面其运动速度越小。

通常使用涡环模拟下冲气流，主要的模拟参数包括涡环强度 Γ、涡环半径 r_v、涡环高度 h_v 等。当考虑时间效应时，还应包括涡环的运动。

采用类似于涡旋基本解式的形式来描述涡环模型强度 Γ 的时间演变历程。

$$\Gamma(t) = \frac{a_\Gamma}{\sqrt{t}} e^{-b_\Gamma / t} \tag{5-88}$$

涡环运动比较复杂，它与涡环的形成过程、基本流场的特性、涡环初始运动等情况有关，但是，这种因素主要影响涡环垂直于与其所在平面的运动，对于涡环的径向变化影响不大。

涡环形状变化所诱导的自身运动取决于涡丝的当地曲率 $\kappa = 1/\rho$。对于有限粗细（半径为 ε）和半径为 a 的涡环，当 a/ε 变化不大时，涡环垂直于与其所在平面的运动速度与涡环半径成反比，随着涡环半径的增大该运动速度减小。

涡环平行于地面沿其轴线垂直于地面方向运动时，地面边界条件可以用镜像涡环来描述。镜像涡环对地面上方涡环位置的诱导运动速度就是边界条件对涡环的运动速度所产生的，如图 5-24 所示，当涡环向地面方向运动时，该速度使涡环向半径增大的趋势和阻滞涡环向地面运动的方向发展，在较小的高度范围，涡环径向放大和垂直于其所在平面的运动速度分量都可以简单分段并用指数函数拟合，两个速度分量的积分便是涡环的半径和高度的变化。由于指数函数的积分仍是指数函数，也就是说，当涡环向地面方向运动时，由于边界条件的影响，涡环半径和高度均随时间呈指数方式变化。

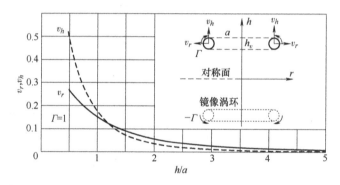

图 5-24　涡环的垂直和水平运动的速度随高度和半径的变化

（3）算例模拟　以 1982 年 6 月 30 日的丹佛下冲气流的探空实测数据为例，对某雷暴引起的下冲气流进行 16km×4km 区域进行模拟。模型最终模拟出下冲气流从成长到成熟、至消散期的速度矢量场。大约 7.5min 时下冲气流到达地面，7.5min 前为下冲气流的成长期，7.5~13min 为成熟期，13min 以后为消散期。经计算，7.5min 时垂直速度为 9.08m·s⁻¹，此后开始形成水平出流速度，13min 时达到最大水平速度。13min 以后速度矢量逐渐较小。12min 时，出流中心的半径达到 2km，之后出流区域不断扩大。图 5-25 中给出了 4~20min 时段该风场最大水平风速与最大垂直风速随时间的变化曲线。结果显示在成长期内水平速度与垂直速度均随时间的增加而增大，且两者幅值相差不大；进入成熟期后，由于下冲气流到达地面形成辐射外流，使水平速度迅速增大；进入

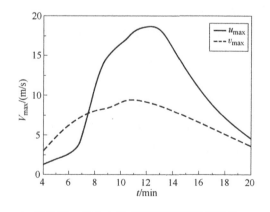

图 5-25　最大水平/垂直风速随时间变化

消散期后，水平速度与垂直速度幅值均逐渐变小。

图 5-26 所示为出雷暴在各时次速度矢量场的分布情况。

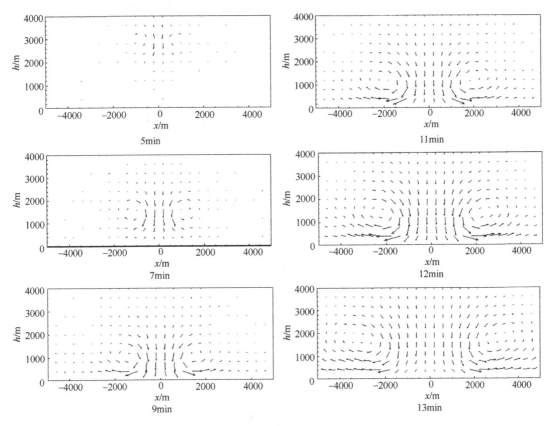

图 5-26　雷暴各时次速度矢量场的分布

2. 复杂地形

由地形地貌、水陆界面、人为障碍等地理环境因素形成的风切变，既与盛行风的状况有关，也与山地的地形轮廓、复杂程度、迎风/背风位置、水面的大小和与机场的距离、建筑物的大小、外形等有关。在飞机起飞或者着陆过程中，当处在该类复杂地形的上空时，容易遭受风切变影响。

为了构建在复杂地形环境下的风场模型，需要采取一系列步骤，如图 5-27 所示。首先，通过复杂地形的等高线图，插值生成地形图，地形划分为若干网格，即复杂地形模型由一系列空间四边形单元组成。以四边形单元的围线作为涡格，利用涡格对空间所产生的诱导速度和地面边界条件确定涡格强度，然后再根据涡格对空间所产生的诱导速度来模拟地形对风场的影响。为了满足地面边界条件，还需要考虑基本流动情况，以及对空间四边形单元进行镜像处理。

（1）地形模拟　实际地形具有任意及复杂的特点，一般采用等高线来表示。可根据已有某一区域的等高线地图，采用形态插值的方法，还原实际三维地形。以等高线提供的高程

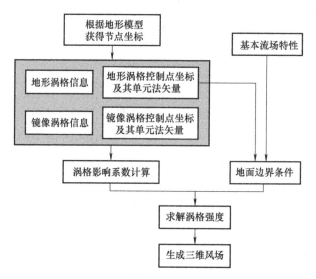

图 5-27 风场模拟步骤示意图

数据为基础，采用曲面样条插值理论，使离散的地形数据通过插值得到一个光滑的地形曲面，进而建立复杂地形的涡环网格计算模型。

从已知等高线上提取 n 个点的坐标及其对应高程值，即

$$\left.\begin{array}{c} \boldsymbol{X}_i = \begin{bmatrix} x_i & y_i \end{bmatrix}^{\mathrm{T}} \\ H \end{array}\right\} \quad i = 1, 2, \cdots, n \qquad (5\text{-}89)$$

可以定义出二元单值列表函数，对该函数进行拟合的二元样条函数形式如下

$$H(x, y) = c_1 + c_2 x + c_3 y + \sum_{i=1}^{n} c_{3+i} r_i^2 \ln(r_i^2 + \varepsilon) \qquad (5\text{-}90)$$

式中，$r_i^2 = (x-x_i)^2 + (y-y_i)^2$；$c_1, c_2, \cdots, c_{3+n}$ 是待定系数；ε 是经验性调节参数，根据实际情况选取，对于一般平坦曲面 $\varepsilon = 10^{-2} \sim 1$，对于有奇性的曲面可取值 $\varepsilon = 10^{-6} \sim 10^{-5}$。

待定系数由下式确定

$$\left.\begin{array}{c} \sum\limits_{i=1}^{n} c_{3+i} = 0 \\[2mm] \sum\limits_{i=1}^{n} c_{3+i} x_i = 0 \\[2mm] \sum\limits_{i=1}^{n} c_{3+i} y_i = 0 \\[2mm] c_1 + c_2 x_j + c_3 y_j + \sum\limits_{i=1}^{n} c_{3+i} r_{ji}^2 \ln(r_{ji}^2 + \varepsilon) + h_j c_{3+j} = H_j \\[2mm] j = 1, 2, \cdots, n; \quad i \neq j \end{array}\right\} \qquad (5\text{-}91)$$

式中，$r_{ji}^2 = (x_j - x_i)^2 + (y_j - y_i)^2$；$h_j$ 是对应于第 j 个节点的加权系数，在一般的地形曲面插值计算中，h_j 均取为 0，使拟合的曲面在已知点吻合跟定原始数据。

上式写成矩阵形式为

$$A_{m \times m} C_{m \times 1} = H_{m \times 1} \tag{5-92}$$

式中，$A_{m \times m}$ 是由节点坐标值和加权系数构成的对称矩阵，是方程的系数矩阵；$C_{m \times 1}$ 是由待定系数组成的待求解向量；$H_{m \times 1}$ 是已知向量。

当矩阵 $A_{m \times m}$ 非奇异时，对方程变形可得

$$C_{m \times 1} = A_{m \times m}^{-1} H_{m \times 1} \tag{5-93}$$

则拟合函数被唯一确定。将给定区域划分为 m 个四边形网格，那么任一网格节点 X_k 所对应的高程函数可近似表示为

$$H_k = c_1 + c_2 x_k + c_3 y_k + \sum_{i=1}^{n} c_{3+i} r_{ki}^2 \ln(r_{ki}^2 + \varepsilon) \tag{5-94}$$

式中，$r_{ki}^2 = (x_k - x_i)^2 + (y_k - y_i)^2$，且任一网格节点 X_k 处高程函数对坐标 x 和 y 一阶偏导数函数如下

$$\left.\begin{aligned}
\frac{\partial H_k}{\partial x} &= c_2 + 2\sum_{i=1}^{n} c_{3+i} \left[\ln(r_{ki}^2 + \varepsilon) + \frac{r_{ki}^2}{r_{ki}^2 + \varepsilon} \right] (x_k - x_i) \\
\frac{\partial H_k}{\partial y} &= c_3 + 2\sum_{i=1}^{n} c_{3+i} \left[\ln(r_{ki}^2 + \varepsilon) + \frac{r_{ki}^2}{r_{ki}^2 + \varepsilon} \right] (y_k - y_i)
\end{aligned}\right\} \tag{5-95}$$

与给定区域的网格结点坐标相结合，便可得到拟合曲面网格节点处的空间坐标。

（2）风场模拟　借鉴空气动力学位势流理论中涡格法的求解思路，沿每个地形网格的四条边布置直线涡段，形成空间四边形涡环单元，并选取单元形心作为地形边界条件的控制点，用涡环单元通过适当排布在空间所诱导的速度场来表示复杂地形对风场的影响。

未受到地形扰动的风场用直匀流模拟，其流速为 $V_\infty = [u_0, v_0, w_0]^T$。令第 j 个涡环单元的涡强为 Γ_j。根据位势流理论，第 i 个地形单元控制点处诱导速度 V_i 的各向分量可写为

$$\left.\begin{aligned}
u_{ii} &= \sum_{j=1}^{m} (W_{xij} + W'_{xij}) \Gamma_j \\
v_{ii} &= \sum_{j=1}^{m} (W_{yij} + W'_{yij}) \Gamma_i \\
w_{ii} &= \sum_{j=1}^{m} (W_{zij} + W'_{zij}) \Gamma_j
\end{aligned}\right\} \tag{5-96}$$

式中，W_{xij}、W'_{xij}、W_{yij}、W'_{yij}、W_{zij}、W'_{zij} 分别表示第 j 个涡环单元及其关于 xy 平面对称的镜像涡环在第 i 个涡环控制点处的诱导速度影响系数。

曲面样条插值得到第 i 个地形单元控制点处的法向矢量为 $n_i = [n_{xi}, n_{yi}, n_{zi}]^T$。根据 Neumann 边界条件，第 i 个控制点处法向不可穿透的边界条件可写为

$$(V_i + V_0) \cdot n_i = 0 \tag{5-97}$$

将所有涡环网格的边界条件表示成矩阵形式为

$$A_{AIC}\boldsymbol{\Gamma} = A_0 \tag{5-98}$$

式中，A_{AIC} 是法向诱导速度系数矩阵；A_0 是与单位法向和远前方来流相关的常系数矩阵。

求解线性代数方程组，即可得到所有涡环网格的涡强列向量

$$\boldsymbol{\Gamma} = A_{AIC}^{-1}A_0 \tag{5-99}$$

已知所有涡环网格的空间位置和涡强，利用涡环的诱导速度公式，即可得到空间任意一点的诱导速度 V_{Pi}，那么风场内任意一点的风速即为该点诱导速度 V_{Pi} 和匀直流速度 V_0 的线性叠加，即

$$W_P = V_{Pi} + V_0 \tag{5-100}$$

（3）算例模拟　以深圳机场为例，模拟机场附近的复杂地形及风场。该机场位于我国南缘、珠江入海口的东岸，正处于海陆界面上，地形与气候条件复杂多样。深圳宝安机场西临珠江口宽阔的水面，周边地势东南高西北低，平均海拔在 70~120m，东南部主要为低山；中部和西北部主要为丘陵，山间有较大冲积平原；西南部主要为较大片的滨海冲积平原。深圳机场附近的常值风方向为沿跑道方向，常年的平均风速为 $3\mathrm{m \cdot s^{-1}}$。

深圳机场附近地形的等高线数据可直接获取。基于等高线数据的地形生成方法得到了等高线模拟图（见图 5-28）与三维地形模拟图（见图 5-29），根据地形图及相关理论得到三维风场模拟图（见图 5-30）。

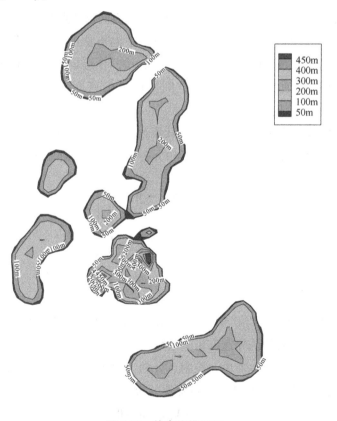

图 5-28　等高线模拟图

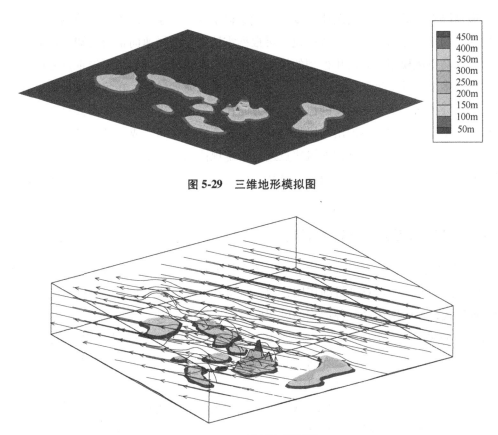

图 5-29　三维地形模拟图

图 5-30　三维风场模拟图

5.4.2　高空飞行气象条件模拟

在离地面 7~15km 高度的空中飞行为高空飞行。高空飞行所遇到的气象条件与中低空相比有很大的不同，如狭窄的急流和中、高云等，都对飞行有一定的影响。

（1）晴空紊流　在晴空条件下，在 6km 高空上出现的不规则气流为晴空紊流（乱流），它是一种极端危险性天气，因其不伴有明显的天气现象，机载雷达难以探测。晴空湍流区在水平方向上长约 80~500km（沿风向），宽约 20~100km（垂直于风向），垂直方向上厚约 500~1000m，持续时间长达半小时至一天。晴空紊流一般由于风切变方向的突然改变而产生，当飞机进入晴空紊流区后，会产生振荡摇摆等现象，影响飞机的操纵性和传感器信号测量。关于晴空紊流问题，近十年国内外学者多从形成机制、观测手段和预报方法 3 个方面进行研究归纳和综述。航空业对于晴空湍流预报的实际需求是一套实现快速获取摄入相关数据，及时发布准确预报，并以图形界面呈现预报结果的系统。

（2）高空急流　急流是大气中重要的大尺度天气系统，是大气环流的重要组成部分，它的生消活动对其他天气系统、天气形势、天气过程、天气现象及它们的季节变化等都有重要影响。在气象观察到的急流带，环绕地球可弯曲延伸达几千千米，水平宽度约上千千米，垂直厚度达几千米到十几千米，急流轴上风速通常在 $30\text{m} \cdot \text{s}^{-1}$ 以上，有的甚至可达 $100\text{~}150\text{m} \cdot \text{s}^{-1}$。

一般情况下，高空风的情况比较复杂，气象科学并没有建立简单易行的数学模型，但其主要以水平和垂直方向的切变形式描述。可根据雷达测量的风速向量与已知空速向量，建立相对简化的高空风模型。该简化模型的模拟方法为，在模拟区域范围内沿垂直方向使高空风分层划分为多个风带，每个风带内的高空风有不同的风向和风速，在每个风带内设立多个风速点，空间分布的每个具体高度的风向量的方向在同一层不进行变化，而且对两速度点的速度进行线性变化。这样，模拟出的风带与一个或多个三维空间组成，其矢量求和即为模拟区域的高空风场。如果对每个已知的风速点进行给定规律的实时变化，便可进一步得到灵活性较强，并于时刻相关的风场模拟数据。虽然这种模拟方法的精度欠佳，但易于实现，且能满足训练仿真的需求。

5.4.3　风切变对无人机飞行的影响

风切变呈空间三维分布，可分为水平风切变和垂直风切变两类。为便于分析风切变对飞行的影响，按切变风分量对飞机的作用方向，可将其分为纵向风切变、垂直风切变、横向风切变三种形式，下面阐述这三种形式的风切变对无人机的影响。

（1）纵向风切变　纵向风切变包括顺风切变和逆风切变。当无人机从无风区域进入顺风区域，或者是从小顺风区域进入到大顺风区域时，在顺风的影响下，无人机的空中速度降低，升力下降，无人机出现下沉的情况，不利于进近着陆。当无人机从小逆风进入大逆风，或者从顺风进入逆风的状况时，在逆风切变的影响下，无人机易出现空速增加、升力增大、无人机上升的状况，这一般不会对飞行安全造成影响。可见，顺风切变的危害性要比逆风切变大得多。

（2）垂直风切变　垂直风切变对无人机的影响最为显著。当无人机遭遇垂直风切变时，无人机的攻角将发生较为显著的变化，从而改变升力的大小，飞行高度也随之发生较大的变化，当然结构也同时承受着较大的阵风载荷。相比于上升气流，下降气流引起的垂直风切变要危险得多。下降气流引起的无人机高度骤降现象，将可能造成无人机的坠地风险。

（3）横向风切变　横向风切变相对以上两类风切变危险性较小，可分为左侧横向风切变和右侧横向风切变，主要影响无人机的降落着陆飞行。当无人机从无侧风状态进入到有侧风的状态，出现横向风切变时，极易导致无人机出现滚转侧滑、偏离航道的状况。当横向风切变层的高度较低时，会影响无人机着陆滑跑的方向，甚至出现偏离跑道的安全事故。

参考文献

[1] PETERS D. Two-dimensional incompressible unsteady airfoil theory: an overview [J]. Journal of Fluids and Structures, 2008, 24 (3): 295-312.

[2] SEARS W R. Operational methods in the theory of airfoils in non-uniform motion [J]. Journal of the Franklin Institute, 1940, 230 (1): 95-111.

［3］ JOHNSON W. Helicopter theory ［M］. New York：Courier Corporation，2012.

［4］ HODGES D H，PIERCE G A. Introduction to structural dynamics and aeroelasticity ［M］. Cambridge：Cambridge University Press，USA，2011.

［5］ PETERS D A，Karunamoorthy S，Cao W-M. Finite state induced flow models. Part I：Two-dimensional thin airfoil ［J］. Journal of Aircraft，1995，32（2）：313-322.

［6］ SUN Z W，HAGHIGHAT S. Time-domain modeling and control of a wing-section stall flutter ［J］. Journal of Sound and Vibration，2015，340：221-238.

［7］ LARSEN J W，NIELSEN S R K，KRENK S. Dynamic stall model for wind turbine airfoils ［J］. Journal of Fluids and Structures，2007，23（7）：959-982.

［8］ BEEDY J，BARAKOS G. Nonlinear analysis of stall flutter based on the ONERA aerodynamic model ［R］. Aerospace Engineering Report 0205，Department of Aerospace Engineering，University of Glasgow，UK，2002.

［9］ PETERS D A，BARWEY D，Su A. An integrated airloads-inflow model for use in rotor aeroelasticity and control analysis ［J］. Mathematical and Computer Modelling，1994，19（3-4）：109-123.

［10］ 赵永辉. 气动弹性力学与控制 ［M］. 北京：科学出版社，2007.

［11］ HESS J L，SMITH A MO. Calculation of potential flow about arbitrary three-dimensional lifting bodies ［J］. Journal of Ship Research，1964，8（4）：22-44.

［12］ KATZ J，PLOTKIN A. Low-speed aerodynamics ［M］. Cambridge：Cambridge University Press，2001.

［13］ STANFORD B K，BERAN P S. Analytical sensitivity analysis of an Unsteady Vortex Lattice Method for flapping wing optimization ［J］. Journal of Aircraft，2010，47（2）：647-662.

［14］ 叶正寅，张伟伟，史爱明，等. 流固耦合力学基础及其应用 ［M］. 哈尔滨：哈尔滨工业大学出版社，2014.

［15］ KUTTENKEULER J，RINGERTZ U. Aeroelastic design optimization with experimental verification ［J］. Journal of Aircraft，1998，35（3）：505-507.

［16］ 李亚智，赵美英，万小鹏. 有限元基础与程序设计 ［M］. 北京：科学出版社，2010.

［17］ PATIL M J，ALTHOFF M. Energy-consistent，Galerkin approach for the nonlinear dynamics of beams using mixed，intrinsic equations ［C］//47th AIAA Structures，Structural Dynamics，and Materials Conference，USA，Newport，Rhode Island，2006.

［18］ SU W. Coupled nonlinear aeroelasticity and flight dynamics of fully flexible aircraft ［D］. Michigan：The University of Michigan，2008.

［19］ WASZAK M R，SCHMIDT D K. Flight dynamics of aeroelastic vehicles ［J］. Journal of Aircraft，1988，25（6）：563-571.

［20］ MEIROVITCH L，TUZCU I. The lure of the mean axes ［J］. Journal of Applied Mechanics，2007，74：497-504.

［21］ MEIROVITCH L. Hybrid state equations of motion for flexible bodies in terms of quasi-coordinates ［J］. Journal of Guidance，Control and Dynamics，1991，14（5）：1008-1013.

［22］ MEIROVITCH L，TUZCU I. Unified theory for the dynamics and control of maneuvering flexible aircraft ［J］. AIAA Journal，2004，42（4）：714-727.

［23］ SOKOLNIKOFFI S. Mathematical theory of elasticity ［M］. New York：McGraw-Hill Book Company，1956.

第6章
太阳能无人机气动弹性问题研究

太阳能无人机的气动弹性具有如下的特性：机翼结构的大变形伴随着载荷的重新分布，使太阳能无人机在不同的结构属性下呈现出不同的静力学和动力学特性；柔性机翼的扭转变形增加了机翼剖面的当地迎角，使机翼在靠近翼梢部位易于发生流动分离，甚至可能进一步恶化为由动态失速诱发的失速颤振问题；刚弹耦合效应的加剧使太阳能无人机的颤振稳定性问题更为复杂，刚体模态在气动弹性系统中的介入催生出柔性太阳能无人机的体自由度颤振问题。本章关于太阳能无人机气动弹性问题的论述主要分为三个部分：结构属性对太阳能无人机性能影响研究；大展弦比柔性机翼的颤振稳定性问题研究；飞翼无人机颤振稳定性与阵风响应特性研究。

6.1 结构属性对太阳能无人机性能影响研究

太阳能无人机机翼载荷较低，展弦比较大，结构几何变形量显著，使飞行动力学特性与气动弹性动力学特性的相互耦合程度较高。此时，结构参数的变化不仅会影响太阳能无人机的结构模态特性，还可能影响气动载荷分布、结构弹性变形及飞行动力学特性。基于以梁单元为代表的结构模型，考察"质量分布""结构柔度"对无人机性能的影响：在关于"点质量分布"研究中，参量涉及集中质量部件沿展（弦）向位置和部件的质量大小，其中部件可以包括动力系统、二次电池、任务载荷、刚性机身、帆尾及平尾等，而"结构柔度"参量指梁模型的垂直弯曲刚度与扭转刚度的大小及比值。

基于"机翼—帆尾"布局形式太阳能无人机模型展开：介绍研究模型的基本总体参数；然后从静力学角度出发，研究其"点质量分布"与"结构柔度"对翼根固支状态与自由飞行的配平状态下的气动载荷分布、几何变形量对比；研究不同部件的"点质量分布"参量与机翼主梁的"结构柔度"参量对结构模态频率的影响；研究"机翼—帆尾"太阳能无人机在配平状态下的飞行动力学模态特性。

太阳能无人机具备大尺度大展弦比的几何特征与低结构面密度所致的柔性结构特征，因此在研究其载荷分布、配平分析与飞行动力学特性时，必需考虑到机翼结构的大几何非线性变形。在柔性结构建模方面，大展弦比机翼的单梁结构形式抽象为具有大几何非线性变形几何本征表达能力的一维 Hodges 梁；弹性较小的机身、小展弦比尾翼与帆翼，动力舱及任务挂载等视为刚体，与当地 Hodges 梁结点刚性连接。此处，大几何变形是从总体宏观上的尺度来说的，主要由机翼梁弯曲与扭转所致，而局部位置的剪切、拉伸形变量是微小的。

太阳能无人机建模过程中所采用的主要坐标系如图 6-1 所示。地面坐标系 G 为惯性系，用来确定各离散单元与参考坐标系之间的相对位置及角度关系，其中轴 G_z 沿重力方向向下。l 坐标系为固定于翼根（全机对称面）翼截面前缘点处的刚体机身坐标系，轴 l_x 沿机身轴向方向指向前，轴 l_y 沿翼根处与弹性轴相切指向右翼尖，轴 l_z 与轴 l_x、轴 l_z 构成右手正交坐标系。

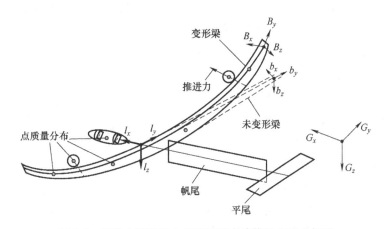

图 6-1　柔性太阳能无人机刚柔耦合建模及主要坐标系

局部坐标系 b 为未变形梁的梁截面参考坐标系，原点 O_b 与梁截面刚心重合；轴 b_y 垂直于梁截面指向右翼尖，并与弹性轴相切；轴 b_x 垂直于轴 b_y 沿翼剖面弦向指向前，同时也垂直于弹性轴；轴 b_z 垂直于轴 b_x 与轴 b_y 指向下，形成右手正交坐标系。

局部坐标系 B 为变形梁截面参考坐标系，原点 O_B 与梁截面刚心重合；轴 B_y 垂直于梁截面指向右翼尖；轴 B_x 垂直于轴 B_y 指向前；轴 B_z 均垂直于轴 B_x 与轴 B_y 指向下，形成右手正交坐标系。坐标系 B 原点 O_B 到坐标系 b 原点 O_b 的矢径用 $\boldsymbol{u}_b$（$[u_{b1}, u_{b2}, u_{b3}]^T$）表示，其为定义于坐标系 b 中的线位移。另外，曲线坐标 s 与机翼弹性轴重合，从机翼左侧翼尖开始到机翼右侧翼尖结束。

6.1.1　"机翼—帆尾"太阳能无人机总体参数

在本节中，参与太阳能无人机性能分析的大柔性太阳能无人机模型如图 6-2 所示，其中该无人机由 3 架"独立单元飞行器"通过翼尖对接形成。

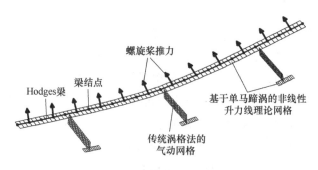

图 6-2　动力学耦合模型

在图 6-2 中，每架"独立单元飞行器"含有 8 个 Hodges 梁单元，每个梁单元内均布 3 个"单马蹄涡"，每架"独立单元飞行器"在翼尖以固定对接方式相连，因此机翼主梁有 24 个 Hodges 梁单元与 72 个气动网格；每架"独立单元飞行器"的平尾沿展向均布 10 个单马蹄涡，在帆尾上均布 5×15 个传统涡格；动力系统沿翼展分布，各动力系统之间相隔一个梁单元结点；机翼安装角为 4°，平尾安装角为 0°。

当结构未发生变形时，全机在 0°迎角下的机翼、平尾升力分布如图 6-3 所示，其中机翼与平尾的二维翼剖面数据分别来源于 Xfoil 数值模拟数据。由图 6-3 可知，在下洗效应的作用下，0°迎角下的平尾（0°安装角）产生负升力，而外侧平尾的负升力幅度更大些。

表 6-1 展示了各个"独立单元飞行器"的质量参数，其中质量较小的起落架系统与光伏组件最大功率点跟踪均没有考虑在内。考虑到全机由 3 个"独立单元飞行器"组成，可知全机总质量为 2293.3kg。

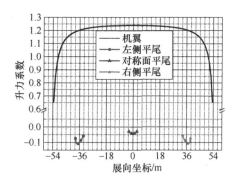

图 6-3　未变形状态时，0°迎角对应的沿翼展升力系数分布情况

表 6-1　各部件的质量参数及在局部坐标系中的重心坐标与转动惯量

部件	质量参数	ξ_{cg}/m	$I_{cg}/kg \cdot m^2$
机翼（结构+光伏组件）	$6.48kg \cdot m^{-1}$	0.11,0,0	57.0,17.6,73.2
动力系统	45×3kg	1.4,0,0	0.2,1.0,0.9
二次电池	212×3kg	0.35,0,0	0.8,3.3,2.7
帆尾（结构+光伏组件）	72×3kg	-11.5,0,0.6	20.8,604.3,583.6
水平尾翼	13.5×3kg	-21.3,0,0.6	13.1,1.1,14.2
机身	22×3kg	4.33,0,0.6	2.4,19.1,19.1
任务载荷	500kg	4.33,0,0.6	48.7,685.7,650.3

表 6-1 中各部件质量沿翼展分布情况如图 6-4 所示，其中机翼结构/光伏组件质量沿翼展

近似连续分布。

　　由图 6-4 可知，任务载荷设备质量 500kg 全部装载于全机对称面处的机身内；每个"独立单元飞行器"的动力系统 45kg 被均分为等份，等间距地布置于梁结点上；每个"独立单元飞行器"的二次电池 212kg 被均分为等份，均布于除翼尖外的 7 个梁结点位置，在机翼翼盒段内 25% 弦线附近，与动力系统在空间位置上相近；每个"独立单元飞行器"的帆尾和平尾与机身刚性相连。图 6-4 中各部件质量分布形式拟作为动力学特性分析时的基准质量分布状态。另外，ξ_{cg} 表示各部件质心在当地局部坐标系下的偏移矢径，是初步匹配的结果，拟作为动力学特性分析时偏移矢径的基准值。在未变形状态下，全机重心沿 l_z 轴的坐标值为 -0.22，沿 l_x 轴的坐标值为 1.41。

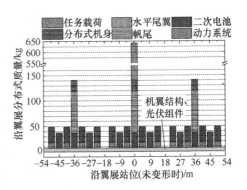

图 6-4　在未变形状态下，各部件
质量沿翼展分布柱状图

　　考虑到工艺复杂程度、生产成本与结构效率，大翼展尺度的太阳能无人机一般可使用圆管梁作为主承梁，如图 6-5 所示。其中，D_{beam} 为圆管梁外径，d_{beam} 为圆管梁内径。

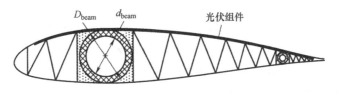

图 6-5　圆管梁示意图

　　考虑到太阳能无人机主梁的抗弯抗扭性能要求，圆管梁采用多向碳纤维铺层形式。参考现有高模量碳纤维 M40J 的复合材料力学特性参数和 $\pm45°$ 铺层比对拉伸模量与剪切模量的影响关系，当 $\pm45°$ 铺层比为 30% 时，圆管梁的拉伸模量约为 180GPa，剪切模量约为 26GPa，机翼结构重量要求梁厚度为 1.9mm（整个圆管梁为等直径等壁厚）。考虑到前、后闭室对弦向弯曲刚度和扭转刚度的影响，机翼截面刚度属性见表 6-2。

表 6-2　机翼截面刚度属性（$\pm45°$ 铺层比为 30%）

刚度属性	数值
弦向剪切刚度/Pa·m²	1.1×10^8
拉伸刚度/Pa·m²	5.0×10^8
垂直剪切刚度/Pa·m²	7.2×10^7
垂直弯曲刚度/Pa·m²	1.4×10^7
扭转刚度/Pa·m²	4.7×10^6
弦向弯曲刚度/Pa·m²	1.1×10^8

　　为了方便起见，在下面的对比分析中，具有表 6-1 中的各部件质量弦向分布特征、

图 6-4 中的各部件质量展向分布特征与表 6-2 中的 Hodges 梁结构刚度属性的"机翼—帆尾"太阳能无人机方案用"PoXiao"代替，充当对比分析的基准值。

在配平分析与动力学特性分析中，需要加载作用于 Hodges 梁的推进系统外力。其中，分布式推进系统的螺旋桨直径为 2.6m，螺旋桨桨距为 2.6m，螺旋桨拉力、功率及效率特性的工程估算曲线如图 6-6 所示。

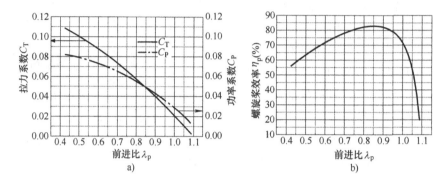

图 6-6　螺旋桨拉力、功率及效率特性曲线

6.1.2　结构属性对太阳能无人机静力学特性影响研究

气动弹性静力学研究柔性太阳能无人机弹性变形对定常气动载荷分布的影响及研究气动载荷所产生的静变形稳定特性。本节首先研究翼根固支状态下的静力学特性与结构属性的关系，然后分析配平状态下的各配平变量随结构属性参量的变化规律。

1. 翼根固支状态下的静力学特性分析

（1）设计状态下的气动特性分析　自由来流速度为 33m·s⁻¹，高度为 20km。在研究太阳能无人机"PoXiao"在柔性状态与刚性状态下的基本气动特性之前，先对比"PoXiao"在不同迎角下 Hodges 梁的几何变形量，如图 6-7 所示。考虑到柔性太阳能无人机的空间几何非线性的扭转变形，迎角以翼根处的刚性机身为参考，称翼根迎角 α。在此阶段，分布式螺旋桨推进系统暂不加载推力，平尾舵面不偏转。

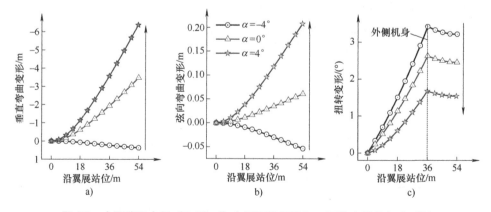

图 6-7　太阳能无人机"PoXiao"在不同翼根迎角 α 下的空间几何变形量

由图 6-7 可知，当翼根迎角为-4°时，机翼沿翼展的升力分布不足以抵消沿翼展分布的重力，整个机翼略微向下弯曲；由于机翼安装角为 4°，各梁单元的局部坐标系与当地的气流坐标系基本重合，所以投影到局部坐标系的 B_x 轴上的气动力是负值，再加上外翼段抬头致使重力在 B_x 轴上的分量也为负值，使整个机翼略微向后弯曲。但是随着翼根迎角的增加，沿翼展分布的升力系数增加，使机翼向上弯曲幅度增加；同时投影到 B_x 轴上的气动力变为正值且逐渐增大，使整个机翼稍向前弯曲。另外，随着翼根迎角的增大，翼展相同站位的翼截面正扭转角呈下降趋势；各翼根迎角对应的沿翼展方向的正扭转变形均在外侧机身所在站位达到峰值，随后有略微减小，其原因将由图 6-8 所示的翼展升力系数分布分析来解释。

在 0°翼根迎角状态下，相对于"刚性"状态（用符号"+"或"×"表示）来说，柔性状态"PoXiao"的升力系数（用符号"△"或"☆"表示）恰好在外侧机身所在站位达到峰值，其主要原因在于此站位后撑式的帆尾与平尾的重力造成此梁结点的抬头俯仰力矩较大，产生了较大的正扭转变形。虽然此时平尾的有效迎角为正，但是所产生的低头力矩有限，而且主翼面对结点力矩贡献也是有限的。在翼根迎角-4°下，平尾产生较大的负升力，继而产生抬头力矩，使此站位的扭转角和升力系数的增量更大。但随着翼根迎角的逐渐增大，外侧平尾上的正升力愈大，在一定程度上抑制了抬头力矩，所以 4°翼根迎角下沿翼展外侧站位的扭转角略微减小。

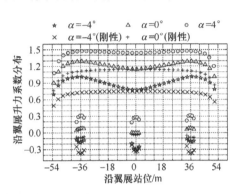

图 6-8　不同翼根迎角下的沿翼展升力系数分布

由于机翼垂向和弦向的弯曲变形，不同翼根迎角下的全机质心沿 l_x 轴与 l_z 轴的坐标位置变化如图 6-9 所示。在刚性状态下，全机质心沿 l_x 轴与 l_z 轴的坐标位置分别为 1.41 与-0.22，如图 6-9 所标识的坐标位置。

由图 6-9 可知，随着翼根迎角的增大，各梁单元气流坐标系的气动力在局部坐标系的 B_x 轴的投影值增大（正值），在局部坐标系的 B_z 轴的投影值减小（负值），使机翼向前与向上的挠度增大。但是，由于弦向弯曲刚度较大，沿 l_x 轴的质心前移量不明显。

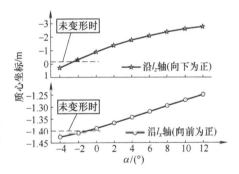

图 6-9　不同翼根迎角下的全机质心沿 l_x 轴与 l_z 轴的坐标位置变化

综合来说，几何变形、重心位置和气动载荷分布的变化最终表现在图 6-10 所示的升力系数 C_L 与绕全机质心的俯仰力矩系数 C_m 随翼根迎角 α 的变化规律中。

由图 6-10a 和 b 可知：①翼根迎角愈小，机翼正扭转变形使"PoXiao"的升力系数高出"刚性"愈多；②但是由于外侧平尾对机翼扭转的抑制效应，"PoXiao"的升力线斜率 $C_{L\alpha}$ 一直小于"刚性"状态下；③在一定的迎角增量下，外侧平尾减小了当地翼剖面的有效迎角增量，也等价于减小了其自身的有效迎角增量，所以平尾的升力增量减小，再加上垂直弯曲变形使外翼段的气动阻力对全机质心产生了小幅度的抬头力矩，而"PoXiao"的全机质心前移增量颇小，因此"PoXiao"绕全机质心俯仰力矩系数对翼根迎角的导数 $C_{m\alpha}$ 小于"刚性"状态下的；④由图 6-9c 可知，"刚性"与"PoXiao"的稳定裕度（$-\partial C_m/\partial C_L \times 100\%$）随翼根迎角增加的变化趋势基本一致，但是从量值来看，"PoXiao"要低于"刚性"状态下的。在 1°迎角附近，"PoXiao"的 $C_{L\alpha}$ 为 3.82、$C_{m\alpha}$ 为 -0.71，刚性状态的 $C_{L\alpha}$ 为 5.13，$C_{m\alpha}$ 为 -1.1，即"PoXiao"与"刚性"状态下的稳定裕度约分别为 18.6% 与 21.5%。

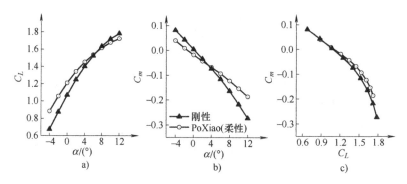

图 6-10　在设计状态下，太阳能无人机"PoXiao"在变形与未变形时的基本气动特性

（2）定攻角状态下的来流速度灵敏度分析　当来流速度为 33m·s^{-1}、高度为 20km 时，在翼根迎角 1°时的总升力略微大于总重（过载系数约 1.04）。在翼根迎角 1°、高度 20km 状态下，翼根固支状态下"PoXiao"的空间几何变形量在不同来流速度下的变化规律如图 6-11 所示。在此阶段，分布式螺旋桨推进系统暂不加载推力，平尾舵面不偏转。

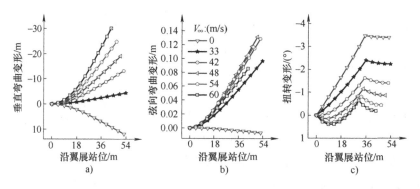

图 6-11　"PoXiao"在不同来流速度下的空间规律

在图 6-11 中，曲线"-▽-"对应着无自由来流状态（$V_\infty = 0$），即 Hodges 梁根部固支，只受各部件的重力作用而不受气动载荷。此时，沿翼展放置的分布式质量使机翼有垂直向下的大幅度弯曲与正扭转变形，以及小幅的向后弯曲变形。

随着来流速度的增加，气动载荷增量使 Hodges 梁的垂直向上弯曲挠度急剧增加，向前弯曲挠度也有小幅增加。由图 6-12 中"PoXiao"在不同来流速度下的沿翼展升力系数分布与图 6-13 中的 C_L 和 C_m 可知，随着来流速度的增加，大挠度"上反"变形使外翼段升力系数分布"塌陷"，造成升力系数的损失。在 1°翼根迎角状态下，当自由来流速度从 $33\mathrm{m \cdot s^{-1}}$ 增加至 $60\mathrm{m \cdot s^{-1}}$ 时，升力系数降低了 30%左右，抬头力矩系数也有小幅增加。

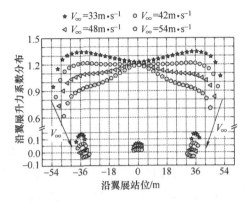

图 6-12　"PoXiao" 在不同来流速度
下的沿翼展升力系数分布

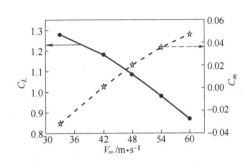

图 6-13　"PoXiao" 在不同来流速度
下的基本气动特性变化

另外，由图 6-11c 可知：在翼根迎角 1°状态下，随着来流速度的增加，外翼段扭转变形逐渐减小，其原因在于：

1）垂直于 Hodges 梁上的气动力矩系数随来流速度增加而基本不变。

2）由于 Hodges 梁与 1/4 弦线较为接近，作用于 1/4 弦线上的气动力系数绕 Hodges 梁的抬头力矩系数小于翼剖面的气动负扭转力矩系数，所以动压的增加会直接导致作用于 Hodges 梁上的气动负扭转力矩增大，从而克服一部分外侧机身站位处的结点正扭转力矩。

3）沿翼展分布式质量对扭转变形的作用受来流速度影响较小。外翼段扭转变形的变小也使后置平尾的升力由正值逐渐变为负值。

同样，随着来流速度的增加，由于 Hodges 梁垂直向上和向前的弯曲变形，致使全机质心沿 l_z 轴的坐标向上持续移动，沿 l_x 轴的坐标值先向前移动，而后在大垂直弯曲变形时略微向后移动，如图 6-14 所示。另外，随着来流速度的增加，过载系数（总升力比总重）基本线性持续增加，如图 6-15 所示。

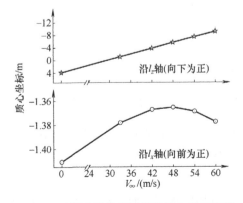

图 6-14　不同来流速度对应的质心坐标变化

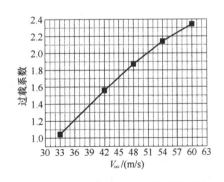

图 6-15　不同来流速度下的过载系数

（3）"点质量分布"参量灵敏度分析 Hodges 梁单元内的点质量或者均匀质量的重力方向与空间运动无关，称为"定向力"。与任务需求与工程实际应用相结合，选定如下 5 个离散式"点质量分布"的状态。

1) PoXiao：基准状态（参照节 6.1.1）。

2) Cond. Ⅰ：相对于基准状态，任务载荷重量被均分，并放置于 3 个分布式机身内（此状态对应着任务载荷可以或者必须远距离以离散方式放置）。

3) Cond. Ⅱ：相对于 Cond. Ⅰ，各"独立单元飞行器"的二次电池也均集中放入各"独立单元飞行器"的分布式机身内，相对于梁单元的弦向偏移距离与基准状态的一致（此状态针对难以分开放置或者体积较大的二次电池类型，如可充放的燃料电池）。

4) Cond. Ⅲ：相对于基准状态，帆尾与机身、平尾质量均放置于对称面内；（全机的帆尾、机身与平尾都只有一个；帆尾长度不变，宽度增加至原来的 3 倍，其质心不变；平尾弦长增加至原来的 1.5 倍，展长增加至原来的 2 倍，其质心向后增加 0.29m；机身长度不变，直径做相应的增加，质心不变）。

5) Cond. Ⅳ：相对于 Cond. Ⅲ，各"独立单元飞行器"的二次电池均放入全机对称面处的机身内，与梁单元的偏移距离保持不变（即，除机翼的结构/光伏组件质量、动力系统质量，其余所有质量均固定于对称面处）。

从气动布局形式来看，前面 3 个沿翼展点质量分布的"PoXiao""Cond. Ⅰ"和"Cond. Ⅰ"属于同一气动布局，如图 6-16a 所示，而后两个沿翼展点质量分布的"Cond. Ⅲ"和"Cond. Ⅳ"属于同一气动布局，如图 6-16b 所示。

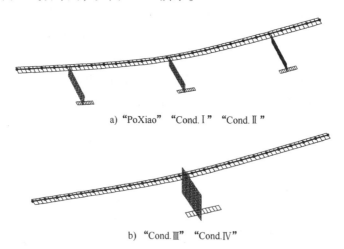

a) "PoXiao" "Cond. Ⅰ" "Cond. Ⅱ"

b) "Cond. Ⅲ" "Cond. Ⅳ"

图 6-16 上述 5 个沿翼展"点质量分布"状态对应的气动布局形式

在此小节中，动力系统仍然不加载分布式推进力。研究这 5 个状态在气动载荷与重力耦合下的变形规律之前，先分析无来流状态下的变形特性，如图 6-17 所示（由于弦向变形量较小，在这里不对比研究）。

由图 6-17 可知：在无来流状态下，垂直弯曲变形由各部件质量沿翼展的分散程度决定，绕梁扭转变形由各部件质量沿弦向的布置（相对 Hodges 梁）情况决定。在图 6-17a 中，对

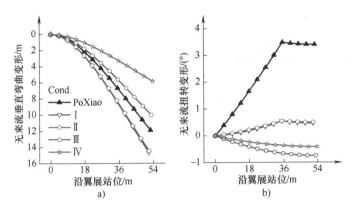

图 6-17　在无来流状态下，沿翼展不同"点质量分布"参量对应的垂向弯曲与扭转变形

于"Cond. Ⅳ"来说，各部件质量基本都集中于翼根，无来流状态下的翼尖挠度最小，"Cond. Ⅲ"次之；对于"Cond. Ⅰ"和"Cond. Ⅱ"来说，各部件质量沿翼展离散程度高，无来流状态下的翼尖挠度最大。在图 6-17b 中，对比"PoXiao"与"Cond. Ⅰ"或"Cond. Ⅱ"可知，前伸式机身内装载的任务载荷或者其他集中点质量产生的负扭转力矩能抵消一部分尾撑式的帆尾与平尾对当地梁结点产生较为显著的正扭转力矩，所以"Cond. Ⅰ"和"Cond. Ⅱ"对应的扭转变形很小。

图 6-17 中的 5 个状态在翼根迎角 1°、高度 20km 和来流速度 33m·s⁻¹ 状态下，翼根固支状态下得到 Hodges 梁几何变形量如图 6-18 所示。

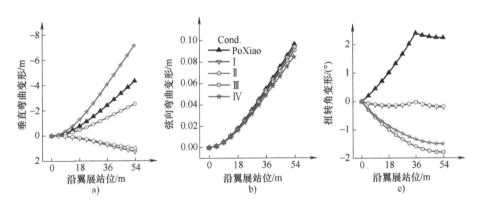

图 6-18　沿翼展不同"点质量分布"参量对应的几何变形量

综合图 6-17 与图 6-18 可得：在来流状态下，Hodges 梁的几何变形由气动载荷与各部件的重力共同决定。各部件质量沿翼展的分散程度愈低，垂直弯曲变形不一定愈小，因为还要取决于沿翼展的气动载荷分布。"Cond. Ⅲ"在无来流状态的下垂变形程度小于"PoXiao"，且有来流状态的垂直"上反"变形程度仍小于"PoXiao"。其原因主要在于"PoXiao"外翼段的尾撑式帆尾和平尾的重力产生的正扭矩，致使外翼段的升力系数较高，产生垂直弯曲的力矩较大些；"Cond. Ⅲ"外翼段没有尾撑式帆尾与平尾，而由气动载荷绕 Hodges 梁的负俯仰力矩使外翼段负扭转，故升力系数较低，产生垂直弯曲的力矩较小些。由"Cond. Ⅲ"和

"Cond. Ⅳ"可知，"机翼—帆尾"太阳能无人机使用的高升力高升阻比翼型的低头力矩系数与机翼前缘前伸的螺旋桨推进系统重力导致绕 Hodges 梁的低头力矩使机翼产生了显著的负扭转变形。"Cond. Ⅰ"与"Cond. Ⅱ"之间的差别在于前者各"独立单元飞行器"的二次电池等间隔均布于接近 Hodges 梁前缘的位置，而后者集中放置于各"独立单元飞行器"的机身处，弦向位置与前者一致。经计算可知，这两种点质量分布状态下的 Hodges 梁几何变形基本相同。

在高度 20km 与来流速度 33m·s^{-1} 状态下，沿翼展不同离散式"点质量分布"参量对应的 C_m、C_L 随翼根迎角 α 的变化曲线如图 6-19 所示。其中，每条曲线中的五个数据点对应着翼根迎角依次为 -4°、0°、4°、8° 和 12°。

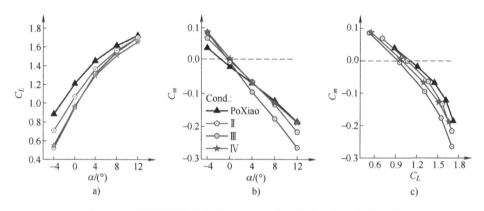

图 6-19 沿翼展不同"点质量分布"参量对应的气动特性曲线

在图 6-19 中，"Cond. Ⅲ"与"Cond. Ⅳ"均无外侧分布式机身，而"PoXiao"与"Cond. Ⅱ"均具有外侧分布式机身。从气动布局上来说，"PoXiao"与"Cond. Ⅱ"的平尾布置是一致的，"Cond. Ⅲ"与"Cond. Ⅳ"的平尾布置是一致的，所以在分析力矩特性时将予以分组。由图 6-19 可知：在小翼根迎角范围内（-4°~4°），"PoXiao"的升力系数最大，"Cond. Ⅱ"次之，"Cond. Ⅲ"与"Cond. Ⅳ"相近且最小，其主要由沿翼展绕 Hodges 梁的扭转变形分布规律决定。"PoXiao"的 $C_{L\alpha}$ 最低而"Cond. Ⅲ"的 $C_{L\alpha}$ 最高。这两点规律将从有无后撑式帆尾与平尾，以及有无前撑式机身的角度予以分析。"PoXiao"与"Cond. Ⅱ"外翼段的后撑式帆尾与平尾在重力作用下能产生显著的正扭转变形，所以这两者的升力系数要高于"Cond. Ⅲ"与"Cond. Ⅳ"。由于"Cond. Ⅱ"的前撑式机身内装载着 1/3 任务载荷质量，能抵消一部分当地梁结点的正扭转力矩，所以其升力系数要略小于"PoXiao"。当增加单位翼根迎角时，外翼段的后撑式平尾上的升力增量能产生显著的负扭转力矩，从而减小了外翼段各翼剖面的有效迎角增量，所以相对于无外侧后撑式平尾的"Cond. Ⅲ"与"Cond. Ⅳ"，机翼外侧有后撑式平尾的"PoXiao"与"Cond. Ⅱ"的 $C_{L\alpha}$ 要低些。"Cond. Ⅱ"的 $-C_{m\alpha}$ 比"PoXiao"要高一些，"Cond. Ⅲ"的 $-C_{m\alpha}$ 比"Cond. Ⅳ"要高一些。

接下来，以"PoXiao"为基准，仅改变其 Hodges 梁沿弦向站位，如图 6-20 所示，Hodges 梁沿弦向不同站位对应的各部件质心在当地的局部坐标系中偏移矢径的分量见表 6-3。图 6-20 中 $\bar{x}_{ec}$ 的下标"ec"为 elasticity center 的缩写。

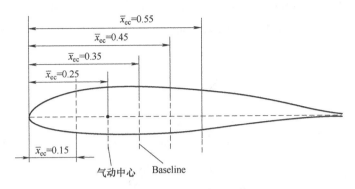

气动中心 Baseline

图 6-20 质心位置（Hodges 梁弦向站位）

表 6-3 Hodges 梁沿弦向不同站位对应的各部件质心在当地的局部坐标系中偏移矢径的分量

部件	$\xi_{cg}@\bar{x}_{ec}=0.15$	$\xi_{cg}@\bar{x}_{ec}=0.25$	$\xi_{cg}@\bar{x}_{ec}=0.35$	$\xi_{cg}@\bar{x}_{ec}=0.45$	$\xi_{cg}@\bar{x}_{ec}=0.55$
机翼	$[0.6;0;0]$	$[0.25;0;0]$	$[0.11;0;0]$	$[0.46;0;0]$	$[0.81;0;0]$
动力系统	$[0.7;0;0]$	$[1.05;0;0]$	$[1.4;0;0]$	$[1.75;0;0]$	$[2.1;0;0]$
二次电池	$[-0.35;0;0]$	$[0;0;0]$	$[0.35;0;0]$	$[0.7;0;0]$	$[1.05;0;0]$
帆尾	$[-12.2;0;0.6]$	$[-11.9;0;0.6]$	$[-11.5;0;0.6]$	$[-11.16;0;0.6]$	$[-11.51;0;0.6]$
水平尾翼	$[-22;0;0.6]$	$[-21.65;0;0.6]$	$[-21.3;0;0.6]$	$[-20.95;0;0.6]$	$[-20.6;0;0.6]$
机身	$[3.62;0;0.6]$	$[3.97;0;0.6]$	$[4.32;0;0.6]$	$[4.67;0;0.6]$	$[5.02;0;0.6]$
任务载荷	$[3.62;0;0.6]$	$[3.97;0;0.6]$	$[4.32;0;0.6]$	$[4.67;0;0.6]$	$[5.02;0;0.6]$

在翼根迎角 1°、来流速度 33m·s⁻¹ 和高度 20km 状态下，图 6-20 所示的各 Hodges 梁弦向站位的几何变形量如图 6-21 所示。Hodges 梁沿弦向站位变化一方面影响着梁前后两侧的重力关于 Hodges 梁的俯仰合力矩；另一方面影响着作用于 1/4 弦线处的气动载荷绕 Hodges 梁的俯仰合力矩。前者与来流速度无关，后者与来流速度的平方近似线性相关。由图 6-21 可知，随着 Hodges 梁沿弦向后移，机翼正扭转变形增大，使当地升力系数与沿 $\boldsymbol{B}_x$ 轴的气动力投影值均增大，所以向前和向上的弯曲变形幅度愈大。

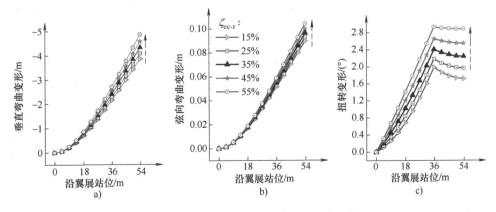

图 6-21 Hodges 梁弦向站位的几何变形量

在来流速度 $33\mathrm{m \cdot s^{-1}}$ 和高度 20km 下，图 6-21 中各状态随着翼根迎角增加时的绕质点力矩系数 C_m 与升力系数 C_L 随翼根迎角的变化曲线如图 6-22 所示。

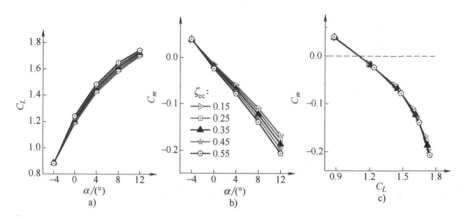

图 6-22　Hodges 梁在不同弦向站位下的 C_m 随 C_L 变化曲线

1）由图 6-22a 可知，在相同翼根迎角下，Hodges 梁沿弦向的站位愈靠前，升力系数愈小；站位愈靠后，升力系数愈大。

2）由图 6-22b 可知，站位愈靠后，静稳定性 $C_{m\alpha}$ 愈高；站位愈靠前，静稳定性愈低。

3）综合来说，由图 6-22c 可知，站位愈靠后，稳定裕度略微大一些。

分析上述 3 点规律的影响因素：Hodges 梁沿弦向的站位愈靠后，相同翼根迎角增量会使机翼正扭转愈大，一方面会使升力系数 C_L 愈大；另一方面会使后撑式平尾的有效迎角增量愈大，最终导致能产生低头俯仰力矩的平尾升力增量愈大，继而低头力矩系数更大些、静稳定性 $C_{m\alpha}$ 更强一些。另外，Hodges 梁沿弦向的不同站位会引起全机重心坐标沿 l_x 轴与沿 l_z 轴的变化有略微差异，但是对力矩特性的影响基本可以忽略。

（4）"结构柔度"参量灵敏度分析　由以上研究内容可知，在气动载荷与重力作用下，Hodges 梁弯曲变形与扭转变形相互耦合。若以 6.1.1 节中的 "PoXiao" 为基准，则仅改变多向碳纤维主承力梁的 ±45°铺层比例（见表 6-4）。

表 6-4　碳纤维圆管梁不同±45°铺层比对应的刚度属性

刚度属性	0%	30%（"PoXiao"）	60%	90%
弦向剪切刚度/N·m²	5.0×10^7	1.1×10^8	1.7×10^8	2.4×10^8
拉伸刚度/N·m²	6.6×10^8	5.0×10^8	3.3×10^8	1.7×10^8
垂直剪切刚度/N·m²	3.3×10^7	7.2×10^7	1.1×10^8	1.6×10^8
垂直弯曲刚度/N·m²	1.8×10^7	1.4×10^7	9.1×10^6	4.5×10^6
扭转刚度/N·m²	2.2×10^6	4.7×10^6	7.3×10^6	1.1×10^7
弦向弯曲刚度/N·m²	1.5×10^8	1.1×10^8	7.3×10^7	3.6×10^7
扭转/垂直弯曲刚度比	0.122	0.335	0.802	2.445

在翼根迎角 1°、飞行速度 $33\mathrm{m \cdot s^{-1}}$ 和高度 20km 状态下，不同±45°铺层比对应的 Hodges

梁的几何变形量如图 6-23 所示。

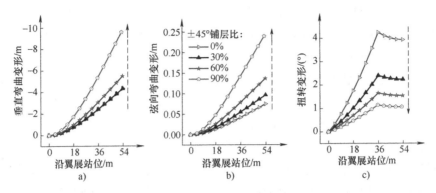

图 6-23 不同±45°铺层比对应的 Hodges 梁的几何变形量

由图 6-23 可知，±45°铺层比愈高，扭转刚度愈高，垂直与弦向弯曲刚度愈低；±45°铺层比愈低，扭转刚度愈低，垂直与弦向弯曲刚度愈高。从图 6-23 总体来看，±45°铺层比愈低，机翼正扭转变形愈显著，沿翼弦向前与垂直向上的弯曲变形愈小。大扭转刚度能有效地抑制扭转变形，而大弯曲刚度能有效地抑制弯曲变形。但是，从图 6-23a 可知，"0%" 与 "30%" 的垂直弯曲变形甚为接近。分析其原因：虽然 "0%" 垂直弯曲刚度大一些，但是由于扭转刚度小一些，致使机翼正扭转变形大一些，继而沿翼展分布的升力系数值高一些，最终导致垂直弯曲变形量会大一些。

在来流速度 $33m \cdot s^{-1}$ 和高度 20km 下，图 6-23 中各状态随着翼根迎角增加时的绕质点力矩系数 C_m 与升力系数 C_L 随翼根迎角的变化曲线，如图 6-24 所示。其中，每条曲线中的五个数据点对应着翼根迎角依次为 $-4°$、$0°$、$4°$、$8°$ 和 $12°$。

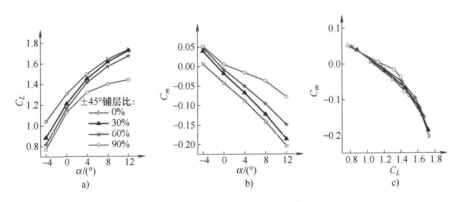

图 6-24 不同±45°铺层比对应的 Hodges 梁的 C_L、C_m 随 α 变化规律

由图 6-24 总体来看，扭转刚度愈大、弯曲刚度愈小（即±45°铺层比愈高），同翼根迎角下的升力系数与俯仰力矩系数愈大；在小翼根迎角下，±45°铺层比为 30% 时的升力线斜率与静稳定性最高，此状态的弯曲刚度与扭转刚度适中。但是，±45°铺层比最低的 "0%" 对应的稳定裕度要高一些。分析上述规律的原因。

1）影响升力特性的因素主要来自于沿翼展扭转角与垂直弯曲幅度：当±45°铺层比较高

时，高扭转刚度使外侧后撑式帆尾与平尾导致的机翼正扭转角变小，再加上低垂直弯曲刚度使"上反"弯曲变形显著而引起一定的升力损失。在一定的翼根迎角增量下，±45°铺层比愈高，后置平尾的升力增量导致的机翼负扭转变形愈小，从而避免了扭转变形所致的升力损失，但是较低的弯曲刚度使"上反"弯曲变形愈大，反而带来了显著的升力损失；这一规律在±45°铺层比较低的状态下恰恰相反，但最终仍会使升力线斜率降低；然而，对于±45°铺层比适中的状态，扭转变形与弯曲变形同时作用下的升力线斜率损失最小，所以±45°铺层比为"30%"时所对应的升力线斜率最高。

2）影响俯仰力矩特性的因素较多，除了 Hodges 梁的扭转变形与弯曲变形，还有全机质心沿 l_x 轴与 l_z 轴的偏移量（见图 6-25）。当±45°铺层比愈低，较高的弯曲刚度使机翼弯曲变形较小，继而沿 l_x 轴与 l_z 轴的质心偏移量较小。但是，较低的扭转刚度使给定翼根迎角增量对应的平尾升力增量有所损失，导致 $C_{m\alpha}$ 损失。当±45°铺层比愈高，较高的扭转刚度减小了给定翼根迎角增量对应的平尾升力增量损失。但是，较低的弯曲刚度使质心沿 l_x 轴向前和沿 l_z 轴向上的偏移量增加。向前的质心偏移量能增加平尾升力增量的俯仰力臂；但是，向上的质心偏移说明机翼产生了大挠度变形，质心上侧的翼剖面阻力能产生较高的正俯仰力矩，而质心下侧的翼剖面阻力系数产生的负俯仰力矩较小，所以综合来说，±45°铺层比愈高，$|C_{m\alpha}|$ 也愈低。

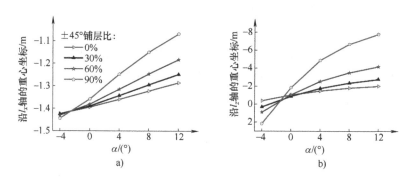

图 6-25　沿 l_x 轴与沿 l_z 轴的重心坐标随翼根迎角变化情况

2. 自由飞行状态下的配平分析

定常平飞状态下的配平变量为翼根迎角、升降舵偏转角、飞行速度和螺旋桨推力。在这里，作如下几点假设：

1）平尾为全动平尾，即升降舵偏角等价于平尾安装角。

2）螺旋桨推力线与当地翼弦线重合，即 $\varphi_p = 0$。

3）沿翼展所有螺旋桨转速都相同，所有升降舵偏角都相同。

（1）不同翼根迎角下的配平分析对比分析"机翼—帆尾"太阳能无人机（基于小节 6.1.1 中的基准参数）在"刚性"状态与"柔性"状态（"PoXiao"）下不同翼根迎角下的各配平变量变化规律，如图 6-26 所示。配平飞行高度选为设计高度 20km。

由图 6-26 可知，在定常平飞状态下，"PoXiao"与"刚性"太阳能无人机的各配平变量具有一定的差异性：

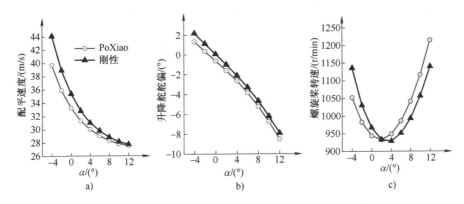

图 6-26　不同翼根迎角下的配平变量变化规律

1）由于"PoXiao"外翼段存在正扭转变形，外翼段升力系数较高（见图 6-8），因此"PoXiao"的配平速度要略小于"刚性"状态，但是正扭转变形幅度随着翼根迎角的增加而减小，因此在大翼根迎角下，两者的配平速度相差小一些。

2）由图 6-10 可知，在没有加载动力系统推力时，"PoXiao"的 $|C_m|$ 值较"刚性"状态更接近 0，但是图 6-26b 所示的"PoXiao"配平舵量更大些，其主要原因在于加载的分布式推力与垂直弯曲变形共同决定着力矩特性，随着翼根迎角的增大，Hodges 梁垂直弯曲使外翼段推力产生的低头俯仰力矩系数增大。

在翼根迎角为-4°、0°、4°、8°和12°时，配平状态下，沿翼展不同站位处的垂直弯曲变形与扭转变形，如图 6-27 所示。

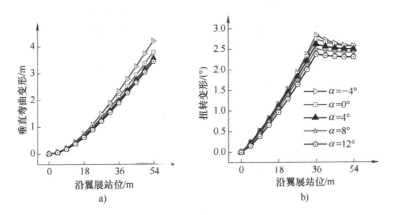

图 6-27　配平状态下，沿翼展不同站位处的垂直弯曲变形与扭转变形

与翼根固支状态下的几何变形规律（见图 6-7、图 6-9）相比，配平状态下"PoXiao"的垂直弯曲变形随着翼根迎角的增加反而略微减小，各翼根迎角下的几何变形差异要小得多。分析其原因：大翼根迎角的来流速度较小，最终的气动载荷差异较小；随着翼根迎角的增加，配平状态下的平尾提供的负扭转俯仰力矩增量较小。

在定常配平飞行状态下，图 6-26 中各翼根迎角对应的螺旋桨工作状态参数，如图 6-28 所示。通过分析可以得到以下结论：

1）由图 6-28a 可知，在小翼根迎角范围内，螺旋桨效率较高，但随着翼根迎角的增加，螺旋桨效率急剧下降。

2）由图 6-28b 可知，在翼根迎角 0°~12° 范围内，"PoXiao" 的螺旋桨推力要大于 "刚性"，这说明同翼根迎角下 "PoXiao" 的配平升阻比要略小于 "刚性"。

3）由图 6-28c 可知，"PoXiao" 在 0° 附近的螺旋桨轴功率最低，而 "刚性" 螺旋桨轴的最低功率出现在 2° 附近。

4）在大翼根迎角状态下，飞行效率降低。

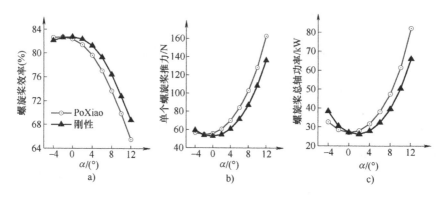

图 6-28 配平状态下的螺旋桨工作状态参数

（2）"点质量分布" 参量灵敏度分析 在任务高度 20km 处，沿翼展不同点质量分布随翼根迎角变化的配平变量如图 6-29 所示。沿翼展不同点质量分布包括 "PoXiao" "Cond.Ⅱ" "Cond.Ⅲ" 和 "Cond.Ⅳ"，仅从布局形式的角度来看，"PoXiao" 与 "Cond.Ⅱ" 属于同一布局，外翼段有尾撑式帆尾、平尾与前撑式机身；而属于同一布局的 "Cond.Ⅲ" 与 "Cond.Ⅳ" 的外翼段没有，具体布局形式示意图如图 6-16 所示。

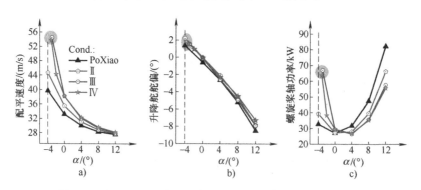

图 6-29 沿翼展不同点质量分布随翼根迎角变化的配平变量

图 6-29 中 4 个沿翼展不同的点质量分布状态在 $\alpha = -4°~12°$ 范围内的配平变量差异较大，需结合图 6-30 所示的扭转变形予以分析。

由图 6-29a 可知，"Cond.Ⅲ" 与 "Cond.Ⅳ" 的配平速度一直高于其他两个状态，在小翼根迎角范围内，如 -4°~0°，高出比例约 30%~40%。对于 "Cond.Ⅲ" 与 "Cond.Ⅳ"，外

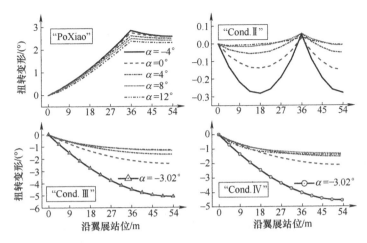

图 6-30　沿翼展不同点质量分布在 $\alpha=-4°\sim12°$ 范围内的展向站位的扭转变形

翼段重力导致的扭转力矩较小，扭转变形主要依赖气动载荷与 Hodges 梁的弦向站位。当 "Cond. Ⅲ" 的翼根迎角小于 $-3.03°$ 与 "Cond. Ⅳ" 的翼根迎角小于 $-3.20°$ 时，即使来流速度增加，全机总升力也是减小，不足以配平全机重力。因此，在负翼根迎角范围内，"Cond. Ⅲ" 与 "Cond. Ⅳ" 较高的配平速度使其螺旋桨轴功率要大于其他两个状态。但是，在正翼根迎角范围内，"Cond. Ⅲ" 与 "Cond. Ⅳ" 的升力损失逐渐减小，所以在正翼根迎角范围内，"PoXiao" 的螺旋桨轴功率最高，"Cond. Ⅱ" 次之，"Cond. Ⅲ" 与 "Cond. Ⅳ" 相近且最低。造成此现象的原因在于沿展向升力系数分布影响下的诱导阻力系数：Hodges 梁正扭转变形的 "PoXiao" 的外翼段升力大于内翼段，与椭圆形升力分布差异大，使机翼诱导阻力系数较大，所以全机巡航效率因子较高；"Cond. Ⅲ" 与 "Cond. Ⅳ" 的 Hodges 梁存在一定的负扭转变形，外翼段升力系数相对较小，更加符合椭圆形升力分布，所以机翼诱导阻力系数偏小，全机巡航效率因子较低；"Cond. Ⅱ" 的 Hodges 梁扭转变形很小，所以介于它们之间。

图 6-29 中各点质量分布状态在不同翼根迎角下的 Hodges 梁垂直弯曲变形如图 6-31 所示。总体来说，针对每一个点质量分布状态，各翼根迎角对应的垂直弯曲变形梁甚为近似，但对比各点质量分布状态可知，垂直弯曲变形依然由沿翼展点质量分散程度与机翼扭转变形决定。

另外，在任务高度 20km 处，Hodges 梁沿弦向不同站位的 "点质量分布" 对应的配平变量随翼根迎角的变化规律，如图 6-32 所示。其中，"PoXiao" 的 Hodges 梁弦向站位 $\bar{x}_{ec}=0.35$。由图 6-32 可知，在相同翼根迎角下，Hodges 梁不同弦向站位时的各配平变量差异很小。相对来说，Hodges 梁在不同弦向站位愈靠后，各翼根迎角下的配平速度愈低，升降舵舵偏愈小，螺旋桨轴功率愈高。

（3）"结构柔度" 参量灵敏度分析　在任务高度 20km 处，Hodges 梁使用不同 $\pm45°$ 铺层比对应的配平变量随翼根迎角的变化规律，如图 6-33 所示。其中，"PoXiao" 的主梁 $\pm45°$ 铺层比为 30%。

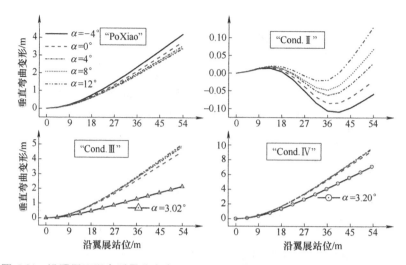

图 6-31 沿翼展不同点质量分布在 $\alpha=-4°\sim12°$ 范围内的 Hodges 梁垂直弯曲变形

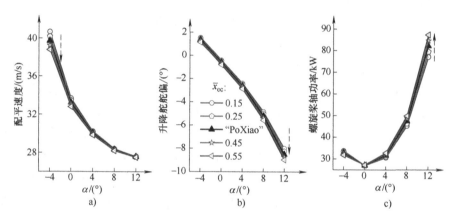

图 6-32 Hodges 梁在不同弦向站位对应的配平变量随翼根迎角的变化规律

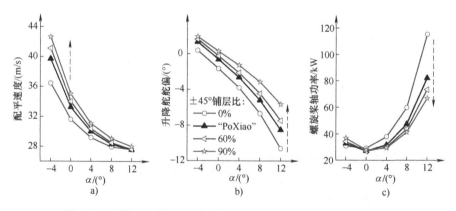

图 6-33 不同 ±45° 铺层比对应的配平变量随翼根迎角的变化规律

图 6-33 中 4 个不同 ±45° 铺层比对应的结构柔度参量在 $\alpha=-4°\sim12°$ 范围内的配平变量差异较大，需结合垂直弯曲变形（见图 6-34）与扭转变形（见图 6-35）予以分析。

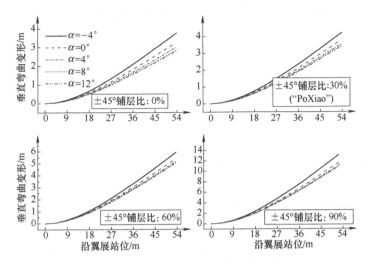

图 6-34　不同 ±45° 铺层比对应的垂直弯曲变形

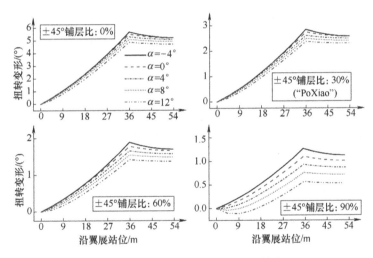

图 6-35　不同 ±45° 铺层比对应的扭转变形

由图 6-33a 可知，±45° 铺层比愈低，配平速度愈低，而翼根迎角愈小，各 ±45° 铺层比之间的配平速度差异愈大。分析其原因：由图 6-35 可知，±45° 铺层比愈低，扭转刚度愈低，从而使后撑式帆尾与平尾引起的正扭转愈大，外翼段的升力系数分布愈高。由图 6-34 可知，±45° 铺层比愈低，垂直弯曲刚度愈高，机翼弯曲变形导致的升力损失愈小。所以，±45° 铺层比愈低，全机升力系数愈高，配平速度愈低。由图 6-33b 可知，±45° 铺层比愈低，俯仰力矩配平的升降舵舵偏量愈小（后缘上偏量愈多），其原因主要是由当地的扭转变形引起的：±45° 铺层比愈低，机翼正扭转变形愈大，与机翼固接的平尾后缘需上偏更多以产生足够的负升力。由图 6-33c 可知，±45° 铺层比愈低，翼根迎角愈高，配平状态下的螺旋桨轴功率愈高，其原因仍然主要由沿翼展升力分布引起的诱导阻力所导致的。

6.1.3 结构属性对太阳能无人机动力学特性影响研究

受光伏电池光电转换效率仍较低的限制，在能量平衡的严格约束下，太阳能无人机普遍采用超大展弦比超轻质的机翼结构，使大尺度大展弦比太阳能无人机的结构频率甚低，与飞行动力学模态频率相近，容易发生耦合。另外，在6.1.2中静力学特性分析中可知，气动弹性作用下结构变形量大使机翼上反角变化显著，不充分考虑结构变形下的飞行动力学特性将与实际情况有很大偏差，甚至是截然相反的结果。

因此，本节主要研究不同部件的"点质量分布"参量与机翼主梁的"结构柔度"参量对结构模态频率的影响，并对太阳能无人机配平状态下的飞行力学模态特性展开研究。

1. 配平状态下的结构模态特性分析

（1）初始结构模态特性 在迎角1°、高度20km时的配平飞行状态下，小节6.1.1中的"PoXiao"的一阶、二阶的对称和反对称的结构模态频率与结构模态振型如图6-36、图6-37所示，其中各阶模态频率按高低顺序排列。

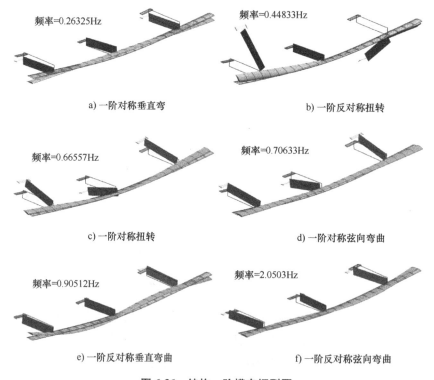

频率=0.26325Hz

频率=0.44833Hz

a) 一阶对称垂直弯

b) 一阶反对称扭转

频率=0.66557Hz

频率=0.70633Hz

c) 一阶对称扭转

d) 一阶对称弦向弯曲

频率=0.90512Hz

频率=2.0503Hz

e) 一阶反对称垂直弯曲

f) 一阶反对称弦向弯曲

图 6-36 结构一阶模态振型图

在图6-36中，一阶结构模态频率很低，只有0.27~2.05Hz，与飞行动力学刚体模态中的短周期、长周期与荷兰滚模态频率甚为接近。其中，对称垂直弯曲模态频率最低，反对称扭转与对称扭转的次之，对称弦向弯曲稍大些，最高者为反对称垂直弯曲与对称弦向弯曲。总体来说，图6-37中二阶结构模态频率要明显高于对应的一阶结构模态频率。其中，对称与反对称的垂直弯曲模态频率最低（仅1.4Hz与2.8Hz），对称与反对称的弦向弯曲次之

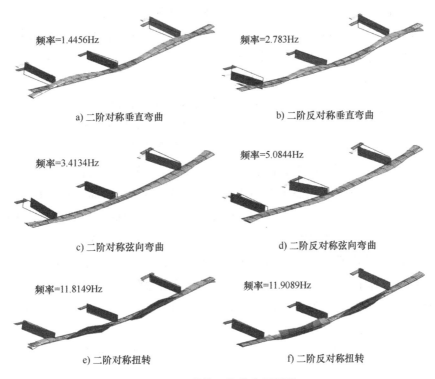

a) 二阶对称垂直弯曲　　频率=1.4456Hz

b) 二阶反对称垂直弯曲　　频率=2.783Hz

c) 二阶对称弦向弯曲　　频率=3.4134Hz

d) 二阶反对称弦向弯曲　　频率=5.0844Hz

e) 二阶对称扭转　　频率=11.8149Hz

f) 二阶反对称扭转　　频率=11.9089Hz

图 6-37　结构二阶模态振型图

（约 3.4Hz 与 5.1Hz），而对称与反对称的扭转最高（约 11.8Hz 与 11.9Hz）。

接下来将分析不同"点质量分布"与不同"结构柔度"在基准状态（迎角 1°、高度 20km）配平飞行下的纯结构模态特性。根据结构各阶模态频率与一般飞机刚体运动模态的量值，暂只选取太阳能无人机"PoXiao"的第一阶结构模态。

（2）"点质量分布"参量灵敏度分析　在基准飞行状态下，各沿展向不同"点质量分布"对应的一阶结构模态频率见表 6-5，其中结构模态类型按垂直弯曲、弦向弯曲与扭转的对称与反对称排列。

表 6-5　沿展向不同"点质量分布"对应的一阶结构模态频率

第一阶结构模态类型	"PoXiao"	Cond. Ⅰ	Cond. Ⅱ	Cond. Ⅲ	Cond. Ⅳ
对称垂直弯曲/Hz	0.2653	0.2706	0.2820	0.2584	0.3059
反对称垂直弯曲/Hz	0.9051	0.8956	1.1528	0.9085	1.1777
对称弦向弯曲/Hz	0.7063	0.7229	0.7491	0.7280	0.8631
反对称弦向弯曲/Hz	2.0503	2.0044	2.2930	2.0413	2.3340
对称扭转/Hz	0.6656	0.6888	0.6911	4.1205	4.3132
反对称扭转/Hz	0.4483	0.4000	0.4002	4.0746	4.3116

归纳表 6-5 中的各模态频率随沿展向不同"点质量分布"的变化规律：

1）对于"PoXiao"的点质量分布状态，仅改变任务载荷或者二次电池的展向站位时，即对应着 Cond. Ⅰ 和 Cond. Ⅱ，所有第一阶结构模态频率变化甚微。

2）如果将"PoXiao"的外侧分布式机身处的帆尾、平尾、机身及其内部装载移至对称面处并且对应的弦向站位不变时，即对应着 Cond. Ⅲ，第一阶垂直弯曲与弦向弯曲模态频率变化亦甚微，但是扭转模态频率提高近 10 倍。

结合上述两点规律，以"PoXiao"的点质量分布为基准，进一步将其帆尾、平尾、机身结构与任务载荷的质心沿弦向移至距当地翼剖面前缘点向后 0.6m 处，沿展向的点质量相对位置不变。此时，全机重心不变，绕 l_x 轴与 l_z 轴的转动惯量变化较小，且绕 l_y 轴的转动惯量仅为原来的 0.1 倍，此惯量特性十分接近"Helios"太阳能无人机。经计算，变化后的"点质量分布"的第一阶结构模态频率特性如下：一阶对称垂直弯曲为 0.26Hz，一阶反对称垂直弯曲为 0.90Hz，一阶对称弦向弯曲为 0.72Hz，一阶反对称弦向弯曲为 2.49Hz，一阶对称扭转为 2.44Hz，一阶反对称扭转为 1.41Hz。然后，针对 Cond. Ⅳ 的帆尾、平尾、机身结构与任务载荷作相同处理，此时的第一阶结构模态频率特性如下：一阶对称垂直弯曲为 0.31Hz，一阶反对称垂直弯曲为 1.18Hz，一阶对称弦向弯曲为 0.87Hz，一阶反对称弦向弯曲为 3.28Hz，一阶对称扭转为 4.76Hz，一阶反对称扭转为 4.32Hz。综合上述模态特性与表 6-5 中对应的数据可知：

1）减小 Hodges 梁外侧点质量沿弦向的偏移距离能有效提高扭转模态频率，但其他模态基本不受影响。

2）减小对称面处点质量关于 Hodges 梁的沿弦向偏移距离几乎不影响第一阶各模态频率。

3）减少点质量沿展向的离散程度能略微提高弯曲模态频率。

改变 Hodges 梁沿弦向站位对应的一阶结构模态频率如表 6-6 所示，其中结构模态类型依据垂直弯曲、弦向弯曲与扭转的对称与反对称排列。

表 6-6　Hodges 梁沿弦向站位对应的一阶结构模态频率

结构模态类型	$\bar{x}_{ec} = 0.15$	$\bar{x}_{ec} = 0.25$	"PoXiao"	$\bar{x}_{ec} = 0.45$	$\bar{x}_{ec} 0.55$
一阶对称垂直弯曲/Hz	0.2630	0.2632	0.2653	0.2631	0.2628
一阶反对称垂直弯曲/Hz	0.9064	0.9064	0.9051	0.9029	0.8995
一阶对称弦向弯曲/Hz	0.6684	0.6994	0.7063	0.7015	0.7022
一阶反对称弦向弯曲/Hz	2.0383	2.0456	2.0503	2.0515	2.0500
一阶对称扭转/Hz	0.6980	0.6670	0.6656	0.6719	0.6728
一阶反对称扭转/Hz	0.4462	0.4474	0.4483	0.4496	0.4506

由表 6-6 可知，仅改变 Hodges 梁沿弦向站位对第一阶各结构模态频率影响较小，这是由于配平状态下的结构变形及各点质量绕当地 Hodges 梁的转动惯量均变化较小。

（3）"结构柔度"参量灵敏度分析　在基准飞行状态下，不同 ±45°铺层比例下的一阶结构模态频率见表 6-7，其中结构模态类型依据垂直弯曲、弦向弯曲与扭转的对称与反对称排列。

表 6-7　不同 ±45° 铺层比例下的一阶结构模态频率

结构模态类型	0%	"PoXiao"	60%	90%
一阶对称垂直弯曲/Hz	0.3038	0.2653	0.2149	0.1520
一阶反对称垂直弯曲/Hz	1.0425	0.9051	0.7417	0.5186
一阶对称弦向弯曲/Hz	0.7972	0.7063	0.5634	0.3987
一阶反对称弦向弯曲/Hz	2.3631	2.0503	1.6747	1.1845
一阶对称扭转/Hz	0.4624	0.6656	0.8430	1.0130
一阶反对称扭转/Hz	0.3056	0.4483	0.5537	0.6697

由表 6-7 可知，±45° 铺层比例愈高，抗弯刚度愈低，抗扭刚度愈高，弯曲模态频率愈低，扭转模态频率愈高；±45° 铺层比例愈低，抗弯刚度愈高，抗扭刚度愈低，弯曲模态频率愈高，扭转模态频率愈低。"PoXiao" 的 ±45° 铺层比例适中，其弯曲模态频率与扭转模态频率处于中间水平。结合表 6-4 中不同 ±45° 铺层比例碳纤维梁对应的弯曲刚度与扭转刚度关系可知，模态频率比值近似正比于对应刚度比值的开方，即弯曲（扭转）刚度增加至原来的 4 倍，对应的弯曲（扭转）模态频率增加至原来的 2 倍。

2. 配平状态下的飞行动力学特性分析

静平衡状态下，柔性太阳能无人机的 Hodges 梁大几何变形使整个气动构型与重量特性发生了大幅度变化，此状态下的飞行动力学特性变化不可忽略。针对每一个静平衡态，通过基于 Hodges 梁动力学方程组求解其几何变形、并重新计算重心位置与转动惯量，然后由基于涡格法估算出此气动构型下的气动导数，最后由小扰动线化后的刚体太阳能无人机运动方程得出此气动构型下的纵向、横航向运动的各模态特征根。"PoXiao" 在大几何变形下的涡格法输入网格如图 6-38 所示，其中机翼弦向分布 20 个格子，每个梁单元沿展向分布 4 个格子，每个帆尾沿弦向分布 36 个格子，沿宽度方向分布 16 个格子，每个平尾沿弦向分布 12 个格子，沿展向分布 12 个格子，对于 "PoXiao" 来说，总共格子数目为 4080 个。

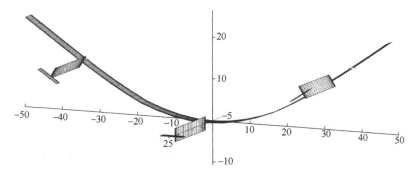

图 6-38　大几何变形下的涡格法输入网格示意图

另外，沿大尺度翼展方向均匀分布的螺旋桨动力系统推力对来流速度敏感，所以还需考虑推进系统随来流速度的动导数 T_V、俯仰力矩 M 随来流速度 V 与俯仰角速度 q 的导数、偏航力矩随偏航角速度 r 的导数。

设 Δf_{p}^{G} 为 Δf_{p}^{G} 沿 G_x 轴的分量，因此基于地面坐标系的螺旋桨推力对来流速度的导数 T_V、动力系统导致的俯仰力矩随来流速度的导数 $M_{V.p}$，动力系统导致的俯仰力矩随俯仰角速度的导数 $M_{q.p}$，动力系统导致的偏航力矩随偏航角速度的导数 $N_{r.p}$ 可表示为

$$T_V = \sum_i \frac{\Delta f_{p.x}^{G}}{\Delta V_\infty} \tag{6-1}$$

$$M_{V.p} = \sum_i \frac{\Delta f_{p.x}^{G} r_z}{\Delta V_\infty} \tag{6-2}$$

$$M_{q.p} = -\sum_i \left| \frac{\Delta f_{p.x}^{G}}{\Delta V_\infty} \right| r_z^2 \tag{6-3}$$

$$N_{r.p} = -\sum_i \left| \frac{\Delta f_{p.x}^{G}}{\Delta V_\infty} \right| r_y^2 \tag{6-4}$$

式中，i 是第 i 台螺旋桨动力系统；r_y、r_z 为螺旋桨中心点到全机重心矢径的沿展向、垂直方向的坐标值。

一般情况下，T_V 小于 0，$N_{r.p}$ 与 $M_{q.p}$ 均小于 0，$M_{V.p}$ 的正负取决于各动力系统与重心的垂向距离 r_z。

（1）初始构型飞行动力学特性　根据"机翼—帆尾"太阳能无人机的整个任务剖面，分别从海平面到高度 25km 等距选取 6 个飞行高度，得到"PoXiao"在不同飞行高度配平时的垂直弯曲变形与扭转变形，如图 6-39 所示（已考虑各"独立单元"对接处的上反角）。在不同高度下，翼根迎角为 1°，且全机气动特性不随高度变化；在不同高度下，假设螺旋桨拉力特性不变，工作特性曲线参考图 6-6。

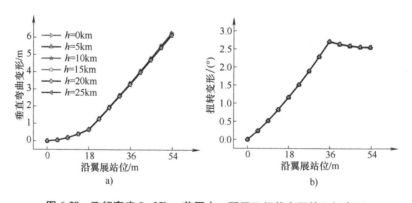

图 6-39　飞行高度 0~25km 范围内，配平飞行状态下的几何变形

由图 6-39 可知，所有高度的垂直弯曲变形与扭转变形几乎是一致的，这主要归因于翼载荷和翼根迎角的一致。

在不同高度配平飞行时，配平速度、升降舵舵偏角、螺旋桨转速与来流动压见表 6-8：在各飞行高度下，升降舵舵偏与螺旋桨拉力几乎是一致的；在近地面配平飞行时，螺旋桨转速只有 250~400r/min，飞行速度约 10m·s⁻¹；在设计高度或者更高时，螺旋桨转速约 1000r/min，飞行速度约 30~50m·s⁻¹；根据配平速度与飞行高度，可求得不同高度

下的飞行动压近似相等，均为 $46\mathrm{N} \cdot \mathrm{m}^{-2}$。

表 6-8　"PoXiao" 在不同高度配平飞行时的各配平量对比

h/km	$V/\mathrm{m} \cdot \mathrm{s}^{-1}$	$\delta_{\mathrm{ht}}/(°)$	$n_{\mathrm{p}}/(\mathrm{r/min})$	$q_{\infty}/\mathrm{N} \cdot \mathrm{m}^{-2}$
0	8.7	−1.1	251	46.36
5	11.2	−1.1	324	46.19
10	15.0	−1.1	433	46.52
15	21.7	−1.1	630	45.85
20	32.1	−1.1	934	45.81
25	47.9	−1.1	1394	45.98

在不同飞行高度配平时，虽然"PoXiao"的气动构型、重心位置基本一致，涡格法输出的气动导数系数也基本一致，但是由于飞行速度或者说来流动压与大气密度的差异导致了纵向、横航向飞行动力学模态根随着飞行高度存在着显著变化见表 6-9。

表 6-9　静平衡态时，"PoXiao" 纵向、横航向飞行动力学模态根随飞行高度的显著变化

飞行高度	短周期模态	长周期模态	滚转模态	荷兰滚模态	螺旋模态
$h=0\mathrm{km}$	−3.534	−0.116±0.161i	−6.149	−0.211±0.222i	−0.0541
$h=5\mathrm{km}$	−2.760	−0.0835±0.177i	−4.777	−0.158±0.237i	−0.0487
$h=10\mathrm{km}$	−2.403	−0.0549±0.183i	−3.588	−0.113±0.247i	−0.0401
$h=15\mathrm{km}$	−1.851±0.556i	−0.0276±0.179i	−2.467	−0.070±0.378i	−0.0291
$h=20\mathrm{km}$	−1.260±0.695i	−0.0097±0.164i	−1.685	−0.0378±−0.253i	−0.0202
$h=25\mathrm{km}$	−0.851±0.744i	−0.00157±0.141i	−1.157	−0.0122±0.251i	−0.0137

由表 6-9 可知，飞行高度愈低，表征阻尼的各飞行动力学模态根的实部愈高，愈趋于稳定；飞行高度愈高，各飞行动力学模态根代表阻尼的根实部逐渐减小。参照有人驾驶飞机（固定翼）飞行品质 GJB185-86 可知，在所有高度下，纵向短周期与长周期模态均满足一级飞行品质；所有高度的螺旋模态均单调收敛，满足一级飞行品质；滚转模态在高度 0~20km 范围内满足一级飞行品质，而在高度 25km 处仅满足二级品质；荷兰滚模态在高度 0~5km 范围内满足一级飞行品质，而在高度 10~15km 满足二级品质，在高度 20~25km 仅满足三级品质。下面将从纵向与横航向运动来逐次分析造成此种规律的成因。

当飞行高度小于 10km 时，短周期模态属于快衰减的单调模态，随着飞行高度的增加，逐渐变为周期振动模态，而且阻尼比逐渐减小，振荡频率逐渐增大。至于长周期模态，随着飞行高度的增加，振荡频率呈小幅变化，先增加后减小，而阻尼比持续减小，在飞行高度 25km 时，阻尼比几乎接近于 0。为了便于进一步分析，不同飞行高度下的纵向气动大导数如图 6-40 所示。下标"surf"表示气动外形求得的气动导数；下标"p"表示分布式螺旋桨对气动导数的贡献。

随着飞行高度的增加，代表俯仰阻尼的大导数 $\overline{M}_q$ 逐渐减小并接近于 0，而代表俯仰静稳定性的大导数 $\overline{M}_\alpha$ 基本保持不变，大导数 Z_α 逐渐减小，这 3 个变量决定性地影响着短周期模态

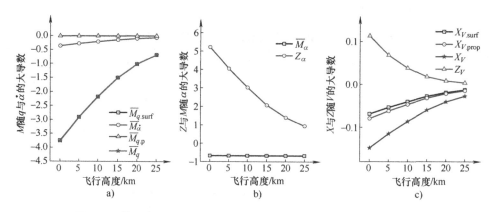

图 6-40　静平衡态时，"PoXiao"纵向气动大导数随飞行高度的变化

根的变化趋势。另外，代表俯仰阻尼的大导数 $\overline{M}_{\dot{\alpha}}$ 也随着飞行高度略有减小，但是其绝对值相对 $\overline{M}_{q.\,\mathrm{surf}}$ 甚小，对短周期模态根影响较小。同时，由于各飞行高度下的垂直弯曲变形幅度有限，分布式动力系统导致的大导数 $\overline{M}_{q.\mathrm{p}}$ 基本可以忽略不计。随着飞行高度的增加，与势能转换有关的 Z_V 逐渐减小并趋近于 0，与动能转换有关的 X_V 逐渐增加并趋近于 0，这两个变量决定性地影响着长周期模态的变化趋势。另外，分布式动力系统导致的大导数 $X_{V.\,\mathrm{p}}$ 与气动外形导致的大导数 $X_{V.\,\mathrm{surf}}$ 相当，在一定限度上能缩短长周期模态的收敛时间或者增加其倍幅时间。

同样，横航向大导数随飞行高度的变化规律如图 6-41 所示，图 a~c 分别依照随侧滑角 β、滚转角速度 p 与偏航角速度 r 予以排列。

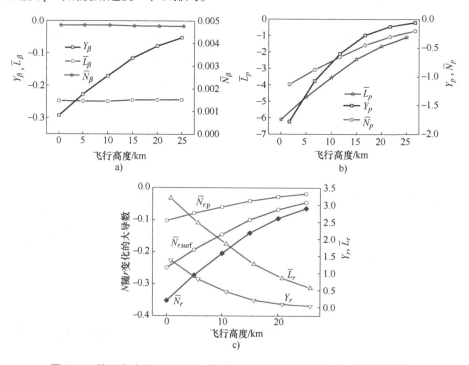

图 6-41　静平衡态时，"PoXiao"横航向气动大导数随飞行高度的变化

随着飞行高度的增加，大导数 $\overline{N}_\beta$ 基本不变且略微大于 0，表征 "PoXiao" 航向静稳定性较弱，分析其原因：虽然帆尾面积较大，但是由于其 "展弦比" 仅为 0.2，升力线斜率仅有 0.3，再加上其气动中心仅位于帆尾弦向约 5% 的位置，所以对航向静稳定性的贡献甚微。随着飞行高度的增加，大导数 $\overline{L}_\beta$ 小于 0 且基本不变，"PoXiao" 横向静稳定性较强，这与机翼较大的上反效应有关。由图 6-41b 可知，由于飞行速度的影响，表征滚转阻尼的大导数 $\overline{L}_p$ 随着飞行高度的增加逐渐减小，使滚转模态的阻尼比逐渐减小。由图 6-41c 可知，气动外形 $\overline{N}_{r.\,\mathrm{surf}}$ 约是分布式螺旋桨动力系统 $\overline{N}_{r.\,\mathrm{p}}$ 的 2 倍，且两者均随飞行高度的增加而逐渐减小。经研究，分布式螺旋桨动力系统对航向阻尼的贡献略微增强了荷兰滚模态与螺旋模态的收敛特性，也略微减小了荷兰滚模态的振荡频率，而对滚转模态几乎没有影响。

（2）"点质量分布" 参量灵敏度分析　考虑各 "独立单元" 翼尖对接处的初始上反角，沿展向不同 "点质量分布" 在高度 20km，翼根迎角 1° 时配平状态下的几何变形如图 6-42 所示。

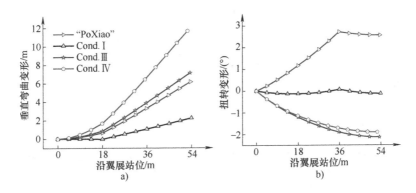

图 6-42　沿展向不同 "点质量分布" 在配平飞行状态下的几何变形

由图 6-42 可知，各 "点质量分布" 垂直弯曲变形差异明显，其中所有质量集中于对称面处的 Cond. Ⅳ 的垂直弯曲变形幅度最大。针对沿展向不同 "点质量分布"，在考虑变形与不考虑变形时的绕主轴转动惯量对比情况见表 6-10。

表 6-10　沿展向不同 "点质量分布" 时的绕主轴转动惯量对比

沿展向 "点质量分布"	$I_{Qx}/10^{-6}\mathrm{kg\cdot m^2}$		$I_{Qy}/10^{-4}\mathrm{kg\cdot m^2}$		$I_{Qz}/10^{-6}\mathrm{kg\cdot m^2}$	
	未变形	变形后	未变形	变形后	未变形	变形后
"PoXiao"	1.64	1.64	6.28	6.95	1.70	1.69
Cond. Ⅰ	2.07	2.07	6.15	6.15	2.13	2.13
Cond. Ⅲ	1.36	1.36	6.18	7.06	1.42	1.41
Cond. Ⅳ	0.76	0.75	6.18	7.97	0.82	0.80

由表 6-10 可知，各 "点质量分布" 在变形前后的转动惯量变化幅度有限。相比来说，

俯仰运动对应的转动惯量 I_{Qy} 的变化幅度相对显著一些："PoXiao"的 I_{Qy} 增加约 10.7%，Cond. I 的 I_{Qy} 基本没变，Cond. III 的 I_{Qy} 增加约 14.2%，Cond. IV 的 I_{Qy} 增加约 29.0%。对比各"点质量分布"在静平衡态绕 x、y 与 z 轴的转动惯量之间的比例关系可知，各"点质量分布"的 I_{Qx}/I_{Qz} 基本为 1.0，但是"PoXiao"的 I_{Qx}/I_{Qy} 约为 23.6，Cond. I 的 I_{Qx}/I_{Qy} 约为 33.6，Cond. III 的 I_{Qx}/I_{Qy} 约为 19.3，Cond. IV 的 I_{Qx}/I_{Qy} 约为 9.4。

沿展向不同"点质量分布"在高度 20km，翼根迎角 1°时的飞行动力学模态根见表 6-11。由 6.1.2 中沿展向不同"点质量分布"的定义可知，"PoXiao"与 Cond. I 的气动布局是一致的，而 Cond. III 与 Cond. IV 的气动布局是一致的。参照有人驾驶飞机（固定翼）飞行品质 GJB185-86，所有"点质量分布"的纵向短周期与长周期模态均收敛且满足一级飞行品质；所有"点质量分布"的滚转模态与螺旋模态均满足一级飞行品质；"PoXiao"与 Cond. I 的荷兰滚模态仅满足三级飞行品质，而 Cond. III 与 Cond. IV 均满足二级飞行品质。在纵向、横航向模态方面，"PoXiao"与 Cond. I 两者之间或者 Cond. III 与 Cond. IV 两者之间的转动惯量差异较小，所以各模态差异很小。但对比这两组不同的布局形式，比如说"PoXiao"与 Cond. IV，可知两者之间的横航向模态特性差异明显：虽然两者的帆尾面积与弦向尺寸是一致的，但由于"PoXiao"的帆尾展弦比低于 Cond. IV，所以前者的 $C_{n\beta}$ 约是后者的 0.25 倍；"PoXiao"的 I_{Qz} 与 I_{Qx} 均是 Cond. IV 的 2 倍；在静平衡态的等效上反角方面，"PoXiao"只有 6.6°，而 Cond. IV 有 12.6°。在这些差异之下：

1）"PoXiao"的荷兰滚模态阻尼比要远低于 Cond. IV，而且振荡频率也要略低一些。

2）"PoXiao"的滚转模态阻尼与螺旋模态阻尼均只有 Cond. IV 的 0.5 倍左右。

表 6-11　静平衡态时，沿展向不同"点质量分布"的飞行动力学模态根

飞行动力学模态类型	"PoXiao"	Cond. I	Cond. III	Cond. IV
短周期（纵向）	$-1.259\pm0.695i$	$-1.426\pm0.745i$	$-1.587\pm0.946i$	$-1.484\pm0.941i$
长周期（纵向）	$-0.00972\pm0.164i$	$-0.00984\pm0.128i$	$-0.00657\pm0.125i$	$-0.000359\pm0.152i$
滚转（横航向）	-1.685	-1.422	-2.195	-3.893
螺旋（横航向）	-0.020	-0.012	-0.0245	-0.0412
荷兰滚（横航向）	$-0.0378\pm0.254i$	$-0.0379\pm0.159i$	$-0.0793\pm0.286i$	$-0.100\pm0.394i$

（3）"结构柔度"参量灵敏度分析　考虑各"独立单元"翼尖对接处的初始上反角，不同±45°铺层比在高度 20km，翼根迎角 1°时配平状态下的几何变形如图 6-43 所示，可知，不同±45°铺层比的弯曲变形差异明显，其中±45°铺层比为 90%的弯曲变形幅度最大。

在考虑或不考虑变形时的绕主轴转动惯量见表 6-12：不同±45°铺层比的转动惯量在变形前后的变化幅度有限。相比来说，俯仰运动对应的转动惯量 I_{Qy} 的变化幅度相对显著一些："0%"的 I_{Qy} 增加约 8.1%，"30%"（即"PoXiao"）的 I_{Qy} 增加约 10.7%，"60%"的 I_{Qy} 增加约 21.3%，"90%"的 I_{Qy} 增加约 92.7%。

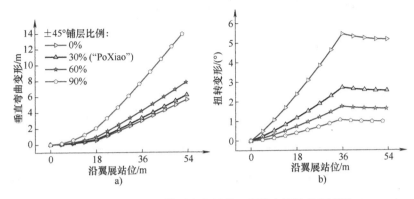

图 6-43 不同±45°铺层比在配平飞行状态下的几何变形

表 6-12 不同±45°铺层比时的绕主轴转动惯量

绕主轴转动惯量	$I_{Qx}/10^{-6} \mathrm{kg \cdot m^2}$	$I_{Qy}/10^{-4} \mathrm{kg \cdot m^2}$	$I_{Qz}/10^{-6} \mathrm{kg \cdot m^2}$
未变形	1.635	6.283	1.697
0%	1.636	6.79	1.691
30%（"PoXiao"）	1.635	6.96	1.690
60%	1.635	7.62	1.683
90%	1.629	12.11	1.632

不同±45°铺层比对应的配平速度、升降舵舵偏角、螺旋桨转速与来流动压见表 6-13：弯曲刚度最高的"0%"垂直弯曲变形最小且正扭转变形最大，所以飞行速度最低，配平舵偏最大，而扭转刚度最大的"90%"垂直弯曲变形最大且正扭转变形最小，所以飞行速度最高，配平舵偏最小。

表 6-13 不同±45°铺层比对应的各配平量对比

±45°铺设比例	$V/\mathrm{m \cdot s^{-1}}$	δ_{ht}（°）	$n_p/(\mathrm{r/min})$	$q_\infty/\mathrm{N \cdot m^{-2}}$
0%	30.87	−2.18	947	42.37
30%	32.20	−1.11	935	46.08
60%	32.85	−0.66	938	47.98
90%	33.80	−0.08	953	50.77

不同±45°铺层比在高度 20km，翼根迎角 1°时的飞行动力学模态根见表 6-14：参照有人驾驶飞机（固定翼）飞行品质 GJB185-86，所有"±45°铺层比"的纵向短周期、长周期模态均收敛且满足一级飞行品质；所有"±45°铺层比"的滚转模态与螺旋模态均收敛且满足一级飞行品质；而对于荷兰滚模态来说，仅"±45°铺层比"为 90%满足一级飞行品质，"±45°铺层比"为 0%刚刚满足二级飞行品质，而其他两个状态仅满足三级飞行品质。

表 6-14　静平衡态时, 不同±45°铺层比的飞行动力学模态根

飞行动力学模态类型	0%	30%	60%	90%
短周期（纵向）	$-1.224\pm0.712i$	$-1.259\pm0.694i$	$-1.229\pm0.652i$	$-1.030\pm0.422i$
长周期（纵向）	$-0.012\pm0.187i$	$-0.010\pm0.164i$	$-0.0078\pm0.158i$	$-0.00037\pm0.158i$
滚转（横航向）	-1.598	-1.687	-1.727	-1.766
螺旋（横航向）	-0.0195	-0.0202	-0.0221	-0.0266
荷兰滚（横航向）	$-0.05\pm0.258i$	$-0.038\pm0.254i$	$-0.0311\pm0.274i$	$-0.176\pm0.345i$

在纵向方面, 随着±45°铺层比的增加, 虽然配平飞行速度或者说来流动压逐渐增高, 但是俯仰转动转动惯量增加更为显著, 从而导致影响短周期模态的大导数 $\overline{M}_q$、$\overline{M}_a$ 与长周期模态的大导数 Z_V 逐渐下降, 使短周期与长周期的模态频率与阻尼均呈略微下降趋势。

在横航向方面, 随着±45°铺层比的增加, 滚转模态阻尼比略微增加, 这主要受飞行速度的影响。对于荷兰滚模态来说, 纵使高 "±45°铺层比" 对应的垂直弯曲变形大, 使帆尾对 $C_{n\beta}$ 的作用相对减小了, 但是由于其飞行动压更高而且偏航方向的转动惯量也略微小一些, 因此高 "±45°铺层比" 对应的 $\overline{N}_\beta$ 还要小于低 "±45°铺层比", 即 "±45°铺层比" 越高, 荷兰滚模态频率反而越高。

6.2　大展弦比柔性机翼的颤振稳定性问题研究

考虑到太阳能无人机的机翼柔性较大, 结构模态频率较低, 所以可能在较低的来流速度下发生颤振失稳问题。此外, 机翼的弹性扭转变形可能使靠近翼稍位置的机翼局部迎角进入失速区域, 诱发更为复杂的失速颤振问题。

本节首先介绍一种研究中较为常用的大展弦比柔性机翼模型; 接着基于特征分析技术, 研究柔性机翼在经典颤振中的弯扭模态耦合机理; 最后通过引入动态失速气动力模型, 研究柔性机翼的失速颤振特性。

6.2.1　柔性机翼模型参数与结构模态分析

本小节所研究的大展弦比柔性机翼模型如图 6-44 所示, 其中翼根固支, 翼稍自由释放。在本书的研究中, 机翼的梁结构被划分为 12 个有限单元, 并在每个单元上布置与展向尺寸相同的气动片条单元。

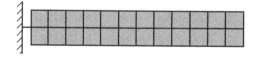

图 6-44　大展弦比柔性机翼模型

大展弦比柔性机翼的结构参数见表 6-15。Patil 将机翼结构视为具有长方形横截面的薄壁复合材料盒式梁，通过 Theodorsen 理论进行气动力建模，并结合 $V\text{-}g$ 法进行气动弹性分析，从而得到机翼的自然振动频率、颤振速度和静发散速度。在此基础上，Patil 等人基于有限状态入流理论和几何精确梁模型，在未变形状态下进行线性化求解，得到相应的线性颤振结果。

表 6-15　大展弦比柔性机翼的结构参数

结构参数	数值
展长/m	16
弦长/m	1
线密度/kg·m^{-1}	0.75
弹性轴位置	50%弦长位置
质心轴位置	50%弦长位置
面外弯曲刚度/N·m^2	2×10^4
扭转刚度/N·m^2	1×10^4
转动惯量（参考 e.a.）/kg·m^2	0.1

大展弦比柔性机翼的模态频率见表 6-16。由对比可知，本书结果和 Patil 的 exact 模型结果更为接近。

表 6-16　大展弦比柔性机翼的模态频率　　　　（单位：rad·s^{-1}）

结构模态	Patil（线化）	Patil（精确）	本书
一阶弯曲模态	2.247	2.243	2.2428
二阶弯曲模态	14.606	14.056	14.0556
一阶扭转模态	31.146	31.046	31.0581
三阶弯曲模态	44.012	39.356	39.3575

机翼结构的模态振型反映了机翼结构振动的基本运动模式，图 6-45 所示为大展弦比柔性机翼的前四阶模态振型。

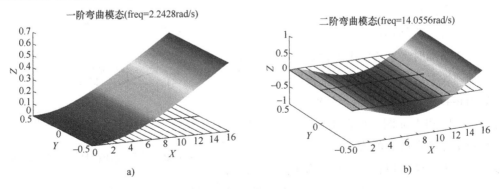

图 6-45　大展弦比柔性机翼的前四阶模态振型

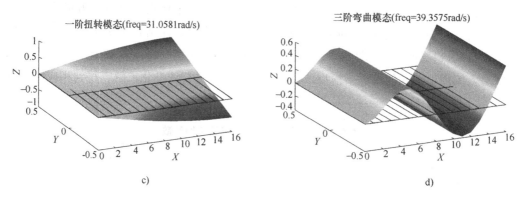

图 6-45　大展弦比柔性机翼的前四阶模态振型（续）

6.2.2　经典颤振特性分析

依据特征分析理论，评估大展弦比柔性机翼的气动弹性稳定性。大展弦比柔性机翼的颤振特性见表 6-17。根据本书预测结果，柔性机翼的颤振速度为 32.15m · s^{-1}，颤振频率为 22.52rad · s^{-1}，静发散速度为 37.18m · s^{-1}。对比 Patil 的 linearization 模型结果，本书的颤振速度相对误差为 0.19%，颤振频率相对误差为 0.40%，静发散速度相对误差为 0.29%。值得注意的是，该柔性机翼的颤振速度比静发散速度略低，这主要与机翼结构的弹性轴及质心轴位置有关。在实际情况下，静气动弹性发散现象是不会发生的，因为机翼早在来流速度 32.15m · s^{-1} 时就发生颤振发散破坏了。

表 6-17　大展弦比柔性机翼的颤振特性

方法	颤振速度/m · s^{-1}	颤振频率/rad · s^{-1}	静发散速度/m · s^{-1}
Patil（线化）	32.21	22.61	37.29
Patil（精确）	32.51	22.37	37.15
本书	32.15	22.52	37.18

如图 6-46 所示，展示了气动弹性系统在来流速度为 15~40m · s^{-1} 时的根轨迹图。当来流速度增加时，系统首先出现振荡的动失稳现象，此时气动弹性系统由于第三阶结构模态失稳而发生了颤振；当速度进一步增加时，系统发生无振荡的静失稳现象，此时气动弹性系统处于静气动弹性发散状态。

如图 6-47 和图 6-48 所示，分别给出了气动弹性系统的 V-g 图和 V-ω 图。根据 V-g 图可以得出，气动弹性系统在动发散时的失稳趋势比静发散要剧烈得多；根据 V-ω 图可以得出，机翼结构的一阶弯曲模态和一阶扭转模态有耦合趋势。经以上分析可知，机翼结构由于一阶弯曲模态和一阶扭转

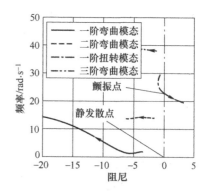

图 6-46　大展弦比柔性机翼的根轨迹图

模态的耦合作用，导致了一阶扭转模态的失稳，最终诱发了机翼颤振。

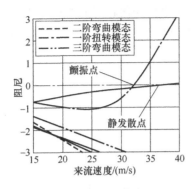

图 6-47　大展弦比柔性机翼的 *V-g* 图

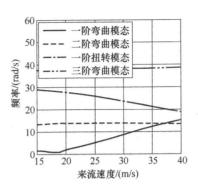

图 6-48　大展弦比柔性机翼的 *V-ω* 图

6.2.3　失速颤振特性分析

对于大展弦比柔性机翼而言，翼稍处一般具有较大的静气动弹性扭转变形；另外，在柔性太阳能无人机做大机动飞行或者受到突风影响时，机翼的瞬时攻角可能接近失速区。在以上诸多情况下，流动分离所带来的气动非线性是不可以被忽略的，其对气动弹性系统特性的影响也是较大的：气动非线性项的引入将改变颤振速度和颤振频率，从而影响系统的颤振临界特性。

Liu 等人采用 ONERA 失速模型进行非线性气动力建模，并且分别在考虑及不考虑结构几何非线性效应的情况下，研究了机翼翼根攻角对机翼颤振特性的影响，其中在非线性气动力建模时参考了 Dunn 等人的数据。本书依此开展了柔性机翼的非线性气动弹性稳定性研究工作，重点考察机翼在大攻角时的颤振临界特性。其中，ONERA 失速模型的非线性参数值见表 6-18，机翼剖面的静气动力系数曲线如图 6-49 和图 6-50 所示。

表 6-18　ONERA 失速模型的非线性参数值

ξ_0	ξ_2	ω_0	ω_2	η_0	η_2
0.25	0.10	0.20	0.10	3.3	−0.3

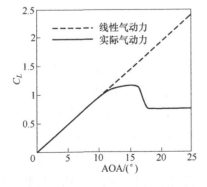

图 6-49　大展弦比机翼剖面的升力系数曲线

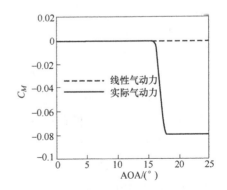

图 6-50　大展弦比机翼剖面的力矩系数曲线

如图 6-51 和图 6-52 所示，分别展示了大展弦比机翼的颤振速度和颤振频率随翼根初始攻角的变化情况。经对比可知，本书预测的颤振边界无论从变化趋势上还是具体数值上，整体上都与刘湘宁等人结果的吻合度较高。然而在大攻角情况下，本书预测的颤振频率边界略高，其原因可能有以下两点：

1）本书假设机翼各个剖面的气动力系数随攻角的变化曲线是相同的，而刘湘宁等人在研究中考虑了机翼展向位置对气动力系数的影响。

2）本书结合 Peter 模型和 ONERA 模型进行气动力建模，而 Liu 等人采用两方程 ONERA 模型进行气动力建模，建模方法的差异可能导致结果的偏差。

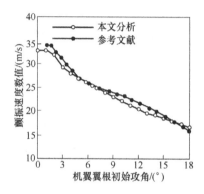

图 6-51　大展弦比机翼的颤振速度边界

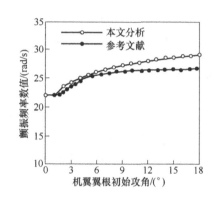

图 6-52　大展弦比机翼的颤振频率边界

根据图 6-51 和图 6-52 的颤振边界曲线，可以较为清楚地得到机翼颤振特性随攻角的基本变化规律：

1）当攻角在零度附近时，气动非线性较弱，此时机翼表现出较强的经典颤振特性，颤振速度和颤振频率几乎与攻角无关。

2）当攻角进一步增加时，气动非线性逐渐增强，机翼进入失速颤振状态，颤振速度迅速下降，颤振频率逐渐上升并靠近机翼结构一阶扭转模态频率（$31.06\mathrm{rad \cdot s^{-1}}$）。

根据经典颤振理论，气动弹性系统的颤振问题一般归因于两个结构模态的耦合作用，颤振频率位于结构模态的自然振动频率之间。但根据本书分析结果，在大攻角失速颤振状态下，颤振频率趋于结构一阶扭转模态频率，这意味着此时颤振的发生并不严重依赖于结构一阶弯曲模态和一阶扭转模态的耦合作用。

如图 6-53 和图 6-54 所示，分别展示了机翼翼根攻角为 0° 和 10° 时，气动弹性系统根轨迹图和 V-ω 图。当翼根攻角为 0° 和 10° 时，气动弹性系统都由于一阶扭转模态失稳而诱发颤振，然而两种情况下的结构一阶扭转模态失稳机理是不相同的：当翼根攻角为 0° 时，随着来流速度的增加，一阶扭转模态频率和一阶弯曲模态频率不断靠近，此时系统由于一阶扭转模态和一阶弯曲模态的耦合效应而发生颤振；当翼根攻角为 10° 时，随着来流速度的增加，一阶扭转模态频率和一阶弯曲模态频率没有明显的靠近趋势，表明此时颤振可能并不是由两个结构模态的耦合作用诱发的。此时机翼颤振的发生在更大限度上依赖于结构一阶扭转模态和非线性气动力的耦合作用，表现为由一阶扭转模态主导的单自由度颤振形式。

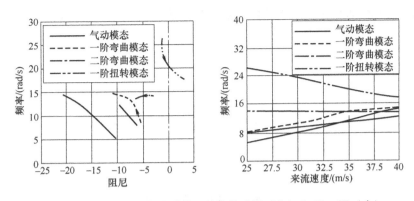

图 6-53　攻角为 0°时气动弹性系统根轨迹图（左）和 V-ω 图（右）

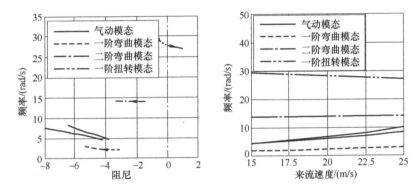

图 6-54　攻角为 10°时气动弹性系统根轨迹图（左）和 V-ω 图（右）

6.3　飞翼无人机颤振稳定性与阵风响应特性研究

在机翼翼载较低，结构柔性较大的情况下，太阳能无人机结构的弹性振动频率大幅度降低，甚至可能与飞行力学的刚体模态频率处于同一量级，无人机结构模态和飞行力学模态的耦合作用可能导致体自由度颤振问题，体自由度颤振的发生常常伴随着弹性结构和机身的大幅度振动，这将导致结构的疲劳甚至破坏。除此以外，由于结构的轻质化，柔性无人机的惯性一般较小，这使其对外界的阵风扰动格外敏感，较为强烈的阵风将严重影响无人机的飞行品质和飞行安全。本节首先介绍柔性飞翼无人机的基本模型参数；接着基于刚弹耦合分析方法，研究飞翼无人机的颤振稳定性；最后考察该无人机在阵风场下的阵风响应特性。

6.3.1　飞翼无人机模型参数与结构模态分析

本节主要研究飞翼无人机，所采用的模型为美国 Minnesota 大学研制的柔性飞翼无人机模型，该无人机仿照了美国 Lockheed Martin 公司的 X-56A MUTT 样机，采用轻质、细长的柔性机翼，后掠角 22°，具有较小的俯仰转动惯量。如图 6-55 和图 6-56 所示，分别展示了柔性飞翼无人机的总体布局示意图和结构有限单元示意图。

图 6-55   柔性飞翼无人机

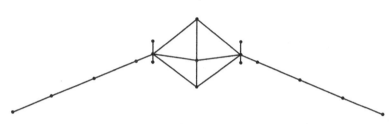

图 6-56   柔性飞翼无人机结构有限单元示意图

为了得到柔性飞翼无人机的结构参数，Abhineet 等人基于飞行器结构的力学特性测试结果和模态地面振动试验结果进行了参数优化，使两种方法得到的无人机结构模态特性差异最小，最终得到无人机的结构参数见表 6-19。

表 6-19   柔性飞翼无人机的结构参数

参数	数值
机翼单元弯曲刚度 $EI/\mathrm{N \cdot m^2}$	97.66
机翼单元扭转刚度 $GJ/\mathrm{N \cdot m^2}$	56.49
机翼单元线密度 $\mu_{wing}/\mathrm{kg \cdot m^{-1}}$	0.62
机身单元线密度 $\mu_{body}/\mathrm{kg \cdot m^{-1}}$	0.6
机翼单元转动惯量 $I_{wing}/\mathrm{kg \cdot m^2}$	0.0031
机翼半弦长 b/m	0.14
全机总质量 m_{tota}/kg	5.381
全机俯仰惯量 $I_y/\mathrm{kg \cdot m^2}$	0.341

基于该结构参数对柔性飞翼无人机进行模态分析，得到了前六阶结构模态频率见表 6-20。根据表 6-19 和表 6-20 的数据结果可知：该柔性飞翼无人机的一阶对称弯曲模态频率为 3.23Hz；而全机的俯仰转动惯量仅为 0.341kg·m²，这将使柔性飞翼无人机的短周期模态频率较高。较低的弹性振动频率和较高的刚体振动频率可能会导致柔性飞翼无人机弹性体运动和刚体运动的不利耦合，从而进一步诱发体自由度颤振。

表 6-20　柔性飞翼无人机的前六阶结构模态频率

模态	频率/Hz
一阶弯曲模态	3.23
一阶扭转模态	15.24
二阶弯曲模态	20.23
二阶扭转模态	40.06
三阶弯曲模态	54.35
三阶扭转模态	59.24

6.3.2　体自由度颤振特性分析

基于柔性飞翼无人机模型，美国 Minnesota 大学依次开展了结构振动试验、系统参数辨识、动力学建模与稳定性评估、主动控制律设计及飞行试验等一系列研究工作。其中稳定性分析结果显示，随着来流速度的增加，该柔性飞翼无人机将依次面临三种颤振形式：当来流速度为 $22.12\mathrm{m}\cdot\mathrm{s}^{-1}$ 时，柔性飞翼无人机将由于短周期模态和对称弯曲模态的耦合作用而发生体自由度颤振；当来流速度为 $29.84\mathrm{m}\cdot\mathrm{s}^{-1}$ 时，柔性飞翼无人机将因对称扭转模态和对称弯曲模态的耦合作用发生颤振；当来流速度为 $31.38\mathrm{m}\cdot\mathrm{s}^{-1}$ 时，柔性飞翼无人机将因对称扭转模态和反对称弯曲模态的耦合作用发生颤振。参考美国 Minnesota 大学对柔性飞翼无人机的稳定性分析结果，本节将基于该柔性飞翼无人机对本书建立的刚弹耦合动力学模型进行验证，并开展相应的颤振稳定性分析与研究工作。

如图 6-57、图 6-58 和图 6-59 依次展示了柔性飞翼无人机在不同来流速度下的根轨迹图、速度—阻尼关系图和速度—频率关系图，其中模拟飞行高度为 1000ft（约 304m），对应大气密度 $\rho=1.12103\mathrm{kg}\cdot\mathrm{m}^{-3}$，来流速度 U_{∞} 从 $20\mathrm{m}\cdot\mathrm{s}^{-1}$ 增加到 $40\mathrm{m}\cdot\mathrm{s}^{-1}$，速度间隔为 $1\mathrm{m}\cdot\mathrm{s}^{-1}$。为了分析简便，只保留了柔性飞翼无人机的前六阶结构模态、长周期模态和短周期模态的结果，而略去了气动状态量。本书在气动力和结构建模时只考虑右半模，故所得到的模态只涉及对称模态。

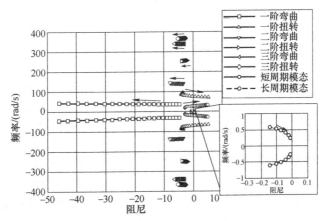

图 6-57　柔性飞翼无人机随速度变化的根轨迹图

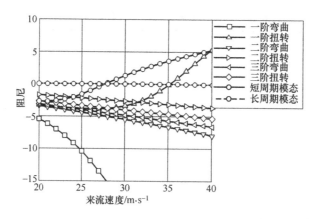

图 6-58 柔性飞翼无人机的 *V-g* 图

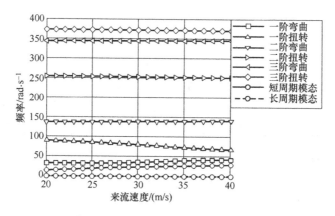

图 6-59 柔性飞翼无人机的 *V-w* 图

基于本书模型分析得到的柔性飞翼无人机的颤振特性结果及基于 Minnesota 大学分析得到的结果见表 6-21。

表 6-21 柔性飞翼无人机的颤振特性

	颤振类型	颤振速度/m·s^{-1}	颤振频率/rad·s^{-1}
Minnesota 大学	体自由度颤振	22.12	24.3
	弯扭耦合颤振	29.84	65
本书结果	体自由度颤振	27.8	23.27
	弯扭耦合颤振	35.2	73.46

Minnesota 大学在对柔性飞翼无人机进行刚弹耦合动力学建模时，坐标系选取了平均轴系，结构建模采用了全模无约束的结构模态，气动力模型为考虑三维效应的偶极子格网法；而本书模型的坐标系为准坐标系，结构建模时仅考虑了半模翼根固支的结构模态，气动力模型采用了片条理论，没有考虑到流动的三维效应。尽管本书的理论模型和 Minnesota 大学的有较多差异，但是依然清晰地捕捉到了柔性飞翼无人机的复杂颤振特性。根据本书分析结果：当来流速度为 27.8m·s^{-1}时，柔性飞翼无人机将发生体自由度颤振，颤振频率为 23.27rad·s^{-1}；当来流速度

为 35.2m·s⁻¹ 时，柔性飞翼无人机将发生弯扭耦合颤振，颤振频率为 73.46rad·s⁻¹。

　　根据柔性飞翼无人机的系统根轨迹图、速度—阻尼关系图和速度—频率关系图，可以总结出该柔性飞翼无人机的颤振特性：该柔性飞翼无人机的颤振稳定性主要与刚体短周期模态、结构对称一阶弯曲模态和对称一阶扭转模态有关，而刚体长周期模态始终保持稳定状态。当来流速度达到 27.8m·s⁻¹ 时，柔性飞翼无人机由于刚体短周期模态和结构对称一阶弯曲模态的耦合作用，导致了刚体短周期模态的失稳，最终诱发了体自由度颤振，颤振频率仅为 3.7Hz；当来流速度达到 35.2m·s⁻¹ 时，柔性飞翼无人机由于结构对称一阶弯曲模态和对称一阶扭转模态的耦合作用，导致了结构对称一阶扭转模态的失稳，最终诱发了弯扭耦合颤振，颤振频率为 11.7Hz。

　　为了进一步阐述柔性飞翼无人机的体自由度颤振特性，下面在时域内对该飞翼无人机展开研究。在时域仿真时，采用具有自适应时间步长的 Runge-Kuttt 显式时域推进算法，并对飞翼无人机的角速度在平衡位置叠加 1rad·s⁻¹ 的初始扰动，分别在速度为 25m·s⁻¹ 和 27.8m·s⁻¹ 的情况下对比系统的响应结果。

　　图 6-60 和图 6-61 分别展示了飞翼无人机在速度为 25m·s⁻¹ 时的俯仰角速度和俯仰角的时间变化历程。在体自由度颤振速度边界之下，俯仰角速度和俯仰角在受到扰动后仅在 2s 内就恢复了稳定状态。图 6-62 和图 6-63 分别展示了飞翼无人机在速度为 27.8m·s⁻¹ 时的俯仰角速度和俯仰角的时间变化历程。在体自由度颤振速度边界处，俯仰角速度和俯仰角维持着等幅值的振荡，难以收敛，这种振荡通常将对飞翼无人机结构带来灾难性的破坏。

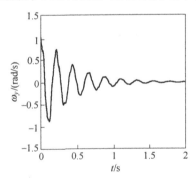

图 6-60　俯仰角速度响应结果（25m·s⁻¹）

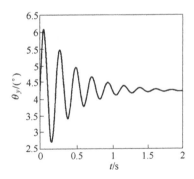

图 6-61　俯仰角响应结果（25m·s⁻¹）

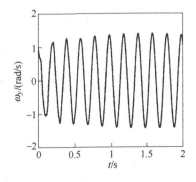

图 6-62　俯仰角速度响应结果（27.8m·s⁻¹）

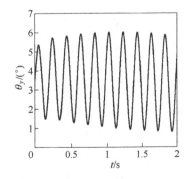

图 6-63　俯仰角响应结果（27.8m·s⁻¹）

为了进一步说明刚弹耦合建模的必要性，分别对仅考虑结构动力学及仅考虑刚体动力学的飞翼无人机系统进行特征根轨迹分析，来流速度从 $20\mathrm{m} \cdot \mathrm{s}^{-1}$ 增加到 $40\mathrm{m} \cdot \mathrm{s}^{-1}$，得到图 6-64 和图 6-65 所示结果。当仅考虑结构动力学时，可以捕捉到飞翼无人机结构的弯扭耦合颤振特性，且颤振速度为 $35.35\mathrm{m} \cdot \mathrm{s}^{-1}$，颤振频率为 $67.78\mathrm{rad} \cdot \mathrm{s}^{-1}$，该结果与刚弹耦合模型的弯扭耦合颤振结果（颤振速度 $35.2\mathrm{m} \cdot \mathrm{s}^{-1}$，颤振频率 $73.46\mathrm{rad} \cdot \mathrm{s}^{-1}$）较为吻合；当仅考虑刚体动力学时，长、短周期模态均保持稳定状态，没有失稳趋势。

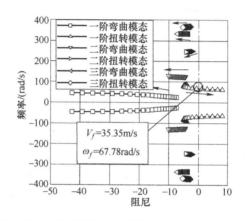

图 6-64   仅考虑结构动力学的飞翼无人机根轨迹图

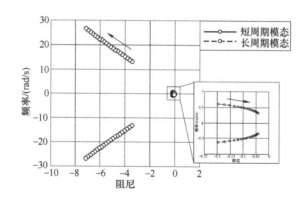

图 6-65   仅考虑刚体动力学的飞翼无人机根轨迹图

可以看出，飞翼无人机的颤振特性是较为复杂的：在不同的飞行速度下，该机将依次经历体自由度颤振和弯扭耦合颤振，该现象在研究人员对飞翼无人机进行气动弹性设计时应特别关注。在传统的气动弹性设计中，往往仅考虑了结构动力学而忽略了刚体动力学的影响，对于本节的飞翼无人机来说，通过该方法只能得到飞翼无人机的弯扭耦合颤振边界，而实际的飞翼无人机早在该颤振速度边界之前就发生了体自由度颤振，这将导致飞翼无人机设计的严重事故。因此，在对飞翼无人机进行气动弹性分析时，应综合考虑结构动力学和刚体动力学的影响，以得到正确的飞翼无人机颤振特性。此外，在对飞翼无人机进行颤振抑制设计中，应综合考虑体自由度颤振和弯扭耦合颤振这两种颤振类型，以消除潜在的飞翼无人机飞行安全隐患。

6.3.3　阵风响应时域特性分析

当飞翼无人机处于巡航平飞状态时，可能受到外界阵风的扰动作用。对于本书所研究的飞翼布局飞翼无人机而言，由于全机的俯仰转动惯量较小，使其纵向状态量对外界阵风的扰动格外敏感。按照 GJB185-86 文件的相关规定，在无人机的结构安全评估时应考虑阵风响应的影响，此外在必要时还需要考虑气动弹性效应和结构动力学的作用。

考虑到分析结果的直观性，本节首先对柔性飞翼无人机的阵风响应时域特性展开研究，并考察了离散阵风场和连续阵风场对飞翼无人机状态量响应的影响，其中离散阵风场采用 1-cos 阵风模型，连续阵风场采用 Dryden 阵风模型。

在 1-cos 阵风响应时域特性分析中，参考 CCAR-25 标准，选取突风峰值 $\omega_0 = 10\mathrm{m} \cdot \mathrm{s}^{-1}$，阵风尺度 20m，巡航飞行速度 $20\mathrm{m} \cdot \mathrm{s}^{-1}$，飞翼无人机从原点就进入阵风区。

如图 6-66 所示，展示了 1-cos 阵风的时域历程示意图。另外，图 6-67 和图 6-68 分别展示了飞翼无人机俯仰角和俯仰角速度的响应示意图，图 6-69 展示了机身在 Z 方向的加速度响应示意图。可以看出，在 1-cos 离散阵风的作用下，飞翼无人机俯仰角的最大幅值超过 $30°$，俯仰角速度的最大幅值超过 $2\mathrm{rad} \cdot \mathrm{s}^{-1}$，机身的法向过载也超过了 $4g$。

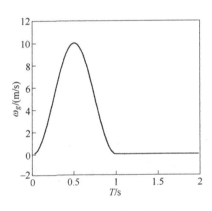

图 6-66　1-cos 阵风示意图

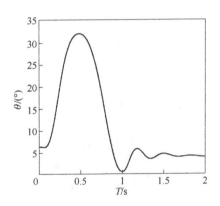

图 6-67　俯仰角响应示意图

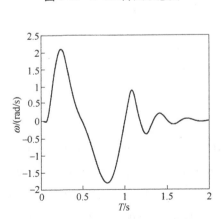

图 6-68　俯仰角速度响应示意图

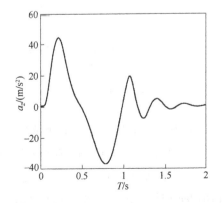

图 6-69　机身 Z 方向的加速度

在 Dryden 连续阵风响应时域特性分析中，参考 CCAR-25 标准，选取阵风强度 $\sigma_w = 30\text{m/s}$，阵风尺度 $L = 2\text{m}$，巡航飞行速度 $20\text{m} \cdot \text{s}^{-1}$，Dryden 阵风模型如图 6-70 所示。

如图 6-71 和图 6-72 所示，分别展示了柔性飞翼无人机的俯仰角和俯仰角速度的时域响应历程。如图 6-73 所示，展示了机身在 Z 方向的加速度响应示意图。

在 Dryden 连续紊流阵风作用下，机身俯仰角的最大幅值超过 $12°$，机身的法向过载也接近了 $6g$。此外，在 Dryden 连续紊流阵风作用下，飞翼无人机恢复稳定变得更加困难，振动的低频分量收敛得很快，但高频分量难以收敛。

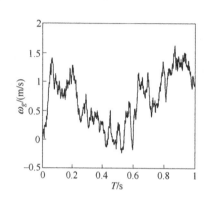

图 6-70　Dryden 阵风模型

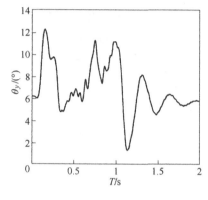

图 6-71　俯仰角时域响应历程

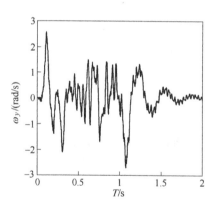

图 6-72　俯仰角速度时域响应历程

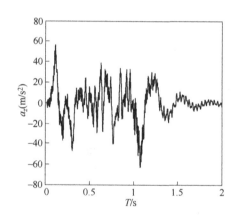

图 6-73　机身 Z 方向的加速度响应示意图

6.3.4　阵风响应频域特性分析

相比于时域结果，阵风响应的频域结果更能体现出柔性飞翼无人机的阵风响应特性。本书将对柔性飞翼无人机的阵风响应频域特性展开相关的研究工作，其中重点考察结构柔性及刚弹耦合效应对飞翼无人机纵向刚体状态量的阵风响应特性影响。为了更贴近真实情况，本节选用 Dryden 连续型阵风模型。按照 GJB185-86 文件的相关规定，在晴空条件下，Dryden 连续型阵风模型的大气紊流尺度选取原则如下：

$$\begin{cases} L_{V_x} = 2L_{V_y} = 2L_{V_z} = 530, & h \geqslant 530\text{m} \\ L_{V_x} = 2L_{V_z} = 65.7h^{\frac{1}{3}} \ L_{V_y} = 0.5h, & h \leqslant 530\text{m} \end{cases} \tag{6-5}$$

式中，h 是飞翼无人机的飞行高度（m）；L_{V_x}、L_{V_y}、L_{V_z} 是阵风模型在 X、Y、Z 三个方向上的大气紊流尺度。

根据 GJB185-86 文件，可以得到不同高度下，大气紊流强度 σ_w 的统计结果，如图 6-74 所示。本节选取的仿真高度为 1000ft（约 304.8m），对应的大气紊流尺度为 221.1m，大气紊流强度为 $2\text{m} \cdot \text{s}^{-1}$。

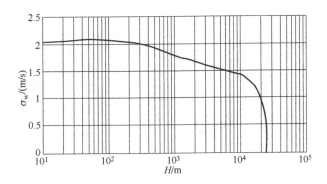

图 6-74　大气紊流强度随高度的变化曲线

为了考察飞翼无人机结构柔性及刚弹耦合效应对刚体纵向状态量阵风响应特性的影响，本节设计了四种不同结构刚度的构型：将图 6-56 所对应的构型命名为"柔性 B"；将"柔性 B"构型的结构刚度分别降低和提高一倍，依次得到"柔性 A"和"柔性 C"构型；将"柔性 B"构型所对应的刚体简化构型命名为"刚性"构型。按照上述设计方法，得到"柔性 A""柔性 B""柔性 C"和"刚性"四种构型，其结构刚度依次增大。

假设当飞翼无人机以 $18\text{m} \cdot \text{s}^{-1}$ 的速度处于巡航平飞状态时，受到连续紊流阵风的影响，其中所采用 Dryden 连续型阵风模型的相关参数按上述 GJB185-86 中的规定选取，图 6-75 展示了 Dryden 阵风的时域特性曲线，图 6-76、图 6-77 和图 6-78 分别展示了四种飞翼无人机在遭遇 Dryden 阵风作用下的攻角、俯仰角和俯仰角速度的时域特性响应曲线。对比四种构型的阵风响应结果可知，飞翼无人机攻角、俯仰角和俯仰角速度的时域特性响应曲线呈现出相似的变化规律和特点：当仅考虑飞翼无人机的刚体动力学时，刚体纵向状态量的响应幅值较低，此时的阵风响应主要与飞翼无人机的长周期模态和短周期模态有关；当综合考虑飞翼无人机的刚体动力学和结构动力学时，刚体纵向状态量的响应幅值增加，此时的阵风响应增加了一些高频响应分量，这主要与飞翼无人机的低阶结构模态有关；当结构刚度逐渐减低时，刚体动力学和结构动力学的刚弹耦合效应逐渐增强，刚体纵向状态量的响应幅值成倍增加，飞翼无人机的阵风响应特性将急剧恶化。

综合以上分析结果可以得出：飞翼无人机结构柔性的增加将促进刚体动力学和结构动力学之间的刚弹耦合效应，改变飞翼无人机在刚体纵向短周期模态的阻尼特性和稳定特性，会

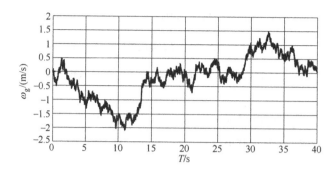

图 6-75　Dryden 阵风的时域特性曲线

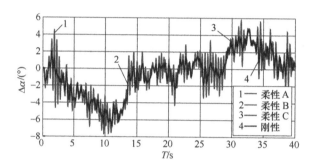

图 6-76　飞翼无人机攻角的时域特性响应曲线

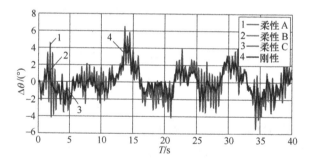

图 6-77　飞翼无人机俯仰角的时域特性响应曲线

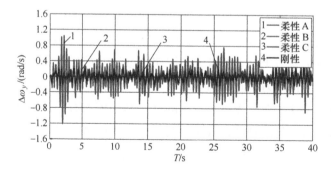

图 6-78　飞翼无人机俯仰角速度的时域特性响应曲线

导致纵向刚体状态量对短周期模态频率附近的阵风扰动响应加剧，而这是飞翼无人机的阵风响应特性随着结构柔性增加而急剧恶化的主要原因。

参考文献

［1］ SHELDAHL R E, KLIMAS P C. Aerodynamic characteristics of seven symmetrical airfoil sections through 180-degree angle of attack for use in aerodynamic analysis of vertical axis wind turbines ［R］. Sandia National Labs., Albuquerque, NMC（USA）, 1981.

［2］ BARAL N, GUEZENOC H, DAVIES P, et al. High modulus carbon fibre composites: correlation between transverse tensile and mode I interlaminar fracture properties ［J］. Materials Letters, 2008, 62（6-7）: 1096-1099.

［3］《飞机设计手册》总编委会，飞机设计手册——材料（上）（第 3 册）［M］. 北京：航空工业出版社，1997.

［4］ PATIL M J. Aeroelastic tailoring of composite box beams ［C］. Aerospace Sciences Meeting and Exhibit, Reno, NV, USA, 1997.

［5］ PATIL M J, Hodges D H, Cesnik C E S. Nonlinear aeroelastic analysis of aircraft with high-aspect-ratio wings ［C］. AIAA/ASME/ASCE/AHS/ASC Structures, Structural Dynamics, and Materials Conference, Long Beach, California, USA, 1998.

［6］ PATIL M J, HODGES D H, CESNIK C E S. Nonlinear aeroelasticity and flight dynamics of high-altitude long-endurance aircraft ［J］. Journal of Aircraft, 2001, 38（1）: 88-94.

［7］ LIU X, XIANG J. Stall flutter analysis of high aspect ratio composite wing ［J］. ChineseJournal of Aeronautics, 2006, 19（1）: 36-43.

［8］ DUNN P, DUGUNDJI J. Nonlinear stall flutter and divergence analysis of cantilevered graphite/epoxy wings ［J］. AIAA Journal, 1992, 30（1）: 153-162.

［9］ GUPTA A, MORENO C P, Pfifer H, et al. Updating a finite element based structural model of a small flexible aircraft ［C］. AIAA Modeling and Simulation Technologies Conference, Kissimmee, Florida, USA, 2015.

［10］ MORENO C P, SEILER P J, Balas G J. Model reduction for aeroservoelastic systems ［J］. Journal of Aircraft, 2014, 51（1）: 280-290.

附录
"太阳神"太阳能无人机飞行事故调查报告概述

1994 年，美国 NASA 和工业界建立了 ERAST 联盟，旨在发展无人机在极高高度的长时间飞行能力，演示验证用于大气研究的有效载荷能力和传感器，从而解决无人机认证和运营难题，演示验证无人机对科学、政府、环境及民用场景的有用性。"太阳神" 太阳能无人机属于 NASA 和美国航境公司（Aero-Vironment Inc.）的 ERAST 计划中的一部分，图 1 显示了从 1994 年发展到 HP03（长航时构型）的 5 代构型尺寸对比。飞行事故涉及的 HP03 是美国航境公司设计和制造的第 5 代全翼太阳能无人机，作为未来用于科学和商业任务的太阳能高空飞行平台的技术示范。

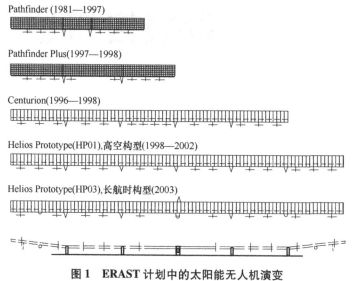

图 1　ERAST 计划中的太阳能无人机演变

　　"探路者" 是第一代高空长航时全翼太阳能无人机，翼展约 30m、由 6 个电动机提供动力，有两个装有起落架、电池、仪表系统和飞行控制计算机的翼下吊舱，在整个机翼上翼面铺设有太阳能电池。1995 年 9 月 11 日，"探路者" 在德莱顿飞行研究中心创造了 15.5km 的太阳能动力飞行高度纪录。经改进，

"探路者"于 1997 年春天在美国海军的太平洋导弹靶场将太阳能无人机的飞行高度纪录提高到了 21.5km。

"探路者+"在"探路者"的基础上,将原中央翼段替换为一个 12m 长的中央翼段,使翼展变为 36.5m。"探路者+"的电动机数量增加到 8 台,升限更高,在 1998 年 8 月 6 日创造了 24.5km 的新高度纪录。

第三代"百夫长"太阳能无人机(简称"百夫长")于 1996 年底开始开发。ERAST 的最初目标是建造两个机身:一个用于演示高空(30km 高度)任务,另一个用于演示长航时(15km 高度飞行 96h)任务。为实现第一个目标,首先设计制造了 1/4 缩比的"百夫长",通过飞行测试验证了新的翼型设计和评估了无人机操纵品质;而后于 1998 年建造了全尺寸的"百夫长"。"百夫长"有五个翼段,总翼展 63m,14 个电动机,以及 4 个用于携带电池、飞行控制系统和起落架的翼下吊舱。1998 年年底,"百夫长"在德莱顿飞行研究中心进行了 3 次纯电驱动低空飞行测试,以验证操纵品质、性能和结构完整性。

1999 年初,在预算减少只能资助一架无人机的限制下,NASA 和美国航境公司一致决定使用同一个机身来论证 ERAST 的两个目标。为验证高空飞行能力,美国航境公司改进开发了第 4 代"太阳神"原型机 HP99,用两个更坚固的中央翼段替换了原有的中央翼段,并添加了第 5 个起落架,翼展增加到 75.3m。无人机继续使用 14 台电动机,其中的 4 台中心电动机重新分布在新中央翼段上。"太阳神"原型机 HP99 于 1999 年底在德莱顿飞行研究中心首次进行了纯电驱动低空试飞,以验证较长机翼的飞行性能和操控品质。"太阳神"原型机 HP99 在 2000~2001 年进行了升级,配备了新的航空电子设备、高空环境控制系统和新的 SunPower 太阳能电池阵列(62000 个太阳能电池),即"太阳神"HP01。"太阳神"HP01 于 2001 年 8 月 13 日在太平洋导弹靶场飞行,飞到了海拔 29.5km 高度,创造了固定翼飞机持续水平飞行的世界纪录。

由于正在开发的拟用于"太阳神"太阳能无人机的氢氧燃料电池和电解槽无法可靠工作,NASA 和美国航境公司决定改用一次燃料电池用于无人机储能,用于 2003 年长航时演示验证,命名为"太阳神"HP03。"太阳神"HP03 的质量分布与最初的装有再生燃料电池系统的验证机的质量分布有很大不同:装有再生燃料电池系统的无人机只需要两个可再生燃料电池舱,而安装了一次燃料电池系统的无人机则需要 3 个吊舱,具有更多的集中载荷。如图 2 所示,"太阳神"HP03 一次氢—空气燃料电池吊舱(236kg)位于无人机的中心线,2 个高压氢燃料箱(每个 75kg)位于每个外翼段中心。NASA 和美国航境公司认为"太阳神"HP03 的结构、稳定性和控制及气动弹性安全裕度低于"太阳神"HP01,但其余量仍然足以进行 2003 年的长航时飞行演示验证。

2003 年 4 月,一次燃料电池系统完成测试并集成到无人机中,然后完成了所有组合系统测试。"太阳神"HP03 的最终总质量为 1052kg,而"太阳神"HP01 的总质量为 719kg,"太阳神"HP03 比"太阳神"HP01 增加了 333kg。"太阳神"HP03 无人机承载结构主要由复合材料构成。主翼梁由碳纤维制成,顶部和底部较厚,并用蜂窝材料和凯夫拉包裹以提供额外的强度;翼肋由环氧树脂和碳纤维制成;机翼前缘由符合气动外形的聚苯乙烯泡沫塑料

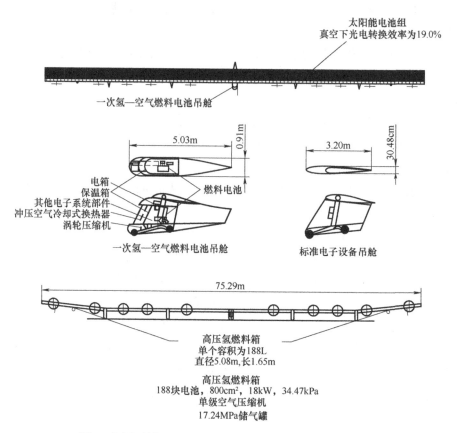

太阳能电池组
真空下光电转换效率为19.0%

一次氢—空气燃料电池吊舱

5.03m　0.91m　　3.20m　30.48cm

电箱
保温箱
其他电子系统部件
冲压空气冷却式换热器
涡轮压缩机
燃料电池

一次氢—空气燃料电池吊舱　　标准电子设备吊舱

75.29m

高压氢燃料箱
单个容积为188L
直径5.08m,长1.65m

高压氢燃料箱
188块电池，800cm²，18kW，34.47kPa
单级空气压缩机
17.24MPa储气罐

图2　"太阳神"HP03一次氢—空气燃料电池结构示意图

组成；整个机翼由一层薄而透明的塑料蒙皮包裹。"太阳神"HP03太阳能无人机由6个翼段组成，总翼展约为75m，机翼无后掠，弦长2.4m，最大厚度为0.292m，带有72个横跨整个机翼后缘的升降舵。气动保形翼下吊舱安装在每个翼段接头处，以承载起落架、电池供电系统、飞行控制计算机和飞行仪表。

2003年5月15日，"太阳神"HP03进行了一次成功的直线飞行试验，于2003年6月7日完成了首次飞行，验证了装有燃料电池系统和气态氢储罐的无人机的操控性和气动弹性稳定性。2003年6月26日，"太阳神"HP03进行了第2次试飞，但不幸遭遇湍流，进入了一个机翼持续大上反变形的状态，使无人机俯仰运动急剧发散，飞行速度急剧增加并很快超过了最大飞行速度，出现了空中解体并坠海。

1. 坠机事件始末

1.1　起飞前

6月25日晚11:30，机组成员将"太阳神"无人机拖出机库，在其外翼段上安装两个氢气罐，为无人机和固定地面控制站供电，并与固定地面控制站进行射频数据链测试，进行燃料电池吊舱飞行前测试。

凌晨 4:56，机组成员为移动地面控制站通电、进行移动地面控制站数据链测试、自动驾驶链路丢失测试，将无人机电源从地面电源切换到辅助电池电源。无人机和燃料电池系统测试期间表现良好。

早上 6:17，"太阳神"无人机被拖到跑道上。

早上 6:48，开始最后的飞行前检查。所有检查结果显示正常。

上午 7:50，无人机从运输推车上被卸下，并根据预报风向，预备朝向南起飞。电动机动力起动测试成功。

上午 8:52，天气预报显示机场风将继续从西北方向吹来。飞行指挥讨论决定重新放置无人机向北起飞。无人机被放回推车上并移动到跑道南端。

上午 9:30，声雷达测量结果预示大气中会有轻度到中度的湍流。

上午 9:45，无人机从推车上被卸下并完成了最后的飞行前测试。低空和高空天气条件均在限制范围内。

1.2 起飞

上午 10:06，机动操纵员操纵"太阳神"无人机起飞。无人机朝着海上飞去，云层带来的阴影使无人机爬升率比往常略低。在开始的 10min 内，固定机组主要致力于协助机动机组控制无人机绕过云层。

在上午 10:19，固定操纵员意识到无人机正处于湍流当中。

在上午 10:22 和 10:24，机翼上反角异常增大，同时无人机出现了轻微的俯仰振荡。随后，机翼上反角恢复正常，而且俯仰振荡也消失了。两个现象都发生在最初的 6min 内，两组工作人员都没有注意到机翼的大上反和俯仰振荡现象。

在上午 10:23，伴飞直升机飞行员提议向右转 40°，以远离可能与该岛南部的风切线有关的海洋白冠并寻找更平静的气流。机动操纵员同意这一提议并转弯。

上午 10:25，无人机控制权从机动操纵员移交给固定操纵员，这一过程发生在第二次俯仰振荡期间。加速装置设置在光伏阵列输出功率最大的位置，以不消耗电池能量。

上午 10:28，伴飞直升机的观察员建议左转 30°来规避北部的风切线，固定操纵员通告左转了 15°来靠近预先规划的航线。实际的转弯角度约为 20°。

上午 10:30，路径规划工程师建议固定操纵员在飞行路线上保持偏北飞行，避免过于接近南方风切线。双方一致同意继续维持目前的飞行方向。

上午 10:34，直升机观察员再次通告无人机正向海洋的北部白冠飞近，可能会遇到风切线。直升机观察员建议无人机左转 20°。固定操纵员向左转了 17°。

1.3 坠机

上午 10:35，"太阳神"无人机在约 850m 高空开始经历大约 $\pm 0.6 \mathrm{m} \cdot \mathrm{s}^{-1}$ 的空速偏移。翼尖摄像机显示在当前飞行速度下无人机机翼出现了很大的上反变形且开始俯仰振荡，持续了十几秒。由于该情况同之前发生但未注意到的情况类似，因此未被视为危险的周期性振荡。

上午 10:35:12，固定操纵员选择增大无人机飞行速度以消除上反变形。无人机机翼的上反变形先略有减小，然后又增长到 9m 以上。

上午 10:36:03，固定操纵员注意到无人机空速波动较大，这表明无人机正在经历大俯仰运动，所以立刻咨询动力学工程师来给出稳定无人机的建议。此时无人机空速偏移量约为 3.05m·s^{-1}，处于发散状态。

上午 10:36:17，因为无人机空速的偏移量几乎超出了量程，固定操纵员注意到无人机进入了大幅度的长周期振荡模态。在不稳定俯仰模态下，无人机的振幅每个周期增大约一倍。

上午 10:36:23，固定操纵员启动了应急程序以结束无人机的大俯仰运动，并立即关闭了自动驾驶仪。当自动驾驶仪被关闭时，无人机已经开始急速俯冲，并被加速到最大设计飞行速度的 2.5 倍。

上午 10:36:28，在这个极端条件下，气动载荷破坏了右侧机翼靠近氢燃料罐的前缘泡沫，并开始将光伏组件和蒙皮从机翼上表面撕裂剥离。翼尖摄像机传回来的图像显示，随着无人机坠毁，无人机的其他部分也开始解体。最后传回来的录像显示机翼出现了后掠变形，这可能是由在无人机中心线上的燃料电池重量，以及因蒙皮损失而增加的外翼阻力导致的。

上午 10:37，这架无人机在距离考艾岛海岸 16km 远的地方撞在了海面上，包括主承载复合材料翼梁在内的无人机结构严重损坏。图 3 是在飞行过程中记录的"太阳神"无人机机翼上反角、俯仰率和空速的变化历程。

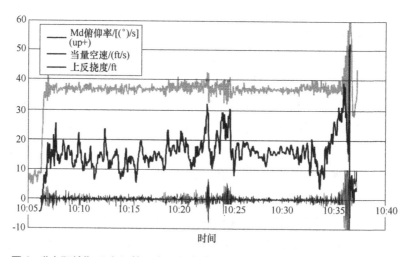

图 3 "太阳神"无人机第 2 次飞行中的机翼上反角、俯仰率和空速变化历程

这次事故没有造成地面上的财产损失和人员受伤。由 NASA 和美国航境公司人员组成的救援小组打捞出了除已经沉入海中的较重的燃料电池系统以外的大部分无人机碎片（占无人机重量的 75%）。回收的残骸被运往加利福尼亚州，随后右翼主翼梁部分被运往兰利研究中心以进行进一步研究。

1.4 小结

在飞行事故发生前,对"太阳神"无人机的结构分析准确地预测了平稳气流中机翼的上反形状。这些分析还预测,如果机翼上反变形大于9m,无人机将变得不稳定。然而,这些结构分析并未能预测到湍流扰动对无人机的影响和无人机受到扰动后无法恢复到弱上反的现象,也未预测到无人机在不稳定俯仰模态的发散特性。如下是几条与这些分析预测相关的实际事件:

1)"太阳神"无人机在长约30min的飞行过程中,遇到了4次湍流。无人机第1次遭遇湍流时机翼没有出现大上反变形。在第1次事件发生后不久,无人机便在3min内接连遭遇了2次湍流,无人机机翼出现了约9m的大上反变形,且如分析预测的那样开始俯仰振荡,之后很快在没有操纵员干涉的情况下恢复正常,飞行机组认为这是由湍流引起的典型响应。无人机在第4次遭遇湍流时,机翼上反变形更大,变形量约12m,无人机开始俯仰振荡并迅速发散。无人机的俯仰控制失效致使无人机超速,并导致其二级结构逐渐失效,最终导致无人机坠海受损。

2)"太阳神"无人机在2003年6月7日的第1次飞行中,大气气流平稳,无人机的上反形状在结构分析的预测范围内;而在2003年6月26日的第2次飞行中,无人机处在较强的阵风环境下,无人机机翼上反形状对湍流的强烈响应是出乎意料的。在中间两次遭遇湍流时,无人机出现了持续几十秒的大上反变形,然后突然恢复正常,没有查证到明显的原因。

3)还观察到无人机在湍流中的上反形状并不坚固,即无人机恢复到稳定形状的速度很慢,在第2次飞行前进行的结构分析也证实了这一点。而2003年6月7日的第1次飞行似乎表明,通过适当调整控制系统增益,这种不太坚固的无人机构型也是可以接受的。然而,这个想法可能是错误的,因为"太阳神"无人机在2003年6月7日的第1次飞行所遇到的湍流条件是其在太平洋导弹靶场的历次飞行中遇到的最温和的。

4)之前通过结构分析预测到无人机在超过9m的上反变形下是俯仰不稳定的,但并没有预料到会如此迅速地发散。"太阳神"无人机在之前的飞行试验中遇到的俯仰振荡是轻微的,机组人员有时间考虑采取纠正动作,且当采取纠正动作时,俯仰振荡会迅速减弱。因此,分析预测的俯仰不稳定性被认为是可以接受的。然而,在第4次遭遇湍流时,无人机上反变形达到了12m,无人机的俯仰振荡出乎意料地快速发散了。

2. 分系统分析和测试

2.1 结构和控制系统

2.1.1 非线性结构对"太阳神"无人机的影响

这项研究的目的是辨识导致"太阳神"无人机飞行事故的可能的非线性结构因素。分析工作假定结构采用线弹性材料制成,但具有非线性的应变—位移关系。因此,在这些分析中仅考虑了几何非线性,而没有考虑与材料失效相关的材料非线性。

进行了三项独立的非线性分析。第一项分析是通过将美国航境公司创建的线性有限元分析输入文件转换为非线性有限元分析输入文件来开展非线性分析的。这些计算表明，在均匀分布的飞行载荷下，线性和非线性分析都能预测到大上反变形现象。第二项分析是利用美国航境公司的专有数据来构建了一个机翼段，以辨识可能的弯扭耦合效应。根据已有数据，设定前缘翼梁和后缘翼梁性能一致，并假设中间翼肋和端肋都是刚性的。基于上述特性所建模的翼段模型没有辨识到弯扭耦合效应，但是分析预测到在机翼极度变形下，钢索会从张紧状态变得松弛。当钢索松弛时，能观察到前缘和后缘的翼梁挠度不一致。预测结果表明机翼的力矩水平和挠度均显著超过了结构的设计水平。进行的第三项分析旨在确定梁壳单元在弯矩作用下的非线性响应是否会偏离线性响应而软化。基于具有复合材料性能的壳模型进行的非线性分析发现，在载荷介入区域外不存在椭圆化和非线性效应。

这项研究结论指出：就所开展的有限度的分析而言，尚无法认定导致"太阳神"无人机坠机事故的原因是由非线性结构效应导致的。

2.1.2 太阳神无人机的气动伺服弹性稳定性分析

通过将 NASTRAN 开发的结构模型与 ZAERO 开发的气动模型结合，开展了"太阳神"无人机的配平建模研究，主要目的是验证美国航境公司开展的 ASWing 分析，并辨识机翼的弹性变形，以期解释机翼在受到大上反扰动时的迟缓响应。

这项研究未能完全成功地模拟所观测到的"太阳神"无人机的配平响应。尽管该模型生成了与 ASWing 预测结果类似的"海鸥翼"式的"太阳神"无人机的配平外形，但却从未在飞行中观察到这种形状。此外，尽管 NASTRAN ZAREO 在仅仅四次迭代后就能预测得到一个大上反形式的配平解，但该解随后就会开始发散。这种数值行为被认为是非唯一解。尽管如此，对该结构进行的稳定性分析表明，其对外部载荷的响应是过阻尼的。在这种状态下，结构将抵抗上反变形并恢复成弱上反状态。一旦受到扰动，翼尖会很缓慢地减小上反变形。分析表明，静态发散将会阻碍机翼恢复到未扰动姿态。

在"太阳神"无人机最后一次遭遇湍流出现大上反时，无人机操纵员为稳定无人机做出了操纵响应并启动了应急程序；而在"太阳神"无人机的前两次大上反事件中，无人机操纵员未做出操纵响应。因此该研究推测，可能是无人机操纵员这一操纵差异导致了"太阳神"无人机在最后一次大上反事件中变得高度不稳定，进而失控坠海。

2.1.3 "太阳神"无人机机翼压心位置随上反角和攻角的变化研究

本研究探索了由于"太阳神"HP03 无人机外翼段的压心前移而导致"太阳神"无人机出现持续大上反并失稳的可能性。利用亚音速面元程序 VSAERO 对"太阳神"HP01 布局进行了分析。选择"太阳神"HP01 布局进行分析的原因是它的几何数据很容易从艾姆斯研究中心获得，且"太阳神"HP01 和"太阳神"HP03 的气动布局充分相似。

基于美国航境公司的原始几何模型，创建了具有不同上反角变形的 VSAERO 面元模型，并在几个不同攻角状态下对这些几何模型展开分析。将截面压心随上反角和攻角的变化进行了研究。还为"太阳神"HP01 构型建立了一个刚性的 NASTRAN 平板偶极子线性气动模型，用于和 VSAERO 的结果对比。对于所校核的工况，分析表明：

1）截面压心不随上反角变化。

2）截面压心随着攻角的增加而向后移动。

3）VSAERO 预测的截面压心要比 NASTRAN 偶极子网格法预测的压心靠前。

4）VSAERO 预测到翼尖附近的截面压心会向前移动；而 NASTRAN 线性偶极子网格法预测的翼尖附近的截面压心则是向后移动。

在这些发现中，最重要的是 VSAERO 预测的压心出现在外翼段的四分之一弦长位置之前。如果"太阳神"HP03 构型对弹性轴位置等关键参数非常敏感，那么这一发现可能是重要的。基于这些分析，压心位置和"太阳神"HP03 的上反变形之间似乎不存在气动耦合。压心位置对攻角有一定的敏感性，但不会导致机翼出现大上反（基于静气弹分析）。

2.1.4 对"太阳神"HP03 无人机的静气弹配平分析

通过对"太阳神"HP03 无人机在配平或稳定纵向巡航状态下的静气弹配平分析，研究了"太阳神"HP03 无人机上反特性关于构型参数的敏感性。大部分构型参数来自于从原始"太阳神"HP01 无人机构型到新"太阳神"HP03 长航时无人机构型的改动。变化的参数包括：外翼段安装角、氢燃料罐的前后位置、翼尖升降舵偏转、翼梁和机翼压心的前后相对位置。结果表明：

1）飞行速度的增加会导致出现更大的机翼上反角。

2）翼尖附近的压心相对于机翼弹性轴的前移会趋向于增大机翼的上反角。

3）外翼段安装角、燃料箱的前后位置和翼尖升降舵偏转的附加效应会影响机翼的上反角。

2.1.5 "太阳神"无人机飞行事故数据审查

事故数据审查研究指出，"太阳神"无人机俯仰速率和空速保持反馈路径在机翼大上反期间相互抵消，只留下一个包含俯仰速率积分的路径来控制升降舵。尽管这种反馈通常被认为是控制长周期模态的合适方法，但美国航境公司所使用的分析工具并没有提供足够的洞察力来优化反馈增益。

通过对比"太阳神"HP03-1 和"太阳神"HP03-2 的飞行数据发现，法向载荷系数变化较大的时期，可以解释为是由于湍流导致的。这些出现高度湍流的时期与定性确定的"风切线"的接近程度密切相关，但湍流不足以导致出现持续的大上反。

2.2 动力与推进系统

2.2.1 电动机性能分析

"太阳神"无人机飞行数据中的电动机速度和近似输入功率特性显示电动机在飞行过程中未发生故障。螺旋桨在事故发生时正常运转的飞行视频片段也证实了这一结论。虽然在事故发生时飞行数据出现扭曲使最终结果变得不确定，但电动机在事故发生前一直都在按预期运行。视频片段显示"太阳神"无人机在事故发生时仍在爬升。综上可以推断，在事故发生时电动机运转正常。

2.2.2 燃料电池系统性能分析

"太阳神"无人机采用型号为 Saft LO 26 SHX spiral D-sized 7.5 A-hr 的一次电池为其起飞和降落提供动力。"太阳神"无人机燃料电池系统包括有主电池组和位于吊舱 2 和 3 内的应急电池组，燃料电池舱与应急电池组相连。事故发生时，太阳能电池板和电池系统都在为无人机提供电力。由于系统响应的复杂性，很难在飞行的最后几秒钟内发现电力系统的任何性能异常，但在信号丢失之前，三个锂—二氧化硫一次电池都在性能范围内正常运行。

2.2.3 动力与推进系统分析

燃料电池动力系统在事故发生时并未运行，因此，不能将事故发生的原因或促成因素归因于燃料电池动力系统。对飞行数据和美国航境公司相关的项目数据备忘录的审查表明：太阳能电池板的性能在预期值之内；直到飞行结束，当太阳能电池板和电池系统同时为无人机提供电力时，太阳能电池板性能才开始显示出不正常。由于缺乏目视证据，且在审查试验数据时没有发现异常，因此推断：与两个动力系统相关的性能不正常是由于无人机的结构破损造成的。在审查了所有动力和推进分系统的飞行数据后，得出的结论是这些系统在任务确定的性能范围内正常工作。

2.3 结构完整性分析

对"太阳神"HP03 结构的飞行数据分析主要集中在翼梁和后缘管的应变片数据上，以及无人机前缘附近不同展向位置的加速度计数据上。兰利研究中心对损坏的管状梁进行了目视检查，没有在梁结构上发现任何能表明在事故发生前就已经发生了渐进失效的失效模态。大多数失效被判定是由单一的大载荷事件造成的，如机翼与水的碰撞或从海上打捞无人机。例外的是，在右侧氢燃料箱支架附近的翼梁失效部位，确实在外层的凯夫拉蜂窝层中出现了一些具有渐进失效特征的失效；而同位置的碳复合材料却没有显现出类似的渐进失效的痕迹。此外，没有飞行数据能表明这一失效发生在无人机开始解体之前。不幸的是，由于在无人机坠毁后资料缺乏，导致无法就这一失效的原因得出任何结论。

通过对飞行录像的检查，报告中提出了一些可能的诱发失效场景。一个可能的诱发失效事件是局部蒙皮失效，使得翼腔内压力过大，导致机翼蒙皮从翼肋脱落。导致局部蒙皮失效的一个原因被确定为翼肋受损，尤其是在俯仰振荡周期内的空速和动压增加期间内泡沫前缘和翼肋之间的相对运动超过正常值的情况下。其他原因还包括展向接缝失效或者存在蒙皮修补。另一种可能情况是，泡沫前缘由于高动压而失效。这将导致不够稳定的翼肋前缘结构屈曲和坍塌。

综上，没有证据表明先前的结构失效会导致无人机出现超过正常水平的上反变形，从而导致无人机的不稳定俯仰振荡和之后的坠海事故。

2.4 气象分析

2.4.1 气象模拟和观测分析

使用一个经验证的、被广泛用于研究湍流对航空的危害的网格点天气模型对在 2003 年 6 月 7 日和 2003 年 6 月 26 日的夏威夷岛链，尤其是考艾岛背风面的气象进行了数值模拟。

虽然使用天气模型无法准确地复现灾难发生时的大气条件，但它至少在可以与观测进行定性比较的方面（尾流区域、南北风切线、风强度、湍流位置等）实现了高可信度的模拟。模拟结果表明：2003年6月26日出现了明确的风切线，风切线及其内部的湍流强度比2003年6月7日强得多；湍流集中在风切线，在远离风切线的尾流区和开阔的海洋上空，湍流明显减少；风切线表现出随高度增加而向北倾斜的特征，且风切线是不稳定、瞬态的，海况仅能标识风切线在地表的平均位置，因此使用海况不连续性来估计高空风切线位置的方法可能是不可靠的；太阳的热作用会使460~610m以下的大气湍流水平增加，而在这个高度以上，风切线的位置及其内部的湍流强度几乎不受太阳热作用的影响。

气象卫星对群岛背风区域（尾迹区）的观测表明，信风来自东北偏东方向并吹过了大部分岛链，而后在主岛屿最西边的考艾岛附近转向东行。信风在海拔约1,800m以上减弱，在大约5,500m以上的风来自西南方向，在近12,000m高空风速接近50节。观测和模拟研究表明，在2003年6月26日的气象条件下，东北偏东方向的信风流在流经考艾岛时受到中央山脉的干扰被迫绕过中央山脉转向北或向南流动，使考艾岛北部和南部的信风局部增强，同时在背风处出现了一个尾流区。

事故发生约45min后，一颗极地轨道卫星经过考艾岛上空，通过对太阳闪光的分析表明，考艾岛背风面的尾流区从太平洋导弹靶场向西延伸了至少100km，这意味着在2003年6月26日事故发生时，南北风切线的一些残迹至少向下游延伸了100km。此外，卫星还探测到一条东西向的水汽轨迹，该轨迹从太平洋导弹靶场设施的正北方向西延伸，穿过了"太阳神"无人机解体的位置。

2.4.2 气象影响分析

"太阳神"HP03在2003年6月7日的第1次飞行时遇到的气象条件相对平稳，而在2003年6月26日的第2次飞行遇到的气象条件则是考艾岛的典型气象条件：气象条件接近气候平均值，且在之前"太阳神"无人机飞行所经历的风速和方向范围内；风切线和信风非常明显，信风平均强度略高于之前飞行的平均水平。根据数值模拟和气象飞机飞行观测，这些风切线，尤其是在450~1200m高度之间的风切线，是湍流增强的区域。"太阳神"无人机在飞行事故发生时离这些风切线很近。沿"太阳神"无人机飞行路径产生的风切变值明显高于太平洋导弹靶场雷达气球的探测值。

"太阳神"HP03对此类阵风的敏感性远远大于"太阳神"HP01。在两条风切线的北部存在垂直方向的气流运动，是导致"太阳神"HP03出现大上反的可能原因。由于"太阳神"HP03的俯仰不稳定性，在较长时间的大强度气流扰动下，"太阳神"无人机的外侧机翼升力持续地大于中心翼段升力，进而导致其机翼出现大上反。

3. 直接原因、根本原因、促成因素和建议

调查结果表明：由于技术条件的限制，"太阳神"无人机的布局形式从最初的展向分布加载式布局演变为了3集中点质量加载式布局，然而现有的设计和分析工具却没有足够的灵敏度来预测这一布局扰动对无人机气动和结构方面的影响。在2003年6月26日，"太阳神"

无人机受到湍流的干扰，出现了意料之外的持续的大上反变形，导致无人机出现了不稳定的极度发散的俯仰振荡，无法恢复正常。在俯仰振荡期间，无人机进入高速俯冲，显著超过了设计空速限制，导致无人机二级结构失效，随后失去升力。

导致"太阳神"HP03飞行事故发生的直接原因、根本原因、促成因素如下。

1）直接原因："太阳神"无人机在发散的俯仰振荡期间进入高速俯冲，机翼上产生的高动压导致了无人机二级结构失效。

2）根本原因：一是缺乏适当的方法来分析布局改变所造成的影响，致使风险评估的结果不准确，从而导致做出了不当的试飞决定；二是在程序和技术限制下，将"太阳神"无人机从展向分布加载式布局变为了3集中点质量加载式布局，大大降低了设计的鲁棒性和安全裕度。

3）促成因素：机翼出现持续大上反后，飞行控制系统无法控制无人机的俯仰不稳定性；没有可视化的控制界面帮助操纵员及时识别和消减无人机的异常飞行行为；操纵员和机组成员未能及时识别飞行不稳定；在事故发生期间操纵员任务饱和；未完全了解与海拔高度有关的天气状况。

调查组进一步总结了关于这类无人机的改进建议：

1）开发更先进的适用于大柔性变体无人机的多学科（结构、气动弹性、空气动力学、大气、材料、推进、控制等）"时域"分析方法。

2）开发适用于此类无人机的地面测试程序和技术，用以验证新的分析方法。

3）开发能够建模无人机布局变化产生的非线性动力学行为的多学科（结构、空气动力学、控制等）模型，或执行增量式飞行测试；为后续项目提供充足的资源，以便在无人机布局显著偏离初始设计概念时能够进行更多的增量式飞行测试。

4）在没有优化主承载结构设计的情况下，不应尝试在这类型机身上置入大集中点质量。

5）适用于大型、轻型柔性翼无人机的设计和分析工具需要更好的大气扰动时空域模型；确保对作业区域的气象危害进行了深入了解。

6）有必要开发一种能实时测量机翼上反角的方法，并为测试人员提供可视化显示。

7）对于"太阳神"无人机来讲，开发手动或自动技术来控制飞行中的机翼上反角是必要的。

8）考虑添加姿态指示器以提高操纵员的态势感知能力；改进操作界面以减轻操纵员的任务饱和度。

参考文献

[1] NOLL T E, BROWN J M, PEREZ-DAVIS M E, et al. Investigation of the Helios Prototype Aircraft Mishap: NASA Report [R]. 2004.